高等学校数智人才培养
AI 通识精品系列

U0739120

AIGC
基础、应用与展望

人工智能通识

微课版

贾小林 朱勇 李晓黎◎主编

陈华容 刘敏贤 敬会◎副主编

人民邮电出版社
北京

图书在版编目（CIP）数据

AIGC 基础、应用与展望：人工智能通识：微课版 / 贾小林，朱勇，李晓黎主编. -- 北京：人民邮电出版社，2025. -- （高等学校数智人才培养 AI 通识精品系列）.
ISBN 978-7-115-66578-2

Ⅰ．TP18

中国国家版本馆 CIP 数据核字第 2025Q5Q959 号

内 容 提 要

AI 是近年来炙手可热的前沿技术。随着越来越多的 AI 应用进入人们的视野，AI 技术也赢得了国内外社会公众、专家、学者和开发者的广泛关注。

自 2022 年 ChatGPT 横空出世以来，AIGC 迅速成为极其火爆的 AI 发展方向。近年来，各种 AIGC 大模型层出不穷，AIGC 大模型生成的内容也日臻完善，并且已经达到可以落地应用的程度，因此可能创造大量的就业机会。

本书概述了 AIGC 的基础技术，从机器学习、深度学习的基本概念和基础算法，到生成模型、自然语言处理和计算机视觉的相关技术，即使是没有学过 AI 基础知识的读者，也可以轻松入门。本书还从众多 AIGC 大模型中选择了具有代表性的大模型进行解读，使读者能够轻松理解其工作原理，内容涵盖代码生成、图像生成、语音生成和视频生成等诸多应用领域。在此基础上，本书还将带领读者一起试用各种类型的 AIGC 大模型，使读者能够直观体验 AIGC 大模型落地应用的效果。

本书既可作为高校人工智能通识课程或 AIGC 相关课程的教材，也可作为相关领域的从业人员入门了解 AI 的参考用书。

◆ 主　　编　贾小林　朱　勇　李晓黎
　　副主编　陈华容　刘敏贤　敬　会
　　责任编辑　王　宣
　　责任印制　胡　南
◆ 人民邮电出版社出版发行　　北京市丰台区成寿寺路 11 号
　　邮编　100164　　电子邮件　315@ptpress.com.cn
　　网址　https://www.ptpress.com.cn
　　北京隆昌伟业印刷有限公司印刷
◆ 开本：787×1092　1/16
　　印张：15　　　　　　　　　　2025 年 4 月第 1 版
　　字数：431 千字　　　　　　　2025 年 8 月北京第 3 次印刷

定价：59.80 元

读者服务热线：(010)81055256　印装质量热线：(010)81055316
反盗版热线：(010)81055315

前　言

时代背景

AIGC（artificial intelligence generated content，人工智能生成内容）是 AI（artificial intelligence，人工智能）领域的一个重要发展方向，旨在利用 AI 算法生成具有一定创意和质量的内容。近年来，以 ChatGPT 为代表的生成式 AI 技术正在丰富内容生成形式，并被越来越广泛地应用。innoHere 研究院的报告显示，2025 年我国 AIGC 应用规模有望突破 2000 亿元，因此，高校大学生很有必要了解和学习 AIGC 的基本原理与应用情况，为未来的职业发展奠定技术基础。

本书内容

本书系统地介绍了 AIGC 技术的基本概念、基础理论及多种 AIGC 大模型的工作原理与应用实践。本书从逻辑上分为 4 篇，介绍如下。

第 1 篇（第 1 章）是导论篇，本篇是全书的导言，介绍了 AI、机器学习和深度学习的基础知识，以及 AIGC 的发展历史、应用方向和基础技术，可以引导读者从 AI 的基本概念逐步走近 AIGC 技术。全书的总体架构也是基于这部分内容展开设计的。

第 2 篇（第 2～4 章）是基础篇，本篇介绍了 AIGC 背后的基础技术。第 2 章介绍生成模型（generative model），也就是 AIGC 中的 G，所有的 AIGC 大模型都是生成模型。第 3 章介绍自然语言处理的相关技术。第 4 章介绍计算机视觉的相关技术。这些都是 AIGC 所依赖的深度学习基础技术。

第 3 篇（第 5～9 章）是应用篇，本篇介绍了各种应用领域的 AIGC 大模型，包括大语言模型、代码生成大语言模型、图像生成大模型、语音生成大模型、视频生成大模型等。各个应用领域的经典 AIGC 大模型有很多，本书从国内外经典 AIGC 大模型中精选有代表性的模型，解析其网络结构、工作原理与核心技术，并根据该类模型的功能和特点设计了体验任务。

第 4 篇（第 10 章）是展望篇，本篇作为本书的结语，介绍了 AIGC 技术所面临的挑战和发展趋势，以及对社会的影响。

本书特色

1. 面向通识教育，构建知识体系

本书从最基础的 AI 概念入手，沿着 AI 基础概念、机器学习基础、深度学习基础、AIGC

< 1 >

背后的基础技术、AIGC 大模型的学习路线逐层递进，读者不需要学习其他基础课程，即可读懂书中的内容。AI 是以计算机科学为基础，涉及计算机、数学、统计学等知识的交叉学科。书中讲到涉及其他学科的知识时，都会提前介绍，比如第 2 章介绍生成模型时涉及较多统计学的知识，因此 2.1.3 小节讲解了生成模型中用到的统计学概念，为读者学习和理解后面的内容奠定基础。

2. 理论深度较浅，适合入门学习

AI 模型的核心技术是算法和模型的网络结构。模型的网络结构是算法的具体实现，而理解深度学习模型（特别是 AIGC 大模型）中的算法需要很多数学知识。为了便于初学者理解深度学习模型的工作原理，本书只简要介绍一些基础算法的数学公式，而在介绍深度学习模型时，通常只介绍其网络结构，不涉及算法的数学公式，因为初学者只要理解模型的工作原理即可，不需要掌握设计 AI 模型的理论与技术。

3. 紧跟时代发展，融合前沿技术

AIGC 技术在近几年高速发展，涌现出很多新技术和新的 AIGC 大模型。为了让读者能够紧跟 AIGC 技术发展的潮流，本书不但重点讲解了经典 AIGC 技术——大语言模型的工作原理和具体应用，还介绍了 AIGC 在代码生成、图像生成、语音生成和视频生成等领域的应用。书中讲解的很多 AIGC 大模型都是近年来推出的新模型，涵盖了 AIGC 技术的最新发展趋势。

4. 创新教材形态，助力读者自学

编者结合书中重点内容录制了大量微课，为读者开展高效自学提供了便捷路径，并提供丰富的教辅资源，以帮助院校老师快速开展教学。为了便于初学者理解 AIGC 大模型的具体应用，本书还设计了各种体验任务，可与读者共同体验大语言模型和各种多模态 AIGC 大模型的应用效果，使读者在体验丰富、新奇的 AI 技术的同时，加深对基础理论和 AIGC 大模型工作原理的理解，实现理论性、趣味性与实用性相结合。

配套资源

编者为使用本书的教师制作了配套的 PPT 课件、教学大纲和教案，并提供各章课后习题的参考答案和实验的电子文档，以及书中涉及的所有实例程序的源代码。用书教师可以通过人邮教育社区（www.ryjiaoyu.com）下载使用。特别说明，编者在编写本书的过程中参阅了许多公开发表的论文或著作，在此对著作者深表感谢。为了便于读者进一步学习和了解，本书的配套资源中还提供了这些论文或著作的访问方式。

鉴于编者水平有限，书中难免存在不足之处，敬请广大读者批评指正。

编　者

2024 年 10 月

< 2 >

目 录

< 1 >

第 4 章
计算机视觉经典模型

第3篇　应用篇

第 5 章
大语言模型

第 6 章
代码生成大语言模型

< 2 >

第 7 章
图像生成大模型

第 8 章
语音生成大模型

第 9 章
视频生成大模型

< 3 >

第4篇　展望篇

第10章
AIGC 时代的机遇、挑战及发展趋势

附录
大语言模型智能体精选与推荐

< 4 >

第 1 篇

导论篇

第 1 章 AI 技术概述

随着众多应用落地，AI 已经走进普通人的日常生活。可以说，AI 是近几年炙手可热的 IT（information technology，信息技术）领域前沿技术。2022 年年底，ChatGPT 问世并迅速引起大众关注，由此引发了 AIGC 技术的爆发式发展。AIGC 指通过 AI 算法生成具有一定创意和质量的内容的技术。利用 AIGC 可生成的内容有文本、代码、图像、音频、视频等。作为本书第 1 章，本章将概述 AI 技术及其基础知识，为读者学习后面的内容奠定基础。

本章学习目标
（1）了解 AI 领域的常用概念。
（2）掌握机器学习的基础知识。
（3）掌握深度学习的基础知识。
（4）了解 AIGC 的发展历史。
（5）了解 AIGC 的应用方向。
（6）了解 AIGC 背后的基础技术。

1.1 AI 技术基础

AI 以计算机科学为基础，涉及计算机、数学、统计学等各学科知识。在开始学习 AIGC 技术之前，我们有必要了解 AI 技术的发展历程和 AI 领域的常用概念。

1.1.1 AI 技术的发展历程

AI 的概念最早于 20 世纪 50 年代被提出，其代表人物有图灵（Turing）、麦卡锡（McCarthy）等。从那时起，AI 技术就开始稳步发展。具体而言，AI 技术的发展历程可分为以下 6 个阶段。

1．20 世纪 50 年代

20 世纪 50 年代是 AI 技术的萌芽阶段。1950 年，英国数学家图灵在一篇名为"计算机器与智能"（"Computing Machinery and Intelligence"）的论文中设计了一个机器模仿人类的游戏，并据此判断机器是否会"思考"，这就是著名的图灵测试。图灵测试是指让计算机通过文本方式与人类聊天 5min，若人类无法确定对方是机器还是人类，则计算机通过图灵测试。这也被认为是机器学习技术的起源。机器学习是实现 AI 的重要手段，本章 1.2 节将详细介绍机器学习的基础知识。

图灵对计算机科学的巨大贡献无须赘言。至今，图灵奖仍是计算机科学界的至高荣誉。麦卡锡曾就职于麻省理工学院和斯坦福大学，并参与创建了斯坦福 AI 实验室。麦卡锡在 1956 年的达特茅斯会议上提出了 AI 的概念，被誉为"AI 之父"，他还将数学逻辑应用到 AI 的早期形成中。由于在 AI 领域做出了突出贡献，麦卡锡于 1971 年获得图灵奖。

2．20 世纪 60 年代

20 世纪 60 年代是 AI 技术的起步阶段。

1960 年，亨利·J. 凯利（Henry J. Kelley）提出了一个基础的反向传播模型，其对应的反向传播算法是广泛应用于现代深度学习模型的一种算法，是深度学习模型训练的基石。该算法建立在梯度下降算法的基础上。所谓"反向传播"，是指出于训练的目的反向传播错误，以便模型可以了解差距并不断地完善自己。尽管"反向传播"的概念早在 1960 年就已经被提出，但是那时的反向传播算法过于复杂，效率也不高。

专家系统也诞生于 20 世纪 60 年代。专家系统是一种早期的 AI 应用系统，内部含有大量的某个领域专家水平的知识与经验。它能够应用 AI 技术和计算机技术，根据系统中的知识与经验进行推理和判断，模拟人类专家的决策过程，解决那些需要人类专家才能解决的复杂问题。

3．20 世纪 70 年代

20 世纪 70 年代，AI 技术的发展迎来了第一次冬天。此阶段，随着公众对 AI 的兴趣逐渐衰减，资本对 AI 的关注逐渐减少。资金的缺乏影响了 AI 和深度学习领域的科研工作，庆幸的是，还有一些人在没有资金支持的情况下独自从事相关领域的科研工作。

20 世纪 70 年代，日本人福岛邦彦（Kunihiko Fukushima）第一次提出了卷积神经网络（convolutional neural network，CNN）的概念，他使用多个池化层（pooling layer）和卷积层（convolutional layer）设计了卷积神经网络。卷积神经网络在后来的计算机视觉（computer vision，CV）模型中被广泛应用，成为推动 AI 技术发展的关键技术。

现代反向传播算法也诞生于 20 世纪 70 年代，并得到了稳步发展。反向传播算法被认为是深度学习的根基，也是推动第三次 AI 浪潮的重要因素。深度学习可以模拟人类大脑的神经网络，通过大量的数据进行训练，从而对图像、语音等信息进行识别和分类。

深度学习是实现 AIGC 大模型的基础技术，本章 1.3 节将详细介绍深度学习的基础知识。

4．20 世纪 80 年代至 20 世纪 90 年代

1989 年，贝尔实验室的杨立昆（Yann LeCun）第一次给出了反向传播的实际演示。他在论文"反向传播应用于手写邮政编码识别"（"Backpropagation Applied to Handwritten Zip Code Recognition"）中将卷积神经网络与反向传播结合在一起。该论文通过一个实例系统最终实现了手写数字的识别。

随着 AI 第二次冬天（1987—1993 年）的到来，神经网络和深度学习的研究也受到了负面影响。这一阶段，IBM 公司和苹果公司推出的个人计算机快速占领计算机市场，并且其中央处理器（central processing unit，CPU）的处理频率和运行速度稳步提升，甚至比广泛应用于 AI 领域的列表处理（list processing，LISP）机还要强大。这导致专家系统和很多硬件公司日渐衰落，AI 领域的投资者越来越少。

此时，个人研究者再一次延续了 AI 和深度学习的相关科研工作，并且取得了显著的进步。1995 年，考特斯（Cortes）和万普尼克（Vapnik）开发了支持向量机（support vector machine，SVM），这是一种映射和识别相近数据的系统。

到了 1999 年，计算机处理数据的速度越来越快，并且图形处理单元（graphics processing unit，GPU）诞生了。使用 GPU 处理图像数据的速度更快。这期间计算机处理数据的速度提高了 1000 倍，这对于深度学习技术的发展至关重要。在此期间，神经网络开始与支持向量机竞争。尽管与支持向量机相比，神经网络比较慢，但是在使用相同数据的情况下，神经网络可以得到更好的结果。神经网络的优势在于当追加更多的训练数据时，其可以不断地改善训练结果。

< 3 >

5．2000 — 2010 年

2001 年美国调研机构 META Group 发布的研究报告中，描述了数据源和数据类型范围的增加所带来的数据增速，并提醒人们为迎接大数据的冲击做好准备。大数据时代的到来给深度学习带来了新的挑战和发展机遇。

2007 年，斯坦福大学的李飞飞教授带领团队创建了世界上最大的免费图像识别数据库 ImageNet，其中包含两万多个类别，每个类别都包含数百张图像。该数据库共计提供超过 1400 万张被标记的图像，并且至少 100 万张图像中包含边界框。这对机器学习而言很重要，因为互联网中有很多未标记的图像，但是神经网络的训练需要被标记的图像。李飞飞教授认为大数据会改变机器学习的工作方式，即数据驱动学习。CV 是深度学习的一个重要研究方向，其目的是让机器看懂图像里的内容，从而实现图像识别和图像分类等功能。

6．2011 年至今

2011 年，GPU 的处理速度得到了显著的增长，这就使深度学习在效率和速度方面得到显著提升。作为 AIGC 核心技术的生成模型在此阶段也得到了较大发展。

2014 年，伊恩·古德非洛（Ian Goodfellow）提出了生成对抗网络（generative adversarial network，GAN）算法。GAN 算法的设计思路是这样的：在一个游戏中，两个神经网络互相对抗，其中一个神经网络生成图像，其目标是让它的对手网络相信图像是真的；而其对手网络的目标是找到图像中的瑕疵，以帮助生成图像的网络不断完善自己。游戏最终会得到一张接近完美的图像，并成功欺骗对手网络。该算法提供了一种完善产品的方法。

变分自编码器（variational autoencoders，VAEs）模型发布于 2013 年，可以用来生成与原始数据相同分布的新数据。

在此阶段，自然语言处理（natural language processing，NLP）技术也得到了长足发展。

Transformer 架构发布于 2017 年，这是一种能够理解序列数据（如句子）上下文的神经网络类型。

来自 Transformer 架构的双向编码器表示（bidirectional encoder representations from Transformers，BERT）模型发布于 2018 年，其通过在大量文本数据上进行预训练，显著提高了许多自然语言处理任务的完成效果。

这些基础技术的发展为 AIGC 大模型的诞生奠定了坚实的技术基础。GPT-2 模型发布于 2018 年，它具有 15 亿个参数，并在由 800 万个网页构成的数据集上进行了训练。GPT-3 发布于 2020 年，它拥有超过 1750 亿个参数。2022 年 11 月 30 日，ChatGPT 诞生，并在很短的时间内迅速受到全球公众的关注和热捧。ChatGPT 掀起了一场技术革命，AI 由此开启了基于大模型的 AIGC 时代。这也是本书的技术背景。

1.1.2 AI 领域的常用概念

深度学习基础

为了方便非 AI 专业的读者阅读和学习本书内容，本小节将介绍 AI 领域的一些常用概念。

1．机器学习

机器学习（machine learning，ML）是实现 AI 的重要手段，是一门多领域交叉学科，涵盖概率论、统计学、近似理论等学科知识和复杂的算法知识，主要研究应用怎样在没有明确编程的情况下更精准地基于输入数据给出预测并输出。

2．神经网络

神经网络又称人工神经网络（artificial neural network，ANN），是一种处理数据的方法，用于教会计算机用人类大脑的方式来处理数据。其包含下面 3 个主要的部分。

< 4 >

- 输入层：指用于收集输入数据的模式，其模拟生物神经网络中来自其他神经元的输入。
- 隐藏层：又称隐层，用于对输入层传送来的数据进行处理，负责提取数据的特征。隐藏层不直接接受外界的信号，也不直接向外界输出信号，因此是不可见的。隐藏层由一组节点和它们之间的连接组成。
- 输出层：输出最终的结果，负责建立从隐藏特征到预测目标的映射。

图 1-1 所示是一个简单的神经网络。神经网络由一系列节点（node）组成，节点也称为神经元（neuron）。神经元即神经元细胞，是神经系统最基本的结构和功能单位，具有联络和整合输入信息并传出信息的作用。每个节点都包含一组输入数据、权重（weight）值和偏差（bias）值。

输入数据进入节点时乘以权重值，再加上偏差值，就得到输出数据。输出数据可以作为最终结果显示，也可以传递到神经网络中的下一层。神经网络中一个节点的输出数据获得方法如图 1-2 所示。

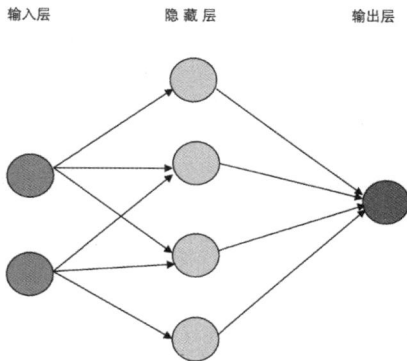

图 1-1 一个简单的神经网络

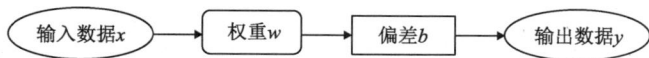

图 1-2 神经网络中一个节点的输出数据获得方法

权重和偏差都是神经网络的参数，具体说明如下。

- 权重：人类大脑在处理输入信号时对不同信号的关注程度是不一样的，例如，在识别一个人是谁时，首先会更关注其面部特征，其次是身高和体重。在神经网络中，权重是定义不同特征（输入字段）重要程度的参数，它决定了特征在预测最终值中的重要性。
- 偏差：节点的输出数据与预期值可能会有距离，偏差的作用就是修正这个距离，使输出数据更加接近预期值。

神经网络通常会在开始学习之前进行初始化，随机设置权重和偏差值。随着训练的进行，这两个参数会向着产生更接近正确输出的方向进行调整。

权重和偏差对输入数据的影响不同。简单地说，偏差用于补齐函数输出值与计划输出值之间的差异；权重则可以指定连接的重要性，可以影响输入数据的变化在输出数据中体现的程度。如果权重比较小，则输入数据的变化对输出数据的影响就会较小。如果权重比较大，则输入数据的变化对输出数据的影响就较大。

3. 深度神经网络

在实际应用中神经网络通常不会如图 1-1 所示那么简单。为了模拟人脑的结构，复杂的神经网络通常包含更多的隐藏层，这就是深度神经网络的由来，如图 1-3 所示。

深度神经网络能够逐层解构特征，逐层分解问题，将复杂问题分解成多个基本问题，进而提高学习能力和理解能力。

深度神经网络是由大量的神经元互相连接而形成的复杂网络结构，是对人脑组织结构和运行机制的某种抽象、简化和模拟。现代深度学习模型都是基于深度神经网络的。

深度学习模型中的每一层都学习将它的输入数据转换为比上一层稍微抽象和更加复合的表现。例如，在图像识别应用中，

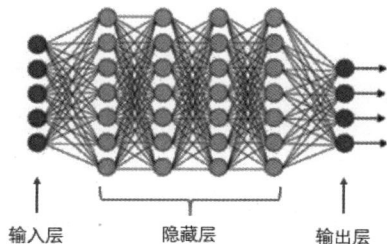

图 1-3 深度神经网络

< 5 >

原始输入数据是图像的像素矩阵，第 1 层可以对图像进行边缘检测，第 2 层可以对边缘的排列进行合成和编码，第 3 层可以对鼻子和眼睛进行编码，第 4 层可以对包含人脸的图像进行识别。用户可以通过设置层数和层的大小来决定模型的抽象程度。深度学习中的"深度"就是指数据转换经过的层数。深度神经网络中有一个信用分配路径（credit assignment path，CAP）深度的概念，其指从输入到输出所经过的一系列转换的链，用于描述输入数据和输出数据之间可能的因果关系连接。对于前馈神经网络（feedforward neural network，FNN），CAP 深度等于隐藏层的层数加 1，这里将输出层也考虑在内；对于循环神经网络（recurrent neural network，RNN），一个信号可能会从一个层传播不止一次，因此其 CAP 深度可能无限大。

在深度神经网络中，一个节点的输出数据获取方法如图 1-4 所示。

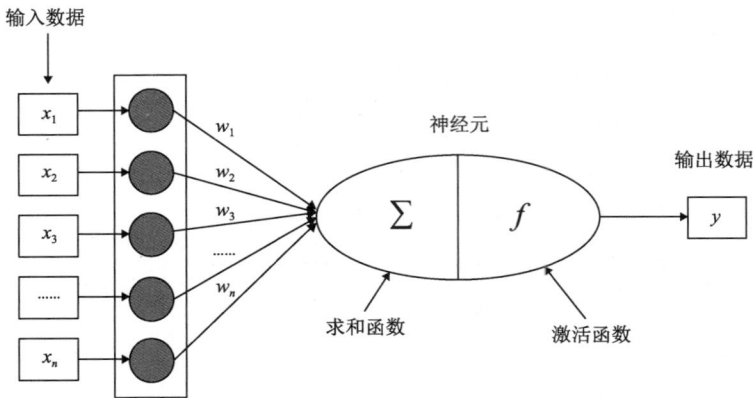

图 1-4　深度神经网络中一个节点的输出数据获取方法

在人工神经网络中，每个神经元都由一个求和函数和激活函数组成。求和函数用于计算每个输入数据乘以对应的权重值的累加之和，得到一个标量值，并将其传递给激活函数。如果一个神经元有 n 个输入值 $x_1, x_2, \cdots, x_n$，则计算输出数据的公式如下：

$$y = f(w_1 x_1 + w_2 x_2 + \cdots + w_n x_n + b)，$$

其中，$w_1, w_2, \cdots, w_n$ 分别是输入值 $x_1, x_2, \cdots, x_n$ 对应的权重值，b 是偏差值，f 是激活函数。如果 f 是线性函数 $f(z) = z$，则该神经元用于执行线性回归或者线性分类。激活函数的作用就是给该神经元引入非线性因素，使神经网络可以逼近任何非线性函数，从而使神经网络可以应用到众多的非线性模型中。在实际应用中，线性函数可以解决一部分简单的问题，但还有很多问题是线性函数无法解决的。例如，图 1-5 所示的分类问题可以通过一个线性函数解决，而图 1-6 所示的分类问题需要通过非线性函数解决。

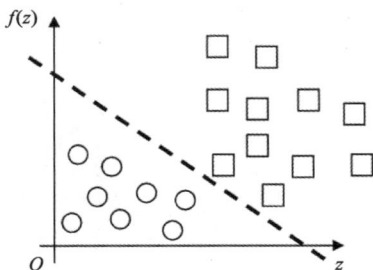

图 1-5　可以通过一个线性函数解决的分类问题

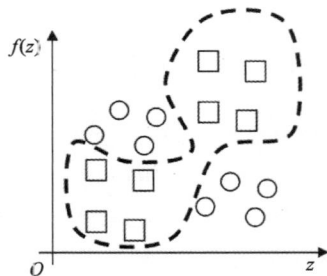

图 1-6　需要通过非线性函数解决的分类问题

4．深度学习

深度学习可以基于深度神经网络架构在计算机系统中模拟人类的智能。尽管深度学习是机器学习的重要组成部分，但是它的核心程序与机器学习的工作原理不完全不同。机器学习模型需要人工提取数据的特征，而深度学习模型被训练成自己完成提取数据特征的任务，并且深度学习模型在使用大量、高质量的数据进行训练后，会逐渐得出更精细的输出数据。机器学习和深度学习的对比如图 1-7 所示。

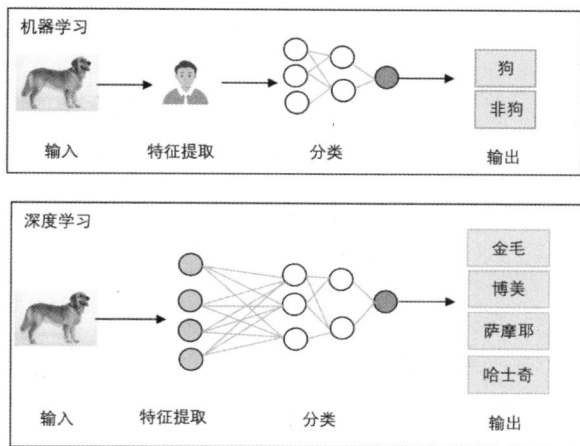

图 1-7　机器学习和深度学习的对比

本小节介绍的 4 个概念在一定程度上反映了 AI 技术的发展路径。机器学习是基础的 AI 技术，在其发展过程中，由于受到人脑神经元结构启发而产生了神经网络，进而发展出更加复杂的深度神经网络。基于深度神经网络的深度学习是目前发展最快、应用最广泛的 AI 技术。本书后面部分介绍的 AIGC 大模型都是深度学习模型。为便于初学者循序渐进地学习 AI 技术，本章在 1.2 节详细介绍机器学习基础知识，在 1.3 节详细介绍深度学习基础知识。神经网络和深度神经网络是深度学习模型的网络结构，在 1.3 节和本书后面章节介绍的各种深度学习模型中，读者都可以体验到神经网络和深度神经网络的具体应用。

1.2　机器学习基础

AI 技术体系是基于机器学习基础算法建立的。本节简要介绍机器学习的基础知识。

1.2.1　机器学习的三要素

在机器学习中，数据、算法和模型是非常重要的 3 个要素。

1．数据

机器学习的主要目的是使计算机在没有明确指令的情况下，基于输入数据给出预测的输出。因此，数据对于机器学习非常重要。数据的多少和质量直接影响机器学习的效果。

数据可以是结构化数据（如表格数据）或非结构化数据（如图像、文本、音频等）。在机器学习中，数据被用来训练模型、评估模型性能以及进行预测和决策。下面是机器学习中与数据有关的几个重要概念。

- 数据集（data set）：指用于训练机器学习模型的一组数据。开发者会根据机器学习模型的训练任

< 7 >

务为其选择或设计数据集，常见的数据集包括数值数据集、统计数据集、文本数据集和图像数据集。不同数据集的数据类型、规模和复杂性会有很大差异。

- 样本（sample）：指模型训练和学习过程中使用的基础数据单元，用于描述一个事物或一个对象。数据集中的一条数据就是一个样本。
- 特征（feature）：每个样本都有一组特征，用于描述样本的各种属性。假如有一个由人的数据组成的数据集，则每个样本都表示一个具体的人，样本的特征可以包含姓名、性别、年龄、身高、体重等。在机器学习中，特征值和特征向量用于表示数据、对数据执行操作以及训练机器学习模型。
- 标签（label）：也称为标记，指与样本相关联的目标值或预期输出。通过给数据添加标签可以指定机器学习模型学习的目标与方向。给数据添加标签的操作也称为数据标注。

机器学习工作流程的第一步就是准备输入数据，之后需要对输入数据做处理。

2．算法

顾名思义，机器学习是使机器具备学习能力的技术。算法就是机器进行学习的方法。不同的算法对应不同的公式，将公式应用于输入数据，即可得到输出数据。

算法对于 AI 的发展起着至关重要的作用。因此，算法工程师是比较高端的 AI 岗位，这个岗位对从业者的数学和编程能力要求都很高。算法工程师的主要工作职责如下。

- 使用数据分析技术和建模工具来理解数据。
- 设计和开发新的算法，以解决特定的问题。
- 通过编码实现算法。
- 对算法进行优化。优化的目的包括提高算法的预测能力和性能。

本书并不针对算法工程师，但是读者应该了解机器学习、深度学习技术的基本工作原理。1.3.3 小节将介绍深度学习的常用基础函数和算法，这些基础函数是组成深度学习算法的基本元素。

3．模型

本章前面已经多次提及模型，可见模型是 AI 中非常基础、核心的概念。在机器学习中模型是算法的具体实现，是有确定结构的神经网络。

模型是算法和数据相结合的结果。将输入数据提供给模型，模型根据给定的算法处理数据，得出预测值。对于监督学习模型，每个输入数据都会被标注一个期望值，也称为正确标注，之后模型可以根据预测值的情况不断优化算法。还有一类模型可以学习到数据的潜在规律（比如数据的分布）。随着算法的不断优化，模型的预测值会越来越接近预期，或者数据的潜在规律越来越接近真实情况。这个过程被称为模型训练或者模型学习。

1.2.2 机器学习的分类

机器学习的分类如图 1-8 所示。

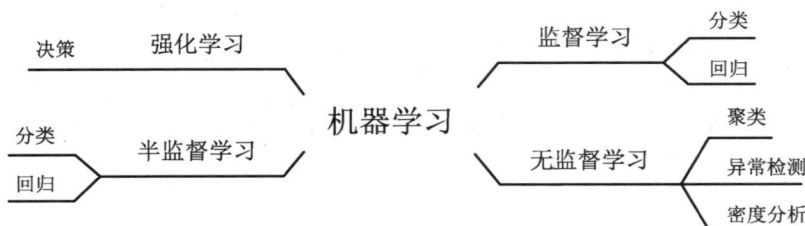

图 1-8　机器学习的分类

< 8 >

1．监督学习

训练监督学习（supervised learning）模型需要为其提供带有标签的数据。也就是说，将输入数据及其对应的理想输出都提供给模型进行学习。标签数据起到监督的作用，模型可以根据标签数据不断调整参数。模型基于标注好的（如标注图像中指定区域的动物是猫、狗、鸡、鸭等）数据集进行学习，并产生有效的输出。如果提供足够多、高质量的训练数据，模型会逐渐地针对特定问题给出分类数据。例如，如果准备的训练数据中以症状作为输入数据，以对应的疾病作为标签，则经过训练，模型就可以根据患者的检查报告进行诊断。

监督学习适用于完成下面两种任务。

- 分类（classification）任务：即预测数据所属的类别。分类任务的输出是离散值，如判断明天的天气情况是晴、阴、下雨或下雪。如果一个任务只有两个取值，则该任务被称为二分类任务。例如，判断图片中的动物是猫还是狗。
- 回归（regression）任务：如果一个任务的输出是连续值，则该任务被称为回归任务或回归问题。例如，预测明天的气温。

2．无监督学习

与监督学习不同，无监督学习不需要对数据进行标注，而是基于输入数据的主要属性，试图将相近的数据点分组到一个类别中。这个过程被称为聚类（clustering）。

在实际应用中，很多机器学习模型都使用无监督学习的方法，这种方法的关键优势在于灵活性。无监督学习可以充分适应各种情况，因为它并不需要有严格标注的数据，这就使应用无监督学习的门槛比较低。例如，在线购物网站可以根据用户的过往购物记录和最近的搜索商品记录为用户推荐相近的商品，这就是无监督学习模型的一种应用场景。

除了聚类，无监督学习还适用于完成下面两种任务。

- 异常检测：识别数据中的异常点或异常行为。实际上，这也是一种对数据进行分类的方式。
- 密度分析：也称密度估计，即根据一组训练样本来估计样本空间的概率密度。这是生成模型所依赖的基础技术之一。2.1.3 小节将对密度估计的概念进行概要介绍。

3．半监督学习

监督学习和无监督学习都有各自的一些缺点。监督学习的成本较高，在数据量比较大时，标注数据是比较耗时的；而无监督学习的应用范围又是有限的。这就是引入半监督学习概念的原因。半监督学习的工作原理如图 1-9 所示。

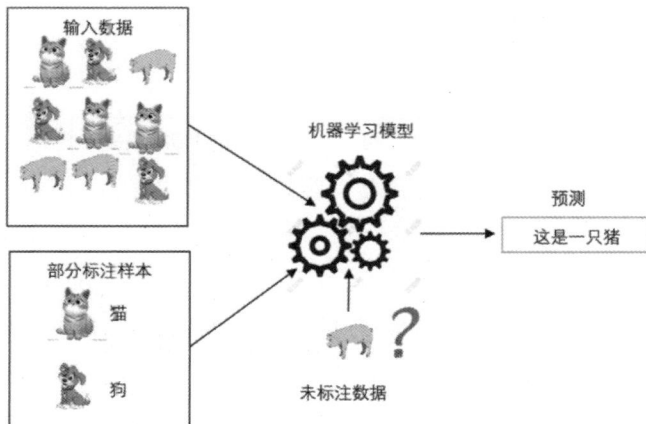

图 1-9　半监督学习的工作原理

< 9 >

半监督学习的输入数据中既包含标注数据，也包含未标注数据。这样，模型会更快地学习到数据的属性。模型可以根据标注数据的数据分布规律对未标注样本进行标注，从而使新数据也可以按已知样本的基本属性进行量化。

与监督学习一样，半监督学习同样适用于完成分类和回归两种任务。

4．强化学习

概括地说，强化学习是反复试验的方法。强化学习中包含以下核心概念。

- 代理人（agent）：指试图学习的实体（以游戏来类比，代理人就是玩家在游戏中使用的角色）。
- 环境（environment）：指代理人所处的环境（以游戏来类比，环境就是游戏世界的环境）。
- 状态（state）：指代理人从环境中获得的自己的各种状态信息（以游戏来类比，状态就是游戏角色的经验值、武力值、策略值、体力值等）。
- 行动（actions）：指代理人在环境中所执行的与环境进行交互的各种动作（以游戏来类比，行动就是游戏角色的行走、跳跃、补血等动作）。
- 奖励（reward）：指根据代理人的行动和状态，对其进行的反馈（以游戏来类比，奖励就是游戏角色的升级或失败，升级是正面奖励，失败是负面奖励）。
- 策略（strategy）：指模型根据代理人的状态来决定一个合适的动作决策，其目标是在未来一段时间内获取最大化的正面奖励，并获取最小化的负面奖励。
- 价值函数（value function）：指决定什么是对代理人有益的函数。

在强化学习中，可以将代理人理解为一个智能体，其在环境中基于接收到的输入数据执行某些动作，基于输出数据的结果得到奖励或惩罚。算法会根据奖励或惩罚调整策略，决定接下来的动作。

强化学习的工作原理如图 1-10 所示。强化学习适用于完成决策任务。

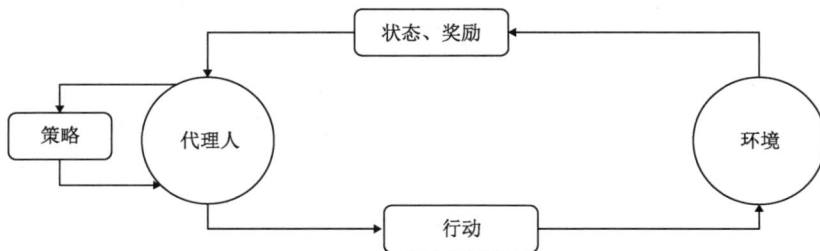

图 1-10　强化学习的工作原理

1.2.3　机器学习的工作流程

机器学习的工作流程如图 1-11 所示。

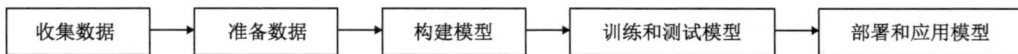

图 1-11　机器学习的主要工作流程

1．收集数据

收集数据是机器学习工作流程中基础的步骤，此步骤的主要目的是根据任务的需求为模型收集最新的、可靠的、高质量的输入数据。接下来需要对收集到的数据进行完整的分析和观察，并识别其中包含的趋势和模式。

2．准备数据

准备数据步骤通常包含以下 3 种操作。

< 10 >

- 数据整理：指将裸数据转换为有用格式的过程。
- 数据探索：指使用数据可视化和统计技术来描述数据集特征（如样本数量和各种类型数据的分布情况等）的过程，其目的是更好地了解数据的性质。
- 数据预处理：指为了提高训练质量而事先对数据集所做的处理，通常包括数据混洗、数据去重、数据拼接等操作。对于图像数据，数据预处理还包括图像裁剪、图像翻转、图像缩放、图像反相和图像格式转换等操作。

之后，数据被拆分为训练集和测试集。训练集用于在模型训练过程中提供给模型进行学习；测试集用于在完成训练后，检测模型的预测精确度。

3．构建模型

构建模型步骤将先根据任务需求，把训练集归类成适合的机器学习类型，如监督学习、无监督学习、半监督学习或强化学习，再选择适合的机器学习算法和统计模型，对输入数据进行处理，以得到输出数据，从而形成执行任务的最优解决方案。

4．训练和测试模型

对开发好的模型应用恰当的机器学习算法，得出更好的预测结果，提升学习能力、处理错误，并不断迭代，直至达到期望的精确度水平，这就是训练模型的过程。

模型训练好之后，可以在不同的测试集上运行模型，以验证模型的精确度水平，这就是测试模型的过程。

5．部署和应用模型

部署和应用模型也称为推理或机器学习推理，此步骤是指将训练好的模型落地应用的过程。

在现实世界中部署并应用模型之前，机器学习需要通过调整超参来评估完善模型的范围。所谓"超参"，是指在开始学习过程之前就设置了确定值的参数，而不是通过训练得到的参数数据。因此，在模型训练好后需要找到最优的超参值（因为此时模型的其他参数已经通过学习确定了）。最终，当模型的表现达到预期的精确度时，就可以将其部署于一个可以并发访问的环境中，用于提供预测服务。应用程序可以直接加载模型文件，也可以通过 API 调用模型提供的服务。

1.2.4　机器学习案例：使用线性回归算法预测房价

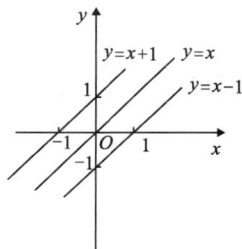

机器学习案例：
使用线性回归
算法预测房价

为了便于读者理解机器学习的基础知识，本小节介绍一个机器学习的经典应用案例：利用线性回归算法预测房价。

1．线性回归算法

如果两个变量之间的关系可以用一次函数表示，则它们的关系是线性的，因为一次函数的函数图像是一条直线。反之，如果两个变量之间的关系不能用一次函数表示，则它们的关系是非线性的。简言之，线性回归算法是利用直线来解决问题的方法。一次函数是大家在初中就已学习的知识，很简单，因此，线性回归算法也是一种简单实用的算法。图 1-12 所示是一些简单的一次函数的函数图像。不要小瞧这些看似简单的等式，它们在构建机器学习模型时可以发挥重要作用。

线性回归算法是一种强大的统计技术，可以用于分析一个或多个独立的自变量与一个因变量之间的关系。在一项研究中，自变量指被研究者自主操控或改变的变量，因变量是研究者通过操纵自变量期待

图 1-12　一些简单的一次函数的函数图像

< 11 >

引发某种变化的可测量的变量。

线性回归算法假设自变量和因变量之间存在线性关系。简单线性回归的公式如下：

$$y = mx + b，$$

其中 y 是因变量，x 是自变量，m 是斜率，b 是截距。

使用线性回归算法建模可以解决回归任务，比如本小节介绍的预测房价任务。想象一下，如果要买一套房子，你会关注哪些因素？很多人都会想到位置和面积。如果购买二手房的话，还要考虑房龄。位置可以是城市，也可以是城市中的不同区域，这里以城市为例。北京、上海等一线城市的房价是较高的，二、三线城市的房价要低一些，县城的房价就更低。为了量化城市与房价的关系，通常使用城市的人均收入作为训练数据。如果将人均收入、面积和房龄视为自变量，就可以利用线性回归算法基于历史数据分析这些因素，并找到它们与房价的潜在关系。此时，房价被视为因变量。细心的读者可能会发现，预测房价时使用的自变量不止一个，这在实际应用中是大多数情况，即一个因变量往往受到多个自变量的影响。这种线性回归模型被称为多元线性回归模型或多因子线性回归模型。多元线性回归的公式如下：

$$y_i = w_1 x_{i1} + w_2 x_{i2} + \cdots + w_n x_{in} + b。$$

使用线性回归算法建模后，就完成了图 1-11 中的构建模型步骤。训练机器学习模型的目的在于找到最适合的参数 $w_1, w_2, \cdots, w_n, b$。一旦确定了最优的参数值，就可以利用上面的公式预测房价了。这就是一个简单的机器学习模型的工作原理。

2. 使用 Python 开发基于线性回归算法预测房价的案例

为了使读者能够更直观地体验机器学习的主要工作流程，接下来介绍一个使用 Python 开发的基于线性回归算法预测房价的案例。要运行本案例中的 Python 程序，需要做以下准备工作。

- 搭建 Python 开发环境：由于篇幅所限，本书不介绍在 Windows 中搭建 Python 开发环境的方法，也不详细讲解 Python 编程技术，有兴趣的读者可以查阅相关资料进行了解。
- 安装 pandas 模块：pandas 是 Python 的数据分析包，最初是作为金融数据分析工具而开发的。在成功安装 Python 后，可以执行以下命令安装 pandas 模块。

```
pip install --upgrade pip
pip install pandas
```

pip 是一款 Python 包管理工具。上面的命令首先升级 pip 工具，然后使用 pip 工具安装 pandas 模块。

- 安装 Matplotlib 模块：Matplotlib 是 Python 的 2D 绘图库，本案例中将使用 Matplotlib 模块来绘制各种因素与房价的散点图。散点图是指在回归分析中，数据点在直角坐标系平面上的分布图。散点图可以表现因变量随自变量变化而变化的大致趋势。在成功安装 Python 后，可以执行以下命令安装 Matplotlib 模块。

```
pip install matplotlib
```

- 安装 Scikit-learn 模块：Scikit-learn 是一个开源的 Python 模块，它为机器学习和数据挖掘提供了一系列的简单且功能强大的算法。使用 Scikit-learn 模块可以非常方便地构建和训练机器学习模型。在成功安装 Python 后，可以执行以下命令安装 Scikit-learn 模块。

```
pip install scikit-learn
```

（1）本案例使用的训练数据集

本案例使用的训练数据集是一个 CSV 文件，文件名为 house_price.csv。CSV（comma-separated

< 12 >

values，逗号分隔值）是一种以纯文本形式存储表格数据的文件格式，用户可以使用 Excel 打开 CSV 文件。house_price.csv 中包含 5000 条训练数据，每条训练数据包含面积、人均收入、平均房龄和价格这 4 项，如图 1-13 所示。此文件中的数据仅用于训练机器学习模型，无实际意义。

（2）本案例的 Python 代码

本案例对应的 Python 程序名为 house_price_forecast.py，其包含以下功能：导入模块、加载数据集、可视化数据集、数据预处理、构建模型、训练模型、使用模型进行预测。导入模块的方法上文已介绍，下文着重介绍后面几项功能。

① 加载数据集

程序中加载数据集的代码如下。

	A	B	C	D
1	面积	人均收入	平均房龄	价格
2	188.5816	79245.64	4.901877	1096850
3	164.1616	78936.75	4.688919	1455588
4	232.9496	63237	4.878289	1051696
5	150.6087	65122.34	3.577503	1373964
6	153.8626	63628.65	5.877775	623122.2
7	165.4544	78251.31	6.31763	962417.2
8	181.7723	63814.86	5.296689	1540739
9	172.055	75195.12	3.683635	1442917
10	169.1512	63762.74	6.168691	857747.1
11	217.0523	86801.38	6.016151	1543245
12	120.2299	81138.87	3.020139	1640435
13	159.055	52055.91	6.416328	621404.7
14	184.5709	36972.97	3.411588	1120578
15	187.0969	80057.89	3.875796	1392641
16	266.6055	64766.85	6.037194	1370368
17	248.1357	79296.76	5.660979	1399775
18	219.7114	86673.27	5.569105	1561848
19	142.5694	59881.95	6.418309	563691.1
20	172.9919	68559.54	4.644467	1083130

图 1-13　house_price.csv 中的部分数据

```
import pandas as pd
data = pd.read_csv('house_price.csv')
print(data.head(10))
print("")
```

程序使用 pandas 模块的 read_csv() 函数加载 house_price.csv 中的数据到 data 对象。为了验证加载数据集的效果，程序调用 data.head() 函数返回其中前 10 条记录，并使用 print() 函数将其在控制台中输出。为了分隔不同的输出数据，这段程序的最后输出了一个空行。

② 可视化数据集

为了直观地表现数据集中各种数据与价格之间的关系，程序使用 Matplotlib 模块绘制各种因素与价格的散点图，代码如下。

```
from matplotlib import pyplot as plt
fig = plt.figure(figsize=(20,5))
fig1 = plt.subplot(131)
plt.scatter(data.loc[:,'面积'],data.loc[:,'价格'])
plt.title('Price VS Size')
fig2 = plt.subplot(132)
plt.scatter(data.loc[:,'人均收入'],data.loc[:,'价格'])
plt.title('Price VS Income')
fig3 = plt.subplot(133)
plt.scatter(data.loc[:,'平均房龄'],data.loc[:,'价格'])
plt.title('Price VS House_age')
plt.show()
```

具体说明如下。

- pyplot 是 Matplotlib 模块的子库，其提供了与 MATLAB 类似的绘图 API，这里从 Matplotlib 模块导入 pyplot 子库，并指定其别名为 plt，在后面的程序中可以使用 plt 引用 pyplot 子库中的函数。
- plt.figure() 函数用于创建一个画布，后面的绘图操作在此画布上进行。参数 figsize 指定画布的大小，单位为 in（1in=2.54cm）。本案例中创建一个宽度为 20in、高度为 5in 的画布 fig。
- 画布 fig 中包含 3 个网格 fig1、fig2 和 fig3。程序 3 次调用 plt.subplot() 函数来创建这 3 个网格，每次调用使用的参数不同。第 1 次调用 plt.subplot() 函数时，以 131 为参数。这里 1、3、1 代表 3 个数字，其中第 1 个 1 表示要在一行中创建多个网格，3 表示在一行中要创建的网格数量为 3，最后的 1 表示当前准备创建一行三列的 3 个子图中的第一个网格，这个网格用于绘制面积与价

< 13 >

格的散点图。plt.subplot(132)表示当前准备创建一行三列的 3 个网格中的第 2 个网格，这个网格用于绘制人均收入与价格的散点图。plt.subplot(133)表示当前准备创建一行三列的 3 个网格中的第 3 个网格，这个网格用于绘制平均房龄与价格的散点图。

- scatter()函数是 Matplotlib 模块中用于绘制散点图的函数，其两个参数分别表示散点图中点的横坐标和纵坐标数据。
- data.loc()函数可以根据行名和列名从数据集中获取数据，这里在行名位置使用 "："表示获取所有行的数据。
- plt.title()函数用于设置图形的标题。为了避免出现中文乱码的情况，这里使用英文标题。

③ 数据预处理

为了便于进行模型训练，需要对加载的数据集进行预处理，代码如下。

```
import numpy as np
X = data.drop(['价格'],axis=1)
y = data.loc[:,'价格']
X = np.array(X)
y = np.array(y)
y = y.reshape(-1,1)
print(X.shape,y.shape)
```

具体说明如下。

- 程序导入了 NumPy 模块。NumPy 模块是 Python 的一种开源的数值计算扩展，支持存储和处理大型矩阵。这里使用 NumPy 模块对训练数据进行处理。
- data.drop()函数用于从原始数据中删除指定列，这里删除 "价格" 列，剩下的就是模型的输入数据 X。
- 程序使用 data.loc()函数获取 "价格" 列到变量 y 中，作为模型的期望值。
- np.array()函数可以将向量转换为 NumPy 数组。后面的程序会使用 NumPy 数组中的数据作为训练数据。
- reshape()函数可以改变数组的形状，数组的形状是指在每个维度上数组的大小。例如，一个二维数组的形状为(3, 4)，这表示它有 3 行和 4 列。y.reshape(-1,1)的功能是将数组 y 的形状设置为 1 列（由第 2 个参数决定，第 1 个参数-1 表示转换后数组的行数根据实际情况确定）。之所以要改变数组 y 的形状，是因为从数据集中读取数据后数组 X 的形状为(5000,3)，也就是说 X 是 5000 行 3 列的二维数组；数组 y 的形状为(5000,)，也就是说 y 是一个包含 5000 个元素的一维数组。输入数据和期望值的形状不对应，不方便进行模型训练。调用 y.reshape(-1,1)函数后，数组 y 的形状变成了(5000,1)，即得到一个 5000 行 1 列的二维数组。此时输入数据和期望值的形状是对应的，都包含 5000 行数据。

④ 构建模型

本案例中构建模型的方法非常简单，代码如下。

```
from sklearn.linear_model import LinearRegression
model_multi = LinearRegression()
```

程序从 sklearn 模块中导入线性回归模型类 LinearRegression，使用它可以很方便地构建和训练线性回归模型。因为 LinearRegression 类中已经封装了实现多因子线性回归模型的所有功能，所以只要创建一个 LinearRegression 对象，就完成了构建模型的所有工作。

< 14 >

⑤ 训练模型

使用 LinearRegression 类训练模型的方法也是很简单的，代码如下。

```
from sklearn.linear_model import LinearRegression
model_multi.fit(X,y)
```

model_multi.fit(X,y)中第 1 个参数是模型的输入数据，第 2 个参数是期望值。训练的过程已经封装在 LinearRegression 类中了。

⑥ 使用模型进行预测

最后，程序使用测试数据预测房价，以验证模型训练的效果，代码如下。

```
X_test = np.array([[150,60000,5]])
y_test_predict = model_multi.predict(X_test)
print(y_test_predict)
```

这里使用的测试数据为"面积 150，人均收入 60000，平均房龄 5"。

在命令窗口中切换到 house_price_forecast.py 所在目录下（数据集文件 house_price.csv 也在此目录下），执行以下命令运行 house_price_forecast.py。

```
python house_price_forecast.py
```

程序首先会在命令窗口中输出数据集的前 10 行数据，如图 1-14 所示；然后打开一个窗口，并在其中分别绘制面积、人均收入、平均房龄与价格的散点图，如图 1-15 所示。从散点图可以看到，面积和人均收入与价格呈正相关关系，平均房龄与价格呈负相关关系。

	面积	人均收入	平均房龄	价格
0	188.581619	79245.63626	4.901877	1.096850e+06
1	164.161571	78936.74809	4.688919	1.455588e+06
2	232.949602	63236.99563	4.878289	1.051696e+06
3	150.608655	65122.34212	3.577503	1.373964e+06
4	153.862555	63628.64511	5.877775	6.231222e+05
5	165.454380	78251.30721	6.317630	9.624172e+05
6	181.772344	63814.85840	5.296689	1.540739e+06
7	172.055050	75195.11765	3.683635	1.442917e+06
8	169.151184	63762.73947	6.168691	8.577471e+05
9	217.052339	86801.37667	6.016151	1.543245e+06

图 1-14　输出数据集的前 10 行数据

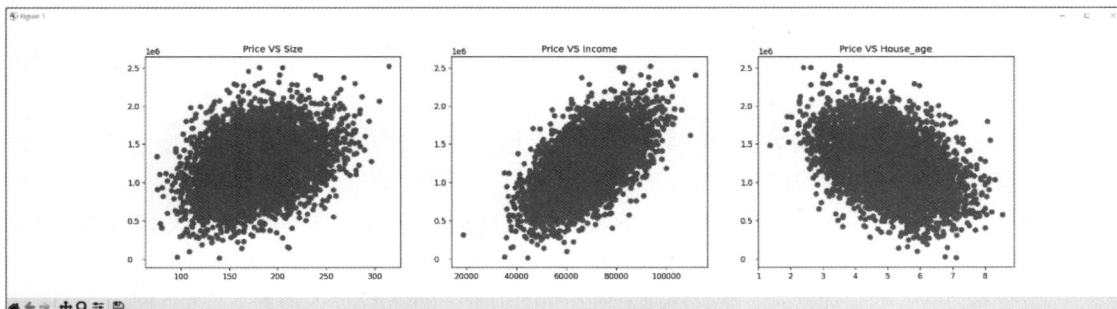

图 1-15　散点图

关闭图形窗口后，程序会继续运行，并在命令窗口中输出图 1-16 所示信息。其中，(5000, 3)和(5000,)是数据预处理前的数组形状，(5000, 3)和(5000, 1) 是数据预处理后的数组形状。我们可以通过输出数

< 15 >

据来观察数据预处理的效果。最后，程序会输出模型预测的结果。

经过训练的线性回归模型预测：当面积为 150 m²、人均收入为 60 000 元、平均房龄为 5 年时，对应的价格为 1 037 640.666 711 37 元。

图 1-16　关闭图形窗口后输出的信息

1.3 深度学习基础

深度学习是机器学习的一个分支，是一种基于深度神经网络的机器学习方法。AIGC 既是深度学习的一部分，也是基于深度学习扩大规模发展而来的重要的 AI 技术。因此，在学习 AIGC 技术之前，我们有必要了解深度学习的基础知识。

1.3.1 深度学习的概念

深度学习拥有众多落地的应用，可以说是目前最具发展前景的 AI 技术。

1．AI、机器学习和深度学习的关系

很多文献和报道中经常出现 AI、机器学习和深度学习这 3 个名词，它们很容易造成混淆。简单地说，AI、机器学习和深度学习的关系如图 1-17 所示。

深度学习是一种以深度堆叠计算为特征的机器学习方法。流行的 AI 技术，比如自然语言处理、计算机视觉、生成模型中的大多数模型，都是基于深度学习技术的。很多深度学习模型的处理功能已经接近，甚至超越人类的水平。

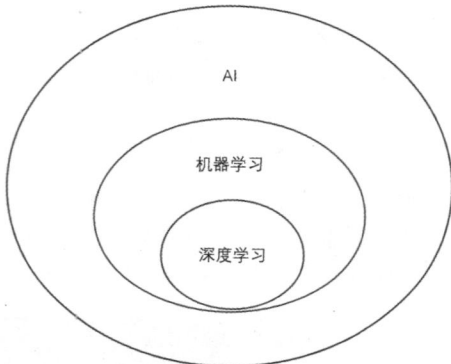

图 1-17　AI、机器学习和深度学习的关系

2．机器学习和深度学习的不同之处

图 1-7 从基本工作原理的角度演示了机器学习和深度学习的对比。具体地说，机器学习和深度学习在以下几方面还存在不同之处。

- 结构：机器学习对数据进行解析，学习其中的模式，对数据特征间的关联进行标识，然后做出合理的决定；深度学习则以分层结构构建神经网络，可以从数据中提取特征、学习，并得出类似人类的结论。
- 模型复杂度：机器学习模型通常比较简单，而深度学习模型通常非常复杂。
- 模型的表现：机器学习模型可以在数据较少的情况下表现较好，且数据越多，表现越好；深度学习模型通常需要大量的数据，其表现优于机器学习模型。
- 可解释性：机器学习模型的可解释性较高，也就是说人们较容易理解为什么模型会做出这样的决定或预测；深度学习模型由于过于复杂，因此其可解释性较低。
- 对算力的要求：机器学习模型通常比较简单，因此对算力的要求也相对较低；而随着深度学习模型的结构越来越复杂，其对算力的要求也越来越高。由深度学习模型发展而来的 AIGC 大模型对算力的要求更加巨大。据英伟达公司发布的报告，训练 GPT-3 需要 34 天，使用 1 024 块 A100 GPU。在编写本书时，A100 80G GPU 的官方报价为 10 000～15 000 美元/块。除了初期的购置费用，训练过程中消耗的电能也是很高的。

< 16 >

1.3.2　前馈神经网络与反向传播算法

前馈神经网络（FNN）是一种基础和常见的深度神经网络，是深度学习的基础。它在计算机视觉和自然语言处理等领域发挥着重要作用。

反向传播算法是深度学习中的核心概念之一。在反向传播算法中，数据传播的方向与前馈神经网络中正好相反，即模型的预测值与期望值之间的差距被传送回前馈神经网络，用于优化模型的参数，以得到更接近期望值的预测值。

前馈神经网络与反向传播算法相结合，是构建深度学习模型最常用的方法。

1．前馈神经网络

前馈神经网络是将数据从输入层向输出层逐层传播的神经网络。在前馈神经网络中，各神经元分层排列，每个神经元与前一层的神经元相连，接收前一层的输出，并输出给下一层，同一层内部的神经元之间没有反馈，如图 1-18 所示。

2．反向传播算法

深度学习模型通过反向传播算法来优化模型的参数，以完成模型的训练，如图 1-19 所示。

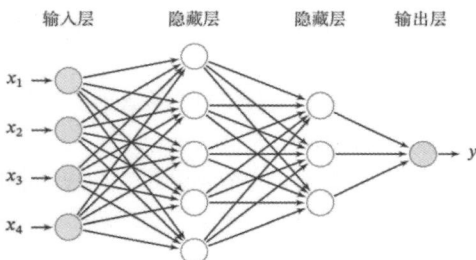

图 1-18　前馈神经网络

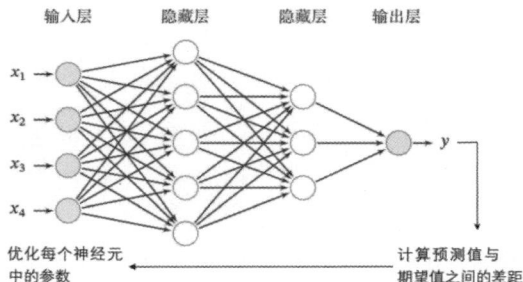

图 1-19　反向传播算法

在深度学习模型中，计算预测值与期望值之间差距的功能由损失函数完成，优化每个神经元中的参数由优化器完成。前馈神经网络中也会执行一系列计算，计算过程中会使用到激活函数和归一化函数。这些常用函数和优化器将在 1.3.4 小节详细介绍。

1.3.3　深度学习案例：基于 LeNet-5 模型识别手写数字

1.2.4 小节通过一个简单的案例直观地演示了什么是机器学习模型。我们可以通过一个数学公式来定义机器学习算法，通过一小段程序来实现机器学习模型。相比而言，深度学习模型要复杂很多，它不但具有更复杂的算法，而且拥有复杂的神经网络结构。神经网络结构中的每一层都对应不同的算法。为了使读者能直观地理解机器学习、神经网络、深度神经网络与深度学习之间的关系，本小节介绍一个简单的深度学习案例：基于 LeNet-5 模型识别手写数字。通过这个案例，读者不但可以了解深度学习与机器学习的区别和联系，还可以直观地感受人工神经网络的应用情况。

LeNet-5 是 CNN 的第 1 个模型，是早期卷积神经网络中具有代表性的实验系统之一。当时，美国的很多银行都使用 LeNet-5 模型来识别支票上的手写数字。

LeNet-5 模型之所以流行，主要在于它简单、易懂的网络结构。LeNet-5 是用于图像分类的多层卷积神经网络，其网络结构如图 1-20 所示。

深度学习案例：基于 LeNet-5 模型识别手写数字

< 17 >

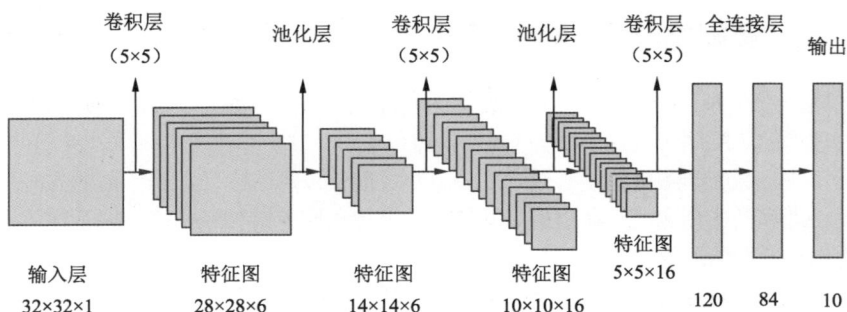

图 1-20   LeNet-5 的网络结构

具体说明如下。

- LeNet-5 模型中有 3 个卷积层和 2 个池化层，这 5 个隐藏层的参数是可学习的，这也是 LeNet-5 得名的原因。关于卷积和池化的概念及对应的算法，将在第 4 章详细介绍。
- LeNet-5 模型的输入数据是 32 × 32 的灰度图片。在机器学习中，通常使用通道来表示颜色。对彩色图片而言，可以使用 R、G、B 这 3 个通道来表现图片的颜色；灰度图片的通道数则为 1。因此，LeNet-5 模型输入数据的形状（可以理解为多维数组的维度）为 32×32×1。
- 经过每个隐藏层中神经元处理后，数据的形状都会发生改变。
- 倒数第 2 层是一个包含 84 个神经元的全连接层，该层的输出是 84 个值，代表了模型从输入图片中提取的 84 个特征值。
- 最后一层是包含 10 个神经元和 softmax() 函数的输出层。softmax() 函数将每个输入数据指向一个特定的分类。最高值指向的分类就是预测值（0~9 这 10 个数字之一）。

尽管这是一个非常简单的深度学习模型，但是在一小节的篇幅中无法详细介绍其中使用到的所有算法，更不可能通过一小段程序来实现 LeNet-5 模型。通常需要借助专业的深度学习框架提供的强大基础功能，才能通过编程实现深度学习模型。

本小节的目的是使读者能够直观地认识深度学习模型。在本节后面介绍深度学习的基础知识时，会结合 LeNet-5 模型进行说明。

1.3.4   深度学习的常用基础函数和算法

深度学习算法是机器学习算法的一种，人们可以通过深度学习算法构建复杂的神经网络模型，并使用大规模的训练数据来训练模型。人们还可以利用反向传播算法不断优化模型的参数，逐渐提高模型的精确度和泛化能力。为了便于读者理解深度学习的基本工作原理，本节简单介绍深度学习的常用基础函数和算法。函数是构成算法的基本单元，复杂、庞大的深度学习模型就是通过很多具有不同功能的基础函数来实现各种深度学习算法，进而构建成的。换言之，各种基础函数和算法在驱动前馈神经网络与反向传播算法的运行。这些基础函数和算法对算法工程师而言是必须掌握的基础知识。而对于一般的读者，了解这些基础函数和算法有助于进一步体会深度学习模型的工作原理。

1. 激活函数

1.1.2 小节介绍了激活函数的概念，它的作用是给神经元引入非线性因素，使神经网络可以逼近任何非线性函数，从而使神经网络可以应用到众多的非线性模型中。激活函数有很多，下面仅介绍 4 个常用的激活函数。

- ReLU（rectified linear unit，修正线性单元）：逻辑很简单的激活函数，当输入参数大于 0 时，函数的返回值等于输入参数，否则函数的返回值等于 0。ReLU() 函数的函数图像如图 1-21 所示。

< 18 >

- sigmoid：处处连续的激活函数。连续的函数就是当输入值的变化足够小时，输出值的变化也会随之足够小。sigmoid()函数的函数图像如图 1-22 所示。

与 sigmoid()函数相比，ReLU()函数最大的优点是可以克服梯度消失的问题。梯度消失问题会造成训练不收敛，从而导致训练的速度慢。ReLU()函数不存在梯度消失的问题，而且没有指数运算，只是简单地比较大小，因此可以加快训练速度。

sigmoid()函数处处连续，因此便于求导。而反向传播算法的核心在于通过求导来更新网络的参数，以最小化损失函数。这是 sigmoid()函数的优点之一。另外，sigmoid()函数可以将任何实数映射到 0～1 的值，这个特性使它非常适合作为二分类问题的激活函数或输出层函数。

sigmoid()函数在输入值趋近于正、负无穷大时，函数值的变化很小，也就是容易缺失梯度，不利于深度网络的反向传播。LeNet-5 采用的激活函数就是 sigmoid()函数。

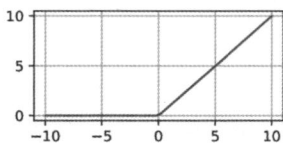

图 1-21　ReLU()函数的函数图像　　　　图 1-22　sigmoid()函数的函数图像

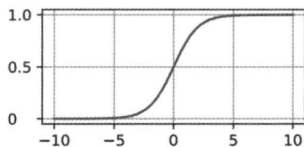

关于梯度消失的概念，我们将结合损失函数进行介绍；关于收敛的概念，我们将结合损失函数和优化器进行介绍。

- GeLU（gaussian error linear unit，高斯误差线性单元）：一种更加平滑的激活函数，它具有更光滑的导数，有助于提高训练过程的收敛效果和性能。很多 AIGC 大模型选择 GeLU 函数作为激活函数。
- softmax：又称归一化指数函数。它是二分类函数 sigmoid()在多分类任务上的推广，可以把一个多维向量压缩到 0～1。

在多分类任务中，通常会使用 softmax()函数作为输出层的激活函数。softmax()函数可以对输出值进行归一化操作，即将所有输出值都转换为概率，且所有概率值加起来等于 1。其计算过程如图 1-23 所示。

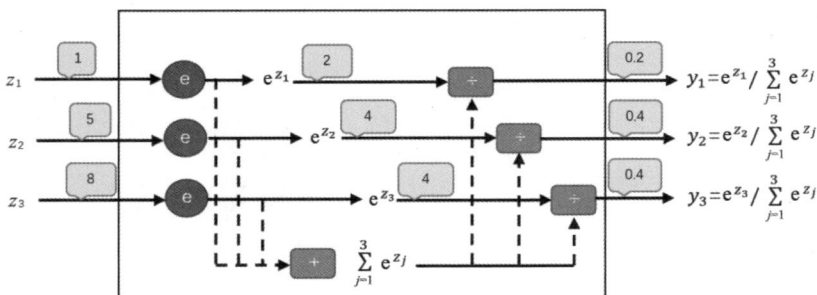

图 1-23　softmax()函数的计算过程

softmax()函数在深度学习模型中被广泛应用。除了 LeNet-5 模型，GPT 模型中也使用了 softmax()函数，具体情况可以参照第 5 章进行了解。

2．损失函数

在神经网络中，模型会输出一系列预测值，也称为 logits。损失函数用于评估深度学习模型对数据集处理的效果。如果预测值完全偏离目标，则损失函数会输出一个比较大的数值；如果预测效果非常好，则损失函数会输出一个比较小的数值。当修改算法的一部分来改进模型时，损失函数可以反映改

< 19 >

进的效果和方向。

最简单的损失函数就是计算每个预测值与期望值的绝对差值，用数学公式表达如下：

$$abs(<预测值> - <期望值>) 。$$

在实际应用中有很多损失函数可供选择，下面仅以其中的两个为例进行说明。

- MSE：很基本、很常用的损失函数，计算公式为

$$MSE = \frac{1}{m} \sum_{i=1}^{m} [y_i - f(x_i)]^2 ,$$

其中，x_i 表示第 i 个样本的输入值，$f(x_i)$ 表示第 i 个样本的预测值，y_i 表示第 i 个样本的期望值。MSE 函数的简化函数图像如图 1-24 所示，其中 x 轴为 $y_i - f(x_i)$ 的值，y 轴为 MSE 的值。可以看到，y_i 和 $f(x_i)$ 越接近，MSE 的值越小。

- 交叉熵（cross entropy）损失函数：在分类任务中经常使用的损失函数，LeNet-5 模型中就用到了交叉熵损失函数，其数学公式为

$$L = -[y \log(\hat{y}) + (1 - y) \log(1 - \hat{y})] ,$$

其中，y 表示期望值，$\hat{y}$ 表示模型的预测值，log 代表对数函数，通常使用自然对数。

深度学习的目标是使损失函数尽可能减小，这样预测值就可以尽可能接近期望值。梯度是一个向量，在深度学习中可以使用梯度来衡量损失函数上升速度的大小。

梯度下降法是通过沿着损失函数最陡峭上升的相反方向移动参数，以迭代地降低损失函数值的方法。我们可以先通过计算损失函数的导数来寻找极小值（最优点），然后在整个训练集上使用此极小值计算损失函数相对于参数的梯度。梯度下降法示意如图 1-25 所示。

梯度下降法对应的数学公式为

$$W_{new} = W_{old} - \alpha \cdot \frac{\partial(loss)}{\partial(W_{old})} 。$$

具体说明如下。

- W_{new}：新的权重值。
- W_{old}：之前的权重值。
- α：学习率（具体情况将结合优化器进行介绍）。
- ∂：计算偏导数。
- loss：损失函数值。

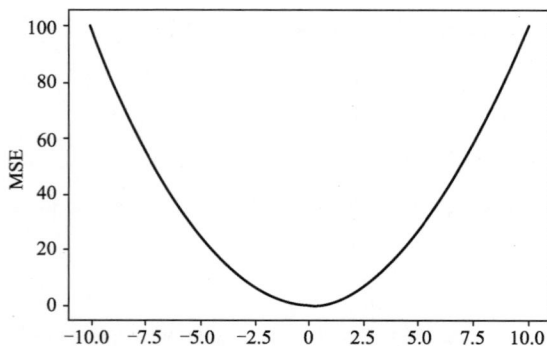

图 1-24　MSE 函数的简化函数图像

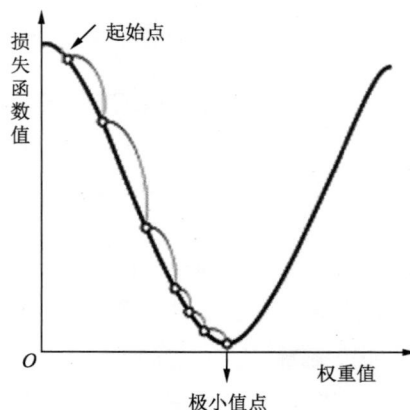

图 1-25　梯度下降法示意

通过梯度下降法的数学公式可以看到，深度神经网络可以根据输出数据的效果（损失函数）不断

< 20 >

调整模型的参数值（权重值），从而使损失函数值逐渐减小。这就是深度学习中"收敛"的概念。通过训练，模型逐渐收敛，直至达到一种稳定状态。这个过程就是深度学习的反向传播算法的思想。

反之，梯度消失是指在深度神经网络的训练过程中，梯度在反向传播过程中逐渐变小，导致模型的学习速率降低，甚至停止学习的现象。梯度消失对于深度学习模型的性能会产生负面影响，可能导致模型无法收敛到最优解，或者在训练过程中出现训练周期过长、过拟合等问题。

3. 优化器

优化器指使损失函数最小或最大限度提高效率的算法，其目的在于找到损失函数下降的方向，并在训练的过程中通过不断地调整参数向这个方向靠近。如果最终达到最优点附近，则称为收敛；如果损失函数无法下降，始终达不到最优点附近，则称为不收敛。

在梯度下降法的数学公式中，参数 α 表示学习率。学习率过小则在到达最优点之前需要经过太多次更新，因此效率很低，如图 1-26 所示。如果学习率过大，则可能会直接跳过最低点，在最优权重的附近跳来跳去，如图 1-27 所示。注：图 1-26 和图 1-27 中，$J(\alpha)$ 为损失函数。

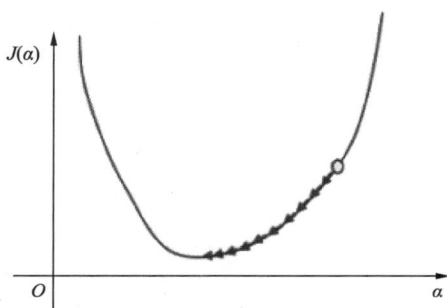

图 1-26　学习率过小的情形　　　　　图 1-27　学习率过大的情形

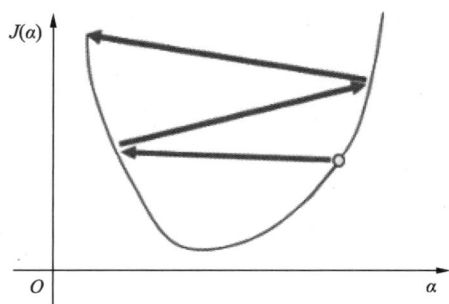

最优的学习率则会导致迅速到达最低点，如图 1-28 所示。

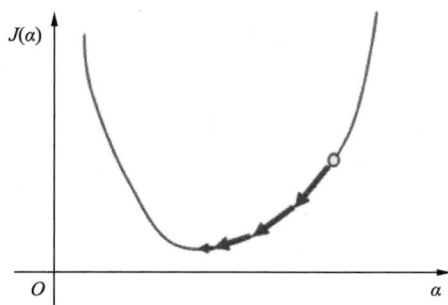

图 1-28　选择最优的学习率可以迅速到达最低点

自适应学习率指根据影响参数收敛的损失函数梯度，自动决定调整参数的步长。很多常用的优化器都是基于自适应学习率的。

优化器算法很多，这里仅介绍比较常用的几个，具体如下。

- 随机梯度下降法（stochastic gradient descent，SGD）：对每个样本都计算梯度，并更新模型参数。如果数据集中有 10 000 个样本，则会更新模型参数 10 000 次。
- 带动量的 SGD（SGD with momentum）：顾名思义，带动量的 SGD 算法在 SGD 算法的基础上增加了"动量"的概念。"动量"模拟移动物体的惯性。也就是说，上次更新的方向将在一定程度上保留，从而增进稳定性，加快学习的效率。LeNet-5 模型使用带动量的 SGD 算法作为优化器。

< 21 >

- AdaGrad 算法：可以为每次迭代、每个神经元、每个隐藏层使用不同的学习率。每次迭代自适应地改变。AdaGrad 算法的缺点是学习率总在衰减。在训练的中后期，梯度趋近于 0，使训练提前结束。
- AdaDelta 算法：AdaGrad 的扩展，通过移除学习率超参以解决学习率衰减的问题。在 AdaDelta 算法中没有学习率这一超参，而是使用上一步骤到当前梯度的平均系数。AdaDelta 算法的优点是减少了一个超参；缺点是计算量比较大。
- Adam 算法：非常流行的梯度下降优化器，是一种为每一个参数计算自适应学习率的方法。
- 小批量梯度下降（mini-batch gradient descent，MBGD）算法：它可以将训练集拆分为小的批次，然后使用每个批次的数据来更新模型的参数。

常用的优化器基本都是基于 MBGD 算法的，由此引入了下面几个深度学习的超参。

① batchsize：批大小。每个周期从训练集中选择 batchsize 个样本进行训练。

② iteration：迭代次数。因为训练集被拆分成小的批次，所以需要多次训练才能完成。iteration 指定整个训练集训练完成需要训练的批次。1 个 iteration 等于使用 batchsize 个样本训练一次。

③ epoch：轮回。1 个 epoch 等于使用训练集中的全部样本训练一次。epoch 的数值表示整个训练集被训练的次数。

假如训练集中有 10 000 个样本，batchsize 等于 1000，那么训练整个训练集需要经过 10 个 iteration。此时的 epoch 为 1。

4．归一化函数

归一化（normalization）指把数据映射到一个固定的范围内，比如 0～1 或-1～1。数据归一化的目的是归纳样本的统计分布情况。将数据归一化到 0～1 用于统计样本的概率分布；将数据归一化到 -1～1 用于统计样本的坐标分布。在神经网络中归一化的主要作用如下。

- 在梯度下降法中加速求得最优解。数据集中一些特征的取值区间相差较大，比如二手房数据集中的房屋面积和房间数。以这两个特征绘制的等高线图像呈椭圆形，当取值区间相差很大时，梯度等高线就会比较尖。在这样的数据集上使用梯度下降法寻求最优解时，很可能会沿着垂直等高线的方向走"之"字路线，从而需要迭代很多次才能收敛，如图 1-29 所示。在经过归一化处理后的数据集中，各个特征的取值区间接近，因此梯度等高线比较圆，此时沿着垂直等高线的方向走会很快收敛，如图 1-30 所示。

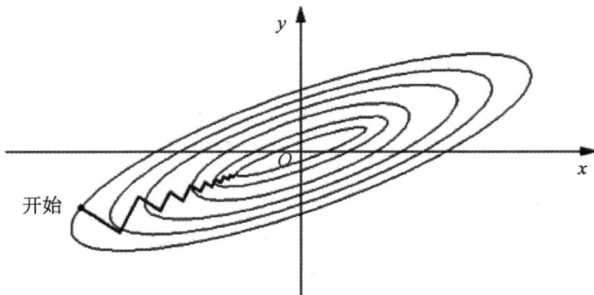

图 1-29　在特征取值区间相差较大的数据集上应用梯度下降法很难收敛

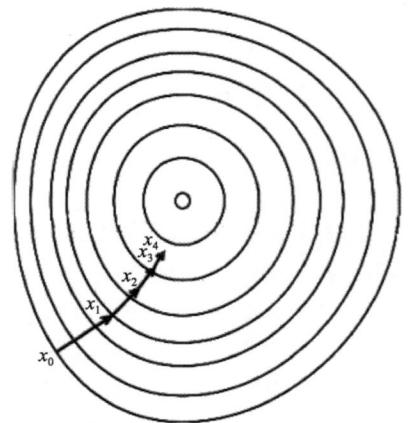

图 1-30　归一化后梯度下降法很快收敛

- 提高数据的精确度。有些分类器需要计算样本之间的距离，如果有一个特征的取值区间非常大，

< 22 >

则计算距离时主要取决于此特征，这与实际情况可能是相背离的。而经过归一化处理后各个特征的取值区间接近，在计算距离时作用比较均衡，从而提高了数据的精确度。

归一化算法很多，这里只简单介绍其中两个常用的归一化算法。

① 批归一化（batch normalization，BN）算法：BN 算法适用于训练很深的神经网络，可以为每个训练批次中每一层的输入数据执行归一化操作。BN 算法可以使训练的过程较为稳定，显著减少训练的轮数。

② 组归一化（group normalization，GN）算法：GN 算法将通道拆分成组，并在每个组内对特征进行归一化。GN 算法的计算与训练数据的批大小（batchsize）无关，因此对于高精确度图片、小 batchsize 场景表现得也非常稳定，其弥补了 BN 算法在超参 batchsize 较小时表现不太好的劣势。

1.3.5 深度学习的基本工作流程

概括地说，深度学习的基本工作流程如图 1-31 所示。

图 1-31　深度学习的基本工作流程

1．训练

训练是神经网络模型的学习过程，也就是不断调整所有神经元的参数以拟合训练数据的过程。所谓"拟合"，是指根据训练样本学习出适用于所有潜在样本的"普遍规律"，从而在遇到新样本时做出正确的判断。如果用学生学习的过程来比喻深度学习，那么训练阶段就好像在课堂上学习的过程。

在深度学习模型的基本工作流程中，训练环节是最重要的，在这一环节要完成深度学习模型的构建，并应用算法对输入数据进行处理，最终得到预测值。深度学习模型的训练环节如图 1-32 所示。

图 1-32　深度学习模型的训练环节

具体说明如下。

（1）数据处理阶段

数据处理阶段主要完成以下工作。

① 获取数据

训练数据的数量和质量对于深度学习模型的训练至关重要。各个研究方向都有一些已有的、成熟的数据集。例如，1.1.1 小节提及的包含超过 1400 万张图像的 ImageNet；CIFAR-10 是一个微小图像数据集，包含 10 种类别下的 60 000 张 32 像素×32 像素大小的彩色图像，每种类别下包含 6000 张图像；自然语言处理中也有一些成熟的数据集，如 CLUE（chinese language understanding evaluation benchmark，中文语言理解测评基准）、AFQMC（ant financial question matching corpus，蚂蚁金融语义相似度）等数据集。如果已有数据集不能满足模型训练的需求，相关人员也可自行收集训练数据。

② 切分数据集

数据集可以分成 3 份，即训练集、验证集和测试集。根据斯坦福大学的 AI 和机器学习专家吴恩达教授的建议，如果数据集比较小（比如只有 100 个或 10 000 个样本），则可以按 60%训练集、20%验证集和 20%测试集来分配数据；如果数据集规模很大（比如达到百万个样本级别），则可以采用 2.5%验证集和 1%测试集的比例，其余部分都归于训练集。

< 23 >

③ 数据清洗

数据清洗的主要任务包括填充缺失的数据、平滑噪声数据、解决数据的不一致性、移除离群值等。离群值指与其他数据相比差异比较大的数据。

④ 数据标注

数据标注指对数据集进行细致标记的过程。对监督学习模型和半监督学习模型而言，数据标注是必需环节。数据标注可以分为标签定义和打标签两个步骤。标签定义指定义模型中包含哪些标签。例如，在一个宠物图像识别模型中，可以定义两个标签，标签 1 是猫，标签 2 是狗；在一个自然语言情感分析模型中，可以定义标签为 {-1,0,1}，其中 -1 代表负面的情感，0 代表中性的情感，1 代表正面的情感。顾名思义，打标签就是在样本和标签之间建立映射。例如，在图像中划定区域，然后指定该区域对应的标签；结合文本内容，指定该文本对应的标签。

⑤ 数据增强

训练数据的数量和质量对于训练模型非常重要，但是很多时候收集到的训练数据是有限的。数据增强的目的在于提供丰富的训练集数据，解决数据不足或数据不均衡的问题，以及提高模型的泛化能力。所谓"泛化能力"，是指算法对训练样本中没有的新鲜样本的适应能力。如果根据训练样本学习出的"普遍规律"也适用于很多新鲜样本，则说明算法的泛化能力强。

对图像数据集的数据增强通常包括翻转、平移、旋转、添加噪声等操作，也可以对图像进行色彩变换，调整图像的亮度、对比度、饱和度等。

对文本数据集的数据增强通常包括同义词替换、随机删除、随机交换、随机插入等操作。

（2）模型设计阶段

模型设计阶段需要完成以下工作。

① 确定神经网络的模型结构

比较常用的自然语言处理神经网络包括 RNN、LSTM（long short-term memory，长短期记忆网络）和 BERT 等，它们的具体情况将在第 3 章中介绍；比较常用的计算机视觉神经网络包括 CNN、ResNet和 ViT，它们的具体情况将在第 4 章中介绍。

② 确定神经网络的深度和宽度

神经网络的深度指网络的层数，宽度指每层的通道数。在卷积神经网络中通道数通常指图像的类型，如果图像的颜色采用 RGB 类型，则通道数为 3。宽度和深度决定了隐藏层的神经元数量，通常隐藏层的神经元越多，模型的拟合效果越好，但是这样会影响训练的效率。在实际中，可以参考同类任务中比较经典的网络模型结构，再结合实际情况进行微调。

③ 选择激活函数

综合考虑问题的类型和网络架构来选择激活函数。通常二分类问题使用 sigmoid() 激活函数，回归问题使用线性激活函数或无激活函数（恒等激活函数）。

④ 选择损失函数

在选择损失函数时，需要考虑任务需求、数据特征以及模型性能等因素。不同的损失函数适用于不同类型的问题，这里不展开讨论。

（3）训练配置阶段

训练配置阶段的主要工作包括设定模型的优化器和配置参与计算的硬件资源。

在选择优化器时，主要考虑的因素包括任务类型、数据集大小、模型复杂性以及优化目标等。不同的优化器各有其优点和缺点，因此在选择时需要根据具体的应用场景来确定。

硬件资源是决定模型训练效率和效果的重要因素。在配置硬件资源时，应该综合考虑训练目标和投入成本等因素。AIGC 大模型的训练成本通常是巨大的。

< 24 >

（4）训练过程

训练过程包括下面 3 个步骤。

- 前向计算：将输入数据传入模型并计算得到输出数据。
- 计算损失函数：如果损失函数的值小于期望值，则停止训练。
- 反向传播：如果损失函数的值大于期望值，则根据前向计算得到的输出数据，通过优化器从后向前地优化网络中的参数。

（5）保存模型

将训练好的模型保存起来，以备日后预测时调用。

2．验证

模型验证也称为模型评估，其目的是查看训练的效果。通过调整模型的超参，对不同的算法进行验证，检验哪种算法更有效。如果用学生学习的过程来比喻深度学习，那么验证阶段就好像做作业的过程。做作业不但可以验证课堂学习的效果，而且可以巩固课堂学习的成果。

3．测试

模型测试用于评估最终模型的泛化能力。如果用学生学习的过程来比喻深度学习，那么测试就好像考试的过程。考试的题目不可能都在课堂上和作业中出现过，通过测试能检验学生的举一反三能力。

4．推理

推理是将实时数据传送给模型用以计算输出的过程。输出可以是一个或一组代表分值的数字，也可以是预测输入数据的类型。推理也可以指将模型实操化或产品化的过程。在将机器学习模型产品化的时候，通常将其描述为 AI 技术，它实现的功能与人类思考和分析很相似。推理阶段通常需要将应用程序部署在生产环境中。在应用程序中，模型是实现数学算法的软件代码，算法基于数据的特征进行计算，并给出预测。开发者可以让应用程序从本地文件中加载模型，也可以将模型部署为在线服务，供应用程序调用。

1.4　AIGC 的发展历史、应用方向及基础技术

经过对机器学习和深度学习基础技术的初步了解，读者已经具备了学习 AIGC 技术的背景知识，但是现在直接学习 AIGC 大模型还是有技术代沟的。在目前基础上，读者还应该了解 AIGC 的发展历史、应用方向，以及在各种类型 AIGC 大模型中直接使用的深度学习技术。

AIGC 的发展
历史、应用方向
及基础技术

1.4.1　AIGC 的发展历史

最早的 AI 生成模型可以追溯到 20 世纪 50 年代的隐马尔可夫模型（hidden Markov model，HMM）和高斯混合模型（gaussian mixture model），这两个模型可以生成时序数据，如语音和时间序列。但是直到深度学习的优势凸显，AI 生成模型的性能才得到显著提升。

在 AI 生成模型诞生的早期，它与其他领域的技术并没有太多重叠。在 NLP 技术中，生成句子的传统方法是使用 n 元语言模型（n-gram language modeling）学习单词的分布，然后研究最适合的单词序列。但是这种方法在生成长句子时表现并不好。为了解决这个问题，RNN 诞生了。接着，门控循环单元（gated recurrent unit，GRU）和 LSTM 先后面世，这些方法可以处理包含 200 个 token 的样本，与 n 元语言模型相比有了显著的改善。

< 25 >

在 CV 技术中传统的图像生成算法使用纹理合成和纹理映射技术。这些算法基于手工设计的特征，在生成复杂多样的图像时，其能力是有限的。2014 年，GAN 模型面世了，这是图像生成领域的里程碑式事件。GAN 模型在各种应用中都有令人赞叹的效果。VAEs 和一些其他的生成模型（如扩散模型）已经实现了图像生成过程的更细粒度控制，可以用于生成高质量的图像。

生成模型在不同领域的进步是通过不同路径实现的。但是，最终这些路径的交叉点出现了。2017 年，应用于 NLP 任务的 Transformer（转换器）架构面世了。随后，Transformer 架构被应用于 CV 生成模型中，成为很多不同领域生成模型的主干架构。在 NLP 领域，许多知名的大语言模型都采用 Transformer 架构作为其主要组成部分。例如，BERT 模型和生成式预训练变换器（generative pre-trained Transformer，GPT）模型。Transformer 架构在 CV 领域的应用是 ViT（vision Transformer）模型和 Swin Transformer 模型。

Transformer 架构不仅可以改善单模态模型的效果，还可以利用交叉点将不同领域的技术融合在一起完成多模态任务。单模态和多模态是相对于模型的数据类型而言的。单模态模型专注于一种数据类型，如文本、图像或音频，在大规模数据上进行训练；多模态模型则可以将不同类型的数据结合在一起，进行联合训练。这种模型利用不同数据类型之间的关联信息，提升模型性能。基于对比文本-图像对的预训练（contrastive language-image pre-training，CLIP）就是一个多模态模型，它采用一种融合文本和图像数据的对比学习范式，通过将文本信息作为弱监督信号，用于监督相关的视觉任务训练，在相关的视觉任务中取得了较好的结果。由于在预训练过程中结合使用了视觉知识和语言知识，因此 CLIP 模型可以在多模态提示生成任务中用作图像编码器。这就是现在很流行的文生图应用场景。大量基于 Transformer 架构的模型诞生是 AI 生成技术的一场革命，因为这些模型可以将各领域的技术融合在一起，使大规模训练成为可能。近几年，研究者不断尝试在这些模型的基础上引入新的技术，以帮助模型更好地"理解"任务需求。

1.4.2　AIGC 的应用方向

AIGC 的应用方向非常广泛，涵盖许多不同领域和应用场景。其中主要的应用方向包括文本生成、代码生成、图像生成、音频生成和视频生成等。这些应用方向所使用的基础技术是有差别的。

1. 文本生成

以 ChatGPT 为代表的大语言模型在文本生成方面有广泛的应用，具体介绍如下。

- 自动摘要：从文本中提取关键信息并生成简洁的摘要。在实际应用中，计算机程序可以通过自动摘要技术分析大量文本数据，并从中提取重要内容，以生成简明扼要的摘要，从而节省人工编写摘要的时间和精力。这对于阅读长篇幅的文本，比如博士毕业论文、咨询报告、审计报告等，非常有帮助。
- 机器翻译：机器翻译是应用广泛的 NLP 技术，其可以极大地提高翻译质量和效率，在多语言翻译、实时翻译、专业术语翻译和翻译质量评估等方面都有很好的表现。
- 对话系统：以 ChatGPT 为代表的 AIGC 对话系统（聊天机器人）可以实现非常顺畅的人机交流。对话系统能够根据用户的偏好和历史对话记录生成个性化的回复，并且可以自动识别用户的情感。这种个性化对话可以提高用户体验。国内大语言模型在人机对话方面也有很好的表现，比如科大讯飞的讯飞星火大模型通过对海量文本、代码和知识的学习，拥有跨领域的知识和语言理解能力，能够基于自然对话方式理解与执行任务。
- 文档生成：大语言模型不但可以在对话过程中生成少量文本，还可以创作出大篇幅、高质量、涉及各领域知识的专业文档，比如市场调研报告、年度总结报告、合同、法律文件、专业技术文档、使用手册和说明书、作文、小说等。

< 26 >

- 文本情感分析：对带有情感色彩的主观性文本进行分析、处理、归纳和推理。很多博客、论坛、服务网站都提供评论功能，积累了大量的评论数据。这些评论反映了参与者对相关平台提供的文章、商品或服务的态度。利用 AIGC 技术可以从评论数据中挖掘评论者的情感和倾向性，这对于平台运营方是很有意义的。

本书第 5 章将介绍大语言模型的基础理论和工作原理，并带领读者了解主流大语言模型的应用情况。

2．代码生成

代码生成是生成模型与 NLP 技术相结合的一种经典应用。基于大量源代码数据集进行训练的大语言模型可以生成各种类型的代码，辅助开发者完成与编码有关的工作。具体介绍如下。

- 根据需求自动编码：代码生成模型善于生成重复性高、模式明显的代码，比如排序、文件处理、数据格式转换等，从而提高开发效率和减少手动编码的工作量。
- 代码修复和优化：AIGC 技术可以用于检测代码中的错误，并给出修复错误的方案，解决程序的性能问题，优化代码的质量。
- 生成代码的摘要和注释：摘要是对代码功能的简要描述、对代码结构的概述，以及对代码中关键部分的总结。AIGC 技术可以对给定的代码进行分析，理解代码的结构、逻辑和功能，并在此基础上提取代码中的关键信息，如变量名、函数名、注释、关键算法或逻辑片段等，然后基于这些关键信息，利用生成模型、自然语言处理技术或其他算法生成代码摘要。基于关键信息和已有注释，AIGC 技术还可以生成更详尽的注释信息，以便清晰、简洁地描述代码的功能、逻辑和设计思路。代码摘要和注释是帮助开发者整理、规范开发文档的基础素材。
- 代码重构：AIGC 技术可以对给定代码进行分析，并针对代码中存在的问题对代码进行重构，包括改善代码的结构、可读性和性能等，从而提高代码的可维护性和扩展性。
- 编码助手：作为插件与 IDE 集成在一起，给开发者提供实时的编码建议。

AIGC 技术在代码生成方面的应用可以帮助开发者提高工作效率、减少人为错误、缩短软件开发周期。尽管 AIGC 技术在代码生成方面有很多优势，但就目前情况来看，AIGC 技术只是开发者的助手，还不能完全取代人类在软件开发工作中的作用。而且在实际应用中，开发者要谨慎使用自动生成的代码，注意人工审查生成的代码，以避免生成低质量和不安全的代码。

本书第 6 章将介绍代码生成大语言模型的基础理论和工作原理，并带领读者体验主流代码生成大语言模型的应用情况。

3．图像生成

图像生成是生成模型与 CV 技术相结合的一种经典应用。基于大量图像数据集进行训练的图像生成模型可以生成各种类型、各种风格的图像。具体介绍如下。

- 文生图：顾名思义，就是将生成模型与 NLP 技术、CV 技术相结合，根据输入的文本描述生成相应的图像内容。文生图技术可以应用于为故事情节配图、产品设计、艺术创作等场景。
- 人脸生成：AIGC 技术可以生成逼真的人脸图像，这项技术广泛应用于虚拟现实、视频游戏等领域，可以创建虚拟人物或历史人物的形象，完成合成面部表情等操作。
- 风格转换：将一张图像的风格转换成另一种风格。比如，将一张图像转换为毕加索的艺术风格，或者转换成动漫风格、卡通风格。这种技术为艺术创作和娱乐行业的创新提供了创作空间。
- 图像修复：对受损的图像进行修复，包括去除噪声、填补缺失部分等，从而提升图像质量。

本书第 7 章将介绍图像生成大模型的基础理论、工作原理，并带领读者体验主流图像生成大模型的应用情况。

< 27 >

4．音频生成

音频生成是生成模型与 NLP 技术中语音模型相结合的一种经典应用。基于大量语音、声音、音乐等数据集进行训练的音频生成模型可以生成各种类型的声音。具体介绍如下。

- 语音合成：即实现 TTS（text to speech，从文本到语音）系统。通过神经网络的设计，把文字智能地转换为自然语音流。
- 音乐创作：利用 AIGC 技术可以生成旋律、和弦、节奏等，以实现快速谱曲。用户输入一段文本，即可创作出高质量的原创音乐。
- 音效合成：利用 AIGC 技术可以生成适用于游戏和影视作品的环境音效及各种特殊音效。
- 语音识别：将人类语音信号转换为文本，帮助人们更轻松地理解和处理大量的语音数据。
- 语音机器人：指综合应用语音识别、自然语言处理和语音合成等技术，实现人机对话的应用形式。语音机器人可以应用于客服、销售和培训等场景。

本书第 8 章将介绍语音生成大模型的基础理论、工作原理，并带领读者体验主流语音生成大模型的应用情况。

5．视频生成

视频生成是生成模型与 CV 技术相结合的一种经典应用。基于大量视频数据集进行训练的视频生成模型可以生成各种类型的视频。具体介绍如下。

- 视频修复与增强：用户可以利用 AIGC 技术对损坏的视频进行修复，恢复缺失的信息，也可以对视频进行降噪和增强视频质量的处理，以提高视频的清晰度。
- 视频内容生成：AIGC 技术可以根据给定的文字描述或图片生成对应的视频，这种功能可以应用于影视特效的制作中。目前，主流的视频生成大模型已经可以生成连续且流畅的视频。
- 视频预测：根据已有视频的内容生成人物的下一步动作或进行场景变换，从而实现视频预测的功能。这种技术对于视频压缩和提升视频流畅性很有意义——如果后面一段时间内的视频是可以预测的，那么在视频数据中就可以不存储这部分数据。视频数据量少了，加载和播放视频的过程将会更流畅。

本书第 9 章将介绍视频生成大模型的基础理论和工作原理，并带领读者体验主流视频生成大模型的应用情况。

1.4.3　AIGC 的基础技术

在 AIGC 的基础技术中，生成技术是最核心的，它就是 AIGC 中的"G"。1.4.2 小节中介绍的各种 AIGC 应用，本质上都是生成技术与各种深度学习技术相结合的产物。AIGC 应用中涉及最多的深度学习技术是自然语言处理和计算机视觉。

1．生成模型

生成模型是一种机器学习模型，其目标是学习数据的分布或底层模式，用以生成新的、近似的数据，这就好像在教计算机根据它之前看到的东西想象出新的事物。这种模型的美妙之处在于它的创造能力，而传统的计算机程序只能按照人类的指令按部就班地执行。这种创造力可以广泛应用于很多领域。生成模型在现实世界中的应用情况如下。

- 创作艺术作品：艺术家和音乐家可以利用生成模型，基于他们提供给生成模型的各种风格的样本，生成新的艺术作品或乐曲。例如，第 7 章中介绍的 Midjourney 就是效果很不错的图像生成大模型，利用它可以快速地生成各种风格的绘画作品。
- 发现新的药物：药理学家可以利用生成模型来预测新的可能性药物的分子结构。

- 内容生成：网站的运营者可以利用生成模型来缩短创作网站内容的过程。
- 视频游戏：游戏设计者可以利用生成模型创建各种各样的游戏环境。

在各种 AI 技术中，生成模型具有以下优势。

- 数据增强：在数据稀有且获取数据成本较高的领域，可以使用生成模型创造新的样本，作为对原始数据集的补充。例如，要建立一个医疗图像的大数据集是很困难的，单家医院的医疗图像数据是有限的，而对一个科研团队来说，联合大量医院共享医疗图像也并不容易。在这种情况下，利用生成模型生成更多的医疗图像，这对于训练医疗诊断模型是很有意义的。
- 异常检测：通过训练，生成模型可以形成对正常数据的深度理解，这样就可以高效地识别出异常数据。这项技术应用于金融领域，可以快速定位出欺诈交易，并及时提醒有关部门注意。
- 个性化：生成模型可以基于用户的引用或输入专门为其生成特定的内容。例如，在娱乐行业中，可以利用生成模型创作适配特定场景的音乐或者为某个电影生成宣传短片，这样生成的作品可以增强用户的感官体验。
- 灵活性：生成模型可以适用于各种学习场景，包括监督学习、无监督学习和半监督学习等。这种适应性使生成模型可以广泛应用于各种类型的任务。
- 创新设计思路：在建筑设计或产品设计过程中，生成模型可以给出新颖的设计方案或结构，从而启迪设计者的创新灵感。
- 成本低廉：通过自动生成内容或解决方案，生成模型可以降低相关生产或研究的人力成本。

关于生成模型的工作原理和基本情况，在第 2 章将进行详细介绍。

2．NLP 技术

NLP 技术是人工智能领域的重要研究方向，其融合了语言学、计算机科学、机器学习、数学、认知心理学等多个学科领域的知识，主要包含自然语言理解和自然语言生成两个方面。常见的 NLP 研究任务如下，其中不可避免地涉及很多语言学的专业知识，这也是了解 NLP 技术的背景知识。

- 文本与语音处理：常见的文本与语音处理研究任务如表 1-1 所示。
- 形态分析：分析词怎样由词素构成的技术。形态分析技术通常在分词和词性标注时被用到，常见的与形态分析技术相关的研究任务如表 1-2 所示。
- 句法分析：根据一组语法规则分析一句话或一段话，从而确定这段话的句法结构。常见的与句法分析技术相关的研究任务如表 1-3 所示。
- 词汇语义学：研究词汇含义的技术，可以根据字典中的定义来理解词汇的含义，也可以通过一个词汇与其他词汇的关系来理解它的含义。常见的词汇语义学研究任务如表 1-4 所示。
- 关系语义学：给定一段文本，标识其中命名实体的关系，例如，谁和谁结婚了。常见的关系语义学研究任务如表 1-5 所示。
- 话语相关研究：前面提到的 NLP 技术都是基于词汇和句式的研究，而话语（discourse）是高于句子的语义学概念，它是由一系列相互关联的句子组成的，这些句子共同传达一个完整的思想或信息。因此，在 NLP 研究中，不仅要理解单个句子的含义，还应该研究话语中句子间的因果关系和时间顺序关系等。常见的话语相关研究任务如表 1-6 所示。

表 1-1　常见的文本与语音处理研究任务

任务	具体说明
光学字符识别（optical character recognition，OCR）	识别给定图像中的文字

< 29 >

续表

任务	具体说明
语音识别	给定一个人的语音片段或者一群人的对话录音，并识别语音的文字表示。这是 NLP 技术中比较难于处理的问题，因为在自然语音中，词与词之间几乎是没有停顿的，所以语音分段就是语音识别任务的一个子任务。大多数语言在口语表达时发音会持续受邻近音的影响，存在发生同时或重合发音的情况，再加上方言和口音等因素，造成语音识别的技术难度很大
文本转语音	根据给定的文本生成对应的语音。这项技术对于盲人或者有视力障碍的人是很有帮助的
分词（tokenization）	将原始文本表示为更小单元（词元，token）的处理过程。这项技术包含单词索引和分词文本两个关键点。单词索引是一个单词与特定数值标识符的映射表，分词文本指将文本中每个单词都替换为其对应数值标识符的过程。分词技术对于很多西文语言并不重要，因为西文语言的句子中单词本身就被空格分开了，但是对于中文、日语、泰语等语言的分词非常重要 在 NLP 中 token 是非常基础和常用的概念，虽然其中文名称为词元，但是在大多数资料中都直接使用 token。为了便于读者理解，本书统一使用 token。关于分词和 token 的概念，在 3.2.1 小节中将进行介绍

表 1-2　常见的与形态分析技术相关的研究任务

任务	具体说明
词形还原	将英文等西文单词还原为字典中原型词汇的过程，例如，cats 做完词形还原后的单词为 cat，ate 做完词形还原后的单词为 eat
语素切分	将单词拆分成独立的语素，并标识语素的分类。语素是语言学术语，它指语言中最小的意义结合体。一个语言单位必须同时满足最小、有音、有义这 3 个条件才能被称为语素。这项技术高度依赖语言的形态学复杂度，如单词的结构。英语的形态学复杂度很简单，有时候可以忽略语素切分。例如，一些简单的英语 NLP 模型可以将一个单词的各种形式看作独立的单词，如将 open、opens、opened 和 opening 看作不同的单词。有些语言（如土耳其语）的形态学复杂度非常复杂，词典中的一个词条可能会有上千种单词形式
词性标注（part-of-speech tagging, POS tagging）	将语料库内单词的词性按其含义和上下文内容进行标记的技术。很多单词有不同的含义，如英文中的 book 作为名词用是图书的意思，作为动词用是预订的意思。这种情况在中文中也有，如"意思"的使用可以参考以下对话。 甲："要想我帮忙，你得意思意思。" 乙："你什么意思？你可真有意思……打你卡里了。" 甲："不好意思，呵呵。" 这么多"意思"，我们可以轻松理解其中的含义，但对机器而言则必须进行词性标注，才能准确理解句子的真实含义
词干提取	一种基于规则的文本处理方法，通过删除单词的后缀来提取词干。它的目的是将单词转换为其基本的语言形式。例如，kindness 的词干是 kind。单词的不同形式都以最基本的单词作为词干。例如，closed、closing 和 closer 的词干都是 close

表 1-3　常见的与句法分析技术相关的研究任务

任务	具体说明
语法归纳	生成用于描述语言语法的形式语法。形式语法是计算机科学中描述有限长字符串的集合的方法
断句	对于给定的一段文本，找到其中句子的边界。句子的边界通常是以句号（西文语言中为句点）或其他标点符号来标记的
语法分析	确定给定句子的语法分析树。自然语言的语法是模棱两可的，一些典型的句子有多种可能的语法分析。语法分析包括下面两种主要的方法。 ● 依存分析（dependency parsing）：关注句子中单词间的关系，标记主语和谓语。 ● 成分分析（constituency parsing）：关注的对象是句子或文章中的最基本单位，也就是一个词或词组。成分分析是一种与上下文无关的语法分析方法。比如，"一只可爱的兔子"是一个形容词+名词词组，其中心词是"兔子"，"一只"和"可爱的"是用于修饰后面的名词的

< 30 >

表 1-4　常见的词汇语义学研究任务

任务	具体说明
命名实体识别（named entity recognition, NER）	对于给定的一段文本，识别出文本中哪些条目可以映射到具有特定意义的命名实体，命名实体包括人名、地名、机构名、专有名词等。在一些西文语言中，首字母大写是命名实体的一个特征，但仅凭字母的大小写还不足以区分命名实体的类型。而中文和阿拉伯文等语言中没有大小写的概念，因此需要专门的命名实体识别技术。命名实体识别任务包括实体边界识别和确定实体类别两个子任务
情感分析	用于标识和分类文本背后的情感意图的技术，比如确定文本所表达的含义是积极的、消极的还是中性的。这项技术通常应用于用户评论分类任务
术语提取	从给定的语料库中自动提取相关术语
词义消歧	很多词汇有不止一个含义，需要从中选择对于上下文最有意义的含义。通常词义消歧技术可以应用于语言翻译和智能问答任务
实体链接	在一段文字中，很多单词指向一个特定的命名实体。这些单词都是这个命名实体的"提及"（mention）。所谓"提及"，是指自然文本中表达实体的语言片段。比如在一段介绍姚明的文字中，姚明的"提及"可能包含小巨人、中国篮球协会主席、前 NBA 中锋等。实体链接技术有助于解决实体间存在的歧义性问题。例如，一篇文章中同时涉及苹果手机和作为水果的苹果，此时可以通过实体链接来区分这两个"苹果"

表 1-5　常见的关系语义学研究任务

任务	具体说明
语义解析	对于一段文字，将它的形式化表达转换为机器可读、可执行的逻辑语句。语义解析与机器翻译最大的区别在于：机器翻译的目的是让人理解一段文字的含义，而语义解析的目的是让机器"理解"一段文字的含义，并对这段文字做出响应。语义解析广泛应用于自然语言理解、问答系统、信息检索、机器翻译等领域
语义角色标注	一种浅层语义分析技术，它分析的对象是句子，旨在分析句子中各成分与谓词之间的关系，并且用语义角色来描述它们之间的关系。比如，"我打死了一只蚊子"和"一只蚊子被我打死了"，这两句话的结构、主语和宾语都不相同，但是它们的谓词都是"打"，通过语义角色标注分析句子中各成分与谓词之间的关系，可以得到结论：这两句话所表达的含义是相同的

表 1-6　常见的话语相关研究任务

任务	具体说明
共指消解	对于给定的一句话或一段话，确定其中指代同一实体的单词的技术。单一地指代一个命名实体的单词也就是表 1-4 中介绍的"提及"，共同指代同一命名实体的多个单词则被称为"共指"。共指消解技术在自然语言中起超链接的作用，是机器翻译、信息抽取、信息检索等领域的关键技术之一
话语分析	理解并表达文本中的话语结构和关系的技术。其中的一项研究任务是确定话语中句子之间的关系，这里的关系可能是完善、解释或对比等；还有一项研究任务是识别和分类话语中的语言行为，如确定一段话语是非题、问答题、陈述语句还是断言
文本蕴含识别	研究两个文本之间推理关系的技术。比如，其中一个文本作为前提（premise, P），另一个文本作为假设（hypothesis, H）。如果根据前提 P 能够推理得出假设 H，则认为 P 蕴含 H
主题分割与识别	将一段话语拆分成不同的段，拆分的标准是：每段话表达的主题不同，并且能够标识出每段话的主题
论点挖掘	自动提取并标识自然语言文本中的论证结构。论证结构包括前提、结论、论证型式（argument scheme）以及主干和分支之间的关系等。论证型式是对某种特定论证类型的抽象描述。在这种特定论证类型中，前提通常与立场之间有一定关系，即通过这个前提来增加立场的可接受性，从而来支撑立场

　　上面介绍的这些 NLP 技术并不是 AIGC 的核心技术，因此本书不做进一步讨论。但是，大语言模型之所以能够与人类顺畅沟通，做到对答如流，与这些基础 NLP 技术的研究也是不无关系的，这一点在第 5 章介绍 GPT 系列模型的工作原理时会有所体现。

< 31 >

3．计算机视觉

计算机视觉是研究图像和视频相关任务的机器学习技术，这些技术可以帮助计算机"看到"事物，并应用视觉信息完成过去只有人类才能完成的视觉任务。

经过训练，CV 模型可以基于图像数据的特征和标记的上下文信息理解图像数据，这样就使 CV 模型可以完成相关视觉任务。

计算机视觉技术在深度学习中的主要应用如下。

- 图像分类：一项基础的 CV 技术，旨在将图像自动分配到预定义的类别中，比如区分猫和狗，也可以用于区分不同品种的猫或狗。
- 图像定位：确定图像中目标的位置和大小的技术。图像定位的输出数据是一个边界框，用于标记出图像中目标的位置和大小。
- 目标检测：一项核心 CV 技术，旨在让计算机能够具备识别和定位图像中物体的能力。其中涉及图像处理、特征提取、模式识别和机器学习等多个层面的技术。目标检测是在图像定位的基础上，扩展到同时检测图像中多个目标，并输出每个目标的类别标签和边界框。
- 语义分割：也称为目标分割，是研究如何将图像分割成不同语义类别区域的技术。语义分割与目标检测有相近之处，但是语义分割技术是基于与目标相关的每个像素的。这样就可以更精准地标识目标，而不是使用边界框圈定目标的范围。语义分割技术的典型应用场景是自动驾驶。通过这种技术，研究者可以使用街道或高速公路的图像来精准定义目标的边界。
- 姿态估计：用于确定一张图像中人体或物品的接合处在哪里，以及这些接合处是如何分布的。在二维图像或三维图像上都可以应用姿态估计技术。姿态估计技术可以用于判断人体的哪个部分出现在图像中，还可以用于判断人体的姿态。例如，在人脸图像上应用姿态估计技术，可以获得脸部朝向的角度信息。
- 人脸识别：也称为人像识别，指通过分析比较人物视觉特征信息进行身份鉴别的技术。

本章小结

本章从 AI 的发展历程入手，沿着机器学习、神经网络、深度神经网络、深度学习的路径逐渐深入，之后立足深度学习的两个大研究领域——自然语言处理和机器视觉，并结合 AIGC 技术的发展历史简单介绍经典的生成模型、NLP 模型、CV 模型以及 Transformer 架构的发展历程。

本章的目标是使读者了解 AIGC 在各领域的应用情况及其背后的基础技术。AIGC 技术的起点是深度学习的各种经典模型。为了弥补初学者从 0 到各种生成模型、NLP 模型、CV 模型的技术鸿沟，本章前半部分介绍了从 0 到深度学习的基础知识；本章后半部分旨在为本书搭建框架，本书后面内容就是按第 1 章介绍的框架展开的。

习题

一、选择题

1．生成对抗网络的英文缩写是（　　　）。
　　A．GPT　　　　　　　　B．VAEs　　　　　　　　C．NLP　　　　　　　　D．GAN
2．在机器学习的数据集中，一条数据就是一个（　　　）。
　　A．样本　　　　　　　　B．标签　　　　　　　　C．特征　　　　　　　　D．模型
3．在（　　　）学习中，代理人（可以理解为一个智能体）在环境中基于其接收到的输入数据执行

< 32 >

某些动作，基于其输出数据的结果得到奖励或惩罚。算法会根据奖励或惩罚调整策略，决定接下来的动作。

  A. 监督　　　　　　B. 半监督　　　　　　C. 无监督　　　　　　D. 强化

4.（　　）的作用是给神经元引入非线性因素，使神经网络可以逼近任何非线性函数，从而使神经网络可以应用到众多的非线性模型中。

  A. 损失函数　　　　B. 激活函数　　　　C. 优化器　　　　　D. 归一化函数

5.（　　）指根据训练样本学习出适用于所有潜在样本的"普遍规律"，从而在遇到新样本时做出正确的判断。

  A. 收敛　　　　　　B. 拟合　　　　　　C. 泛化　　　　　　D. 优化

6.（　　）架构不仅可以改善单模态模型的效果，还可以利用交叉点将不同领域的技术融合在一起完成多模态任务。

  A. Transformer　　B. GAN　　　　　C. GPT　　　　　D. CLIP

二、填空题

1. 机器学习的三要素是___【1】___、___【2】___和___【3】___。
2. 神经网络包含___【4】___层、___【5】___层和___【6】___层 3 个主要的组件。
3. 监督学习适用于完成___【7】___任务和___【8】___任务。
4. ___【9】___指使损失函数值最小或最大限度提高效率的算法或方法，其目的在于找到损失函数下降的方向，并在训练的过程中通过不断地调整参数向这个方向靠近。
5. AIGC 的主要应用方向包括___【10】___、___【11】___、___【12】___、___【13】___和___【14】___等。

三、简答题

1. 简述神经网络中节点的输出数据的计算方法。
2. 简述梯度下降法的工作原理。
3. 简述机器学习的主要工作流程。
4. 简述深度学习的基本工作流程。

课程实践

  1.2.4 小节介绍了一个使用 Python 开发的机器学习模型，但是如果想使用 Python 开发 LeNet-5 这样的深度学习模型，则要借助深度学习框架。请调研国内外常用的深度学习框架，了解它们的主要功能。通过调研，对比 1.2.4 小节介绍的机器学习模型和 1.3.3 小节介绍的 LeNet-5 模型，思考为什么需要借助深度学习框架，才能通过编程实现深度学习模型？

< 33 >

第 2 篇

基础篇

第 2 章　生成模型

如果 AIGC 技术是一座大厦，那么这座大厦的基石就是生成模型。生成模型与各种 NLP 技术和 CV 技术相结合是构建各种 AIGC 大模型的技术基础。

本章学习目标

（1）了解生成模型和判别模型的概念。

（2）了解生成模型的分类。

（3）了解生成模型中使用的统计学概念。

（4）掌握经典深度生成模型的基本情况和工作原理。

2.1　生成模型技术基础

生成模型的主要功能是理解和捕获给定数据集的数据分布与基本模式。一旦学习到数据的分布和模式，生成模型就可以生成与原数据集具有相近特性的新数据。

我们可以把生成模型想象成一名学习画画的学生，而负责训练模型的技术人员就是美术老师。老师首先向学生出示一些猫的图片，学生开始理解猫的特征。经过一段时间的学习和训练，学生就能掌握猫的主要特征，并独立画出之前没有见过的猫的图片。这就是生成模型工作原理的简单类比。

2.1.1　生成模型和判别模型

机器学习模型可以分为生成模型（generative model）和判别模型（discriminative model）两种类型。要了解这两种类型的含义和区别，就要了解机器学习的监督学习和无监督学习。第 1 章已经介绍了监督学习和无监督学习的基本概念。为了充分理解生成模型和判别模型的区别，本节将进一步对比监督学习和无监督学习的训练过程。

机器学习模型的训练集由若干个样本构成。在监督学习模型中，每个样本都包含输入数据 x 和它对应输出的正确标注 y，y 实际上就是输出的期望值。模型对输入数据 x 进行处理后，会得到输出预测值 $\hat{y}$。模型训练的过程就是不断地修正模型参数，使预测值 $\hat{y}$ 更接近期望值 y。监督学习模型的训练过程如图 2-1 所示。

在无监督学习中，模型只有输入，而没有作为标签的输出数据的正确标注；通过对输入数据的模式进行提炼和总结来建模，不需要对模型进行修正，也不需要做任何预测。

无监督学习通常用于在给定的数据中找到有兴趣的模式，而不是求解定义好的问题，因为人们并没有告诉模型要寻找什么样的模式，也没有使用明显的度量标准将输入数据 x 的预测值 $\hat{y}$ 与任何值进行比较。因此，无监督学习的模型结构很简单，如图 2-2 所示。

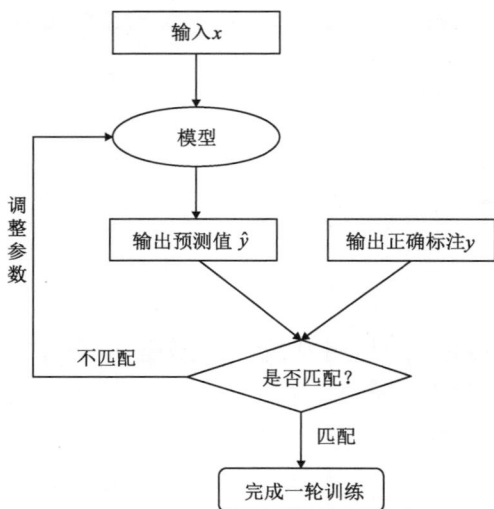

图 2-1　监督学习的训练过程

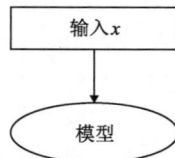

图 2-2　无监督学习的模型结构

　　监督学习可以用来开发一个模型，此模型根据给定的输入样本预测一个分类标签。这种任务被称为分类任务，也称为判别任务。判别模型的结构如图 2-3 所示。判别模型旨在区分不同类型的数据，训练判别模型的目的就是使其学习不同类型数据的边界。假设训练集中包含猫和狗的图片，经过训练，判别模型可以区分出哪张图片上是猫、哪张图片上是狗。

　　总结输入数据分布的无监督学习模型则可以用来创建或生成满足输入数据分布的新样本。这种类型的模型被称为生成模型。生成模型的结构如图 2-4 所示。每个变量都有一个已知的分布，如均匀分布、高斯分布等。生成模型可以充分总结这个分布，然后利用它生成符合此分布的新变量。如果给生成模型提供大量猫的图片，生成模型就能生成很像猫的新图片。

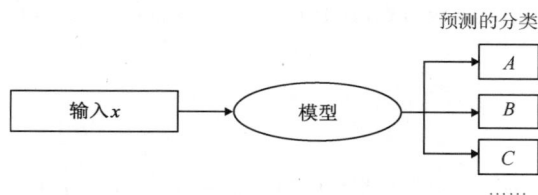

图 2-3　判别模型的结构

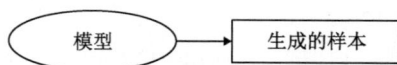

图 2-4　生成模型的结构

　　在本书后面介绍的 AIGC 大语言模型中，无监督学习主要用于预训练模型。通过预训练，模型可以学习到语言的结构和语义，后续的监督学习则是为了获得更好的效果和性能。

2.1.2　生成模型的分类

　　生成模型有多种类型，每种类型都代表理解和生成数据的一种独特的方法。生成模型的主要类型如下。

- GAN 模型：GAN 模型由两个神经网络组成，即生成器（generator）和判别器（discriminator）。这两个神经网络同时进行训练。生成器负责生成新样本，判别器试图区分数据是真实样本还是生成的假样本。经过一段时间的训练，生成器的表现会越来越好。最终，判别器无法区分真假样本。也就是说，GAN 模型可以生成以假乱真的数据。GAN 模型在图像生成任务中深受欢迎，如用于生成真实的人脸图片或艺术品图片。

- 自回归模型（autoregressive model）：基于过去的数据点来预测新数据点的模型。正如第 1 章中

< 36 >

介绍的，回归任务的输出是连续值。只不过，自回归模型不是根据输入数据 x 预测输出数据 y，而是预测与输入数据具有相同分布的新样本，相当于根据 x 预测其自身（新的 x），这也是称之为自回归模型的原因。大语言模型 GPT 就是自回归模型。

- 扩散模型（diffusion model）：用于描述事物如何随着时间的推移而传播和发展的模型。很多图像生成大模型和视频生成大模型都是基于扩散模型构建的。
- VAEs 模型：一种先生成输入数据的压缩表示，然后将其解码以生成新数据的模型。其通常用于图像去噪任务，或者用于生成具有输入数据特征的新图像。与扩散模型一样，VAEs 模型也是构建图像生成大模型和视频生成大模型的经典基础模型。
- 标准化流模型（normalizing flows model）：通过一系列基于简单概率分布生成更复杂分布的可逆变换，生成新样本的生成模型。标准化流模型首先将复杂的分布（如一组油画）转换为较简单的分布（如高斯分布），然后通过其逆过程并结合原始数据的特征，从而生成新样本。

趣味思考

GAN 模型、自回归模型、扩散模型、VAEs 模型、标准化流模型分别可以应用于日常学习、生活中的哪些场景？每种模型可以举一个例子进行探讨。

2.1.3　生成模型中用到的统计学概念

2018 年 8 月，诺贝尔经济学奖获得者托马斯·J. 萨金特（Thomas J. Sargent）在以"共享全球智慧 引领未来科技"为主题的世界科技创新论坛上表示："AI 其实就是统计学，只不过用了一个很华丽的辞藻，其实就是统计学。好多的公式都非常老，但是所有的 AI 都是利用统计学来解决问题。"尽管这个观点有些绝对，统计学显然不是AI 的全部，但是统计学确实在 AI 研究中发挥了至关重要的作用。作为非常聪明的人，托马斯·J. 萨金特显然不会在如此正式的公开场合犯低级的逻辑错误，他只是用略带绝对的表述方式来突出统计学在 AI 技术中的重要作用。

生成模型中用到
的统计学概念

生成模型就是建立在统计学基本理论基础上的。本小节将介绍生成模型中用到的统计学概念。

1．样本空间

一个随机试验的所有可能结果的集合就是这个实验的样本空间（sample space）。通常使用 S 来表示样本空间。样本空间中包含的样本数量取决于试验本身。如果一个样本空间包含有限个样本，则可以称之为"有限样本空间"或"离散样本空间"。我们可以使用花括号"{}"来描述样本空间。例如，掷骰子的样本空间可以表示如下：

$$S = \{1, 2, 3, 4, 5, 6\}。$$

满足一定条件的特定样本点的集合称为事件。事件是样本空间的子集，可以用大写字母 A、B、C 等表示。

2．概率函数

概率论和统计学是数理统计学的两个重要分支，它们在处理各类数据、分析数据的分布规律以及进行决策等方面发挥重要作用。概率论为统计学提供了基本的理论和方法。

概率用于反映随机事件出现的可能性大小。随机事件是指在相同条件下，可能出现也可能不出现的事件。例如，扔硬币正面朝上的概率为 50%，反面朝上的概率也为 50%，这是常识。但是在实际应用中，并不是所有事件发生的概率都是常识，而是需要通过大量试验进行观察计算才能得到。假定对某一随机现象进行 n 次试验与观察，其中 A 事件出现了 m 次，即其出现的频率为 m/n。经过大量反复试验，通常 m/n 会越来越接近于某个确定的常数，该常数即为事件 A 出现的概率，可以使用概率符号

< 37 >

$P(A)$ 表示。而概率函数以函数的形式给出每个取值发生的概率。

3. 概率分布

在概率论中，概率密度可以反映随机变量的观测值与其概率之间的关系。一个随机变量的有些取值具有低概率密度，而另一些取值具有高概率密度。概率密度的总体规律被称为概率分布。

现实世界中存在很多概率分布，最常见的是高斯分布（也称为正态分布）。高斯分布是具有下面两个参数的、连续型随机变量的分布。

（1）μ：遵从高斯分布的随机变量的均值。其用于定义高斯分布的位置。当 $\mu=0$ 时，表示这是一个以 y 轴为对称轴的高斯分布。

（2）σ：遵从高斯分布的随机变量的方差。其用于描述高斯分布的离散程度，也就是高斯分布曲线的宽度。σ 越大，高斯分布曲线越矮胖；σ 越小，高斯分布曲线越高瘦。遵从高斯分布的随机变量，其概率规律为取 μ 邻近值的概率大，而取离 μ 越远的值的概率越小。

高斯分布曲线反映了遵从高斯分布的随机变量的分布规律。理论上高斯分布曲线是一条中间高、两端逐渐下降且完全对称的钟形曲线。参数 σ 相同但参数 μ 不同的高斯分布曲线形状相同但位置不同。例如，图 2-5 所示是 3 条 $\sigma=0.5$ 的高斯分布曲线，它们的参数 μ 分别为-1、0 和 1；参数 μ 相同但参数 σ 不同的高斯分布曲线，位置相同但形状不同。例如，图 2-6 所示是 3 条 $\mu=0$ 的高斯分布曲线，它们的参数 σ 分别为 0.5、1 和 2。$\mu=0$、$\sigma=1$ 的高斯分布被称为标准高斯分布。

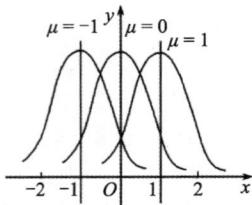

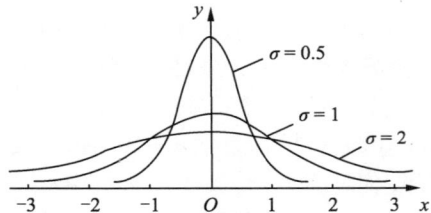

图 2-5　3 条 $\sigma=0.5$ 的高斯分布曲线　　图 2-6　3 条 $\mu=0$ 的高斯分布曲线

高斯分布广泛存在于自然现象、社会现象及经济领域中，如男生（或女生）的身高情况、某地的高考成绩分布等。我们可以通过一个通俗的描述来体会高斯分布所代表的自然现象：在大集合中，表现平庸的个体是大多数，表现非常好和非常差的个体则相对少很多。对于表现越好（差）的个体，其出现的概率也越小。

4. 概率密度函数

概率函数只对离散型变量有意义，其表示为 $P(X)$（$X=x_1, x_2, x_3, \cdots$），那么如何描述连续型变量呢？概率密度函数用于定义随机变量在一定数值范围内的取值概率。高斯分布的概率密度函数图像如图 2-7 所示。对于任意一个 x，通常使用 $f(x)$ 表示其概率密度函数，$f(x)$ 的值为非负值。概率密度函数在整个空间上的定积分总是等于 1。定积分是积分的一种，是函数 $f(x)$ 在区间[a,b]上积分和的极限。

最简单的概率密度函数是均匀分布的概率密度函数。对于一个在区间[a,b]上取值的均匀分布，它的概率密度函数定义如下：

$$f(x)=\begin{cases}\dfrac{1}{b-a}, & a<x<b\\ 0, & 其他\end{cases}。$$

均匀分布的概率密度函数图像如图 2-8 所示。当 x 不在区间[a,b]中时，函数值 $f(x)=0$；而当 x

< 38 >

在区间[a,b]中时，函数值 $f(x) = \dfrac{1}{b-a}$ 。

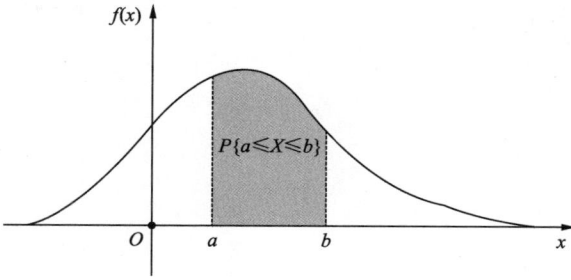

图 2-7　高斯分布的概率密度函数图像

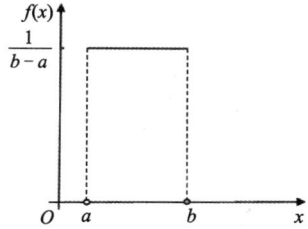

图 2-8　均匀分布的概率密度函数图像

5．密度估计

随机样本的概率密度函数是不确定的，因此需要估算概率密度，这个过程被称为概率密度估计，简称密度估计。

我们可以通过直方图来可视化样本的概率密度，也就是通过创建随机样本中观测值的直方图来近似概率密度。直方图又称质量分布图，是一种统计报告图，其用一系列高度不等的纵向条纹或线段来表示数据的概率分布情况。直方图一般用横轴表示样本的取值，纵轴表示概率。例如，图 2-9 所示为使用直方图来展示学生身高概率分布情况的示例。

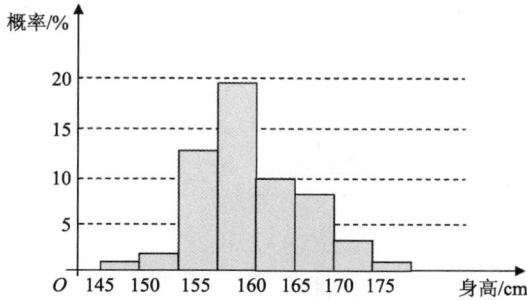

图 2-9　使用直方图展示学生身高概率分布情况的示例

假定从指定的样本空间中随机地取出 10 个样本，其直方图可能如图 2-10 所示。如果只随机取出 3 个样本，则其直方图可能如图 2-11 所示。从直方图可以猜测此样本空间中随机变量的概率分布符合高斯分布。取出的样本越多，对应的直方图会越趋近于高斯分布的图像。

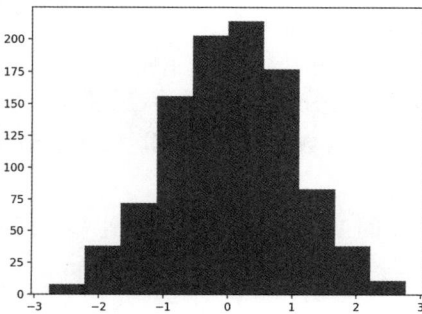

图 2-10　从样本空间中随机取出 10 个样本绘制的直方图

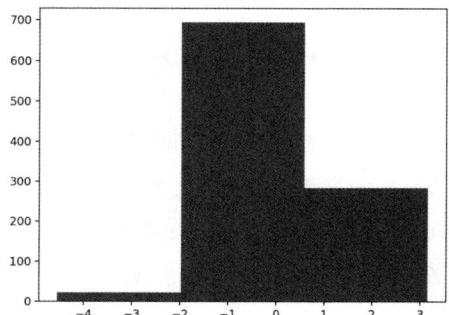

图 2-11　从样本空间中随机取出 3 个样本绘制的直方图

< 39 >

一旦确定了概率分布的类型，就可以用该概率分布来估计随机变量的取值密度。这一点可以根据数据的随机样本估算该概率分布的参数来实现。比如高斯分布有 σ 和 μ 这两个参数，知道了这两个参数的值，就确定了概率密度函数。高斯分布的概率密度函数图像如图 2-12 所示。这种利用样本数据估计参数值的方法被称为基于参数估计的概率密度估计方法。

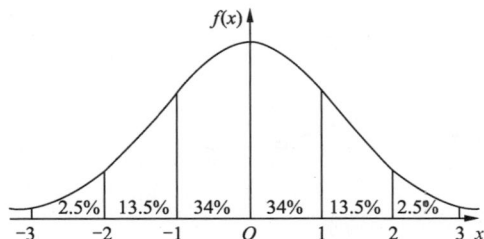

图 2-12　高斯分布的概率密度函数图像

有时候，数据样本的直方图看起来并不像常见的概率分布图像，这时候就不能用基于参数估计的概率密度估计方法，因为不确定有哪些参数。

这种情况下可以使用一种算法来近似估计没有预定义分布的数据的概率分布，称为非参数密度估计方法。虽然不确定具体的概率分布类型，但分布仍然被视为是有参数的。例如，我们可以使用随机样本中的所有观测值来估计概率密度，实际上就是将样本中的所有观测值都当作"参数"。前面介绍的直方图法就是一种典型的非参数密度估计方法。其他常用的非参数密度估计方法有核密度估计（kernel density estimation，KDE）和 K 最近邻（k-nearest neighbor，KNN）估计。由于篇幅所限，这里不具体介绍非参数密度估计方法。

6．联合概率

联合概率是指两个或多个事件同时发生的可能性。下面几种情况需要计算联合概率。

- 扔硬币游戏中扔两次都是正面朝上的概率。
- 从一副扑克牌中抽出两张牌都是"A"的概率。
- 随机选择一辆共享单车，两个轮胎都漏气的概率。

统计学中使用符号 $P(A \cap B)$ 的来表示事件 A 和 B 一起发生的联合概率，也可以表示为 $P(AB)$。

7．条件概率

条件概率是指基于先前事件或结果的存在，某事件或结果发生的可能性。我们可通过将前一事件的概率乘以后一事件的概率来计算条件概率。符号 $P(x|y)$ 表示在 y 发生的情况下，x 发生的概率。

8．似然函数

"似然"是对"likelihood"的一种较为贴近文言文的翻译，即"可能性"。

很多概率函数具有未知参数，需要使用样本数据来估计这些未知参数。似然函数是一个关于待估计参数的函数，用于描述已知数据的概率分布。我们可以使用似然函数来衡量在给定参数下观察到特定数据的可能性大小。似然函数通常表示为 $L(\theta|x)$，其中 θ 表示参数，x 表示数据。似然函数的值越大，表示给定参数下观察到数据的可能性越大。

我们可以使用概率密度函数来定义似然函数。假定样本空间 $X = (x_1, x_2, \cdots, x_n)$ 的概率密度函数为 $f(x|\theta)$，其中 θ 是一个参数，$X = x$ 是一个取样点，则关于参数 θ 的似然函数表达式如下：

$$L(\theta|x) = f(x|\theta)$$

表面看起来，这样做可以把概率密度函数重新标记为似然函数。但实际上，它们有很大的区别。

< 40 >

概率密度函数将参数 θ 视为一个常数，只关注数据 x 的变化情况。而在似然函数中，数据 x 被视为常数，θ 则可以在参数取值的全域范围内变化。

如果比较概率密度函数中的两个点，则可以知道 x 的两个不同值出现的概率。但似然函数却是通过对参数的比较来评估出现数据的概率的。例如，如果 $L\big(\theta_1|x\big) > L\big(\theta_2|x\big)$，则可以得到这样的结论：参数 $\theta=\theta_1$ 时比 $\theta=\theta_2$ 时更容易观察到取样点 x。

9．最大似然估计

最大似然估计是一种基于参数估计的概率密度估计方法，它通过最大化似然函数来找到最能解释观测数据的概率分布和参数。这种灵活的概率估计方法为许多机器学习算法提供了基础。

在最大似然估计中，需要找到一组参数，这些参数可以使数据样本出现的概率最大化。似然函数用于评估在给定模型参数值下，观测数据出现的可能性；最大似然估计则是通过最大化这个似然函数来找到最可能的参数值。

我们首先需要定义一个参数 θ，该参数决定了概率密度函数的选择和相应分布的参数。参数 θ 可以是一个数值向量，其值平滑地变化，并且映射到不同的概率分布及其参数。最大似然估计希望在给定的概率分布及参数中，最大化观测数据的概率。其表示如下：

$$P\big(X|\theta\big)。$$

这个公式表示当参数 θ 发生的情况下，随机变量 X 也发生的概率。这种给定参数情况下的条件概率通常使用分号（；）表示法来表示，而不是用条形（|）表示法来表示。其表示如下：

$$P\big(X;\theta\big)；$$

或者

$$P = \big(x_1, x_2, x_3, \cdots x_n; \theta\big)。$$

最大似然估计得到的条件概率可以理解为在给定模型参数的情况下，观测数据出现的可能性。因此，其也可以使用似然函数表示，具体表示如下：

$$L\big(X;\theta\big)。$$

假设每个观测值都是独立分布的，则上面的似然函数可以按以下方法计算：

$$L\big(X;\theta\big) = f\big(x_1;\theta\big) \times f\big(x_2;\theta\big) \times \cdots \times f\big(x_n;\theta\big)。$$

$f\big(x_i;\theta\big)$ 表示当参数 θ 发生的情况下，变量 x_i 也发生的概率（$i = 1, 2, \cdots, n$）。也就是说，样本空间 X 发生的概率等于其中每个样本发生的概率相乘。

最大似然估计的目标是找到使似然函数最大化的参数集（θ）。

在实践中，将许多小概率数据相乘在数值上可能是不稳定的，因此对离散型变量而言，在给定模型参数的情况下，通常将最大似然估计转换为计算每个样本的对数条件概率之和。于是，上面的公式可以转换为以下形式：

$$L\big(X;\theta\big) = \log[f\big(x_1;\theta\big)] + \log[f\big(x_2;\theta\big)] + \cdots + \log[f\big(x_n;\theta\big)]。$$

上面的公式也可以表示如下：

$$L_1\big(X;\theta\big) = \sum_i \log P(x_1, x_2, \cdots, x_n; \theta)。$$

这个公式在设计和训练 GPT 模型的过程中发挥着重要作用，具体可以参照第 5 章内容进行理解。

10．参数化建模和非参数化建模

参数化建模和非参数化建模是统计学中两种常用的建模方法。参数化建模是根据一定的假设条件确定模型中参数的方法。在参数化建模过程中，首先假设数据服从某种分布或函数形式，然后通过最

< 41 >

大似然估计等方法估计模型中的参数。这种方法通常需要对数据的分布进行假设，并且需要对模型中的参数进行合理选择。

非参数化建模则不对数据的分布形式进行明确的假设，而是直接通过数据本身来描述模型。在非参数化建模中，不需要对模型中的参数进行具体的设定，而是通过对数据的分布进行估计，从而获得更灵活的模型。这种方法通常不依赖于具体的分布形式，因此适用于复杂的数据情况。参数化建模和非参数化建模各有优缺点，选择哪种方法取决于具体的问题和数据特征。参数化建模可以提供对数据分布形式的假设和对参数的解释，但对数据分布形式的假设要求比较严格；非参数化建模可以更加灵活地处理各种形式的数据，但对于大样本数据可能计算量较大。

AIGC 大模型采用参数化建模，通过分析大量数据集以学习数据的统计特性，进而生成新的数据样本。这些模型在生成内容时，依赖于预先设定的参数和算法，通过调整参数来优化模型的性能和输出结果。

11．统计学概念在生成模型中的应用原理

在生成模型中，概率密度函数扮演核心角色。假定使用一批从概率分布 $P_{data}(x)$ 中独立采样得到的训练样本集 $x_1, x_2, \cdots, x_n$ 来训练一个生成模型，生成模型事先并不知道样板的概率分布为 $P_{data}(x)$。通过训练，生成模型可以学习到概率分布 $P_{data}(x)$ 的近似值，即 $P_g(x) \approx P_{data}(x)$。在这个近似的概率分布 $P_g(x)$ 中采样，即可生成近似符合概率分布 $P_{data}(x)$ 的新样本。

很多生成模型可以使用最大似然的原理进行训练。在得到关于参数 θ 的似然函数 $L(\theta)$ 后，只需要最大化似然函数即可生成最接近训练样本的新样本。

2.2 深度生成模型

随着深度学习技术的发展，生成模型通过与深度神经网络相结合，逐渐形成了一个新的发展方向，即深度生成模型（deep generative models，DGMs）。深度生成模型有一个共同的特点，就是利用神经网络来模拟数据生成的过程。本节将介绍经典的深度生成模型的工作原理。

2.2.1 GAN 模型

GAN（生成对抗网络）是由伊恩·古德非洛于 2014 年提出的网络结构。GAN 模型中包含下面两个子模型。

GAN 模型

- 生成器：用于根据给定的真实样本生成新的样本。
- 判别器：用于判别一个样板是真样本还是假样本（即生成器生成的样本）。

很多资料里面将生成器和判别器比喻成警察和小偷，它们互相对抗、此消彼长，目的是使生成器生成的样本越来越接近真实样本，最终达到足以乱真、很难区分的程度。

1．生成器

生成器的职责是根据真实样本空间中的样本生成新样本。因为新样本是生成的，所以称之为假样本。真实样本空间通常简称为域（domain）。生成器使用域中固定长度的随机向量作为输入。GAN 模型假定真实样本的数据满足高斯分布，因此初始随机向量是根据高斯分布随机生成的，在生成新样本的过程中该随机向量被用作种子。

这个随机向量也被称为隐向量（或隐变量）。所谓"隐向量"，是指对域而言很重要，但是又不直接可见的向量。由隐向量组成的向量空间被称为隐空间（latent space）。经过训练，这个多维向量空间（隐空间）中的点与域中的点相对应，形成了数据分布的压缩表示。

< 42 >

在伊恩·古德非洛等人编写的《深度学习》（*Deep Learning*）一书中，对隐变量的定义为"不能直接可见的随机变量"。通常可以将隐向量或隐空间看作对数据分布的压缩或投影。生成器的结构如图 2-13 所示。

2．判别器

判别器可以从域中取出一个样本作为输入。取出的样本可以是真实的，也可以是生成的。真实样本来自训练集，生成样本是生成器的输出。判别器会预测取出的样本是真是假。

从上面的描述可知，判别器是一个标准的二分类模型。判别器的结构如图 2-14 所示。

经过训练后，判别器通常会被废弃。这是因为使用 GAN 模型的人通常只对生成器生成的新样本有兴趣。

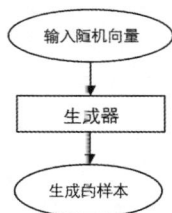

图 2-13　生成器的结构　　　　　　　图 2-14　判别器的结构

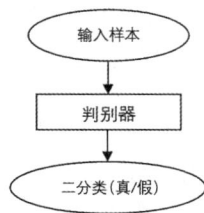

3．生成器和判别器之间的对抗

生成器和判别器就好像一个游戏里面的两个对手，它们一起训练。生成器先生成一批样本，然后把这些样本和来自训练集中的真实样本一起提供给判别器进行分类。

如果判别器判断错误，则需要更新判别器的参数，以便其在下一轮中能够更好地判别真假；生成器也会根据情况进行更新，以便在下一轮可以生成更好的样本来欺骗判别器。就这样，生成器和判别器之间互相对抗，进行一场零和对弈游戏。

如果判别器成功标识了真假样本，它将会得到奖励，也就是无须更新判别器模型的参数；而此时生成器会被惩罚，也就是会大幅更新生成器模型的参数。相反，如果生成器成功欺骗了判别器，它也会得到奖励，也就是无须更新生成器模型的参数；而此时判别器会被惩罚，也就是会更新判别器模型的参数。

最终，在极限情况下，生成器每次都能生成一个完美的仿制品，令判别器无法区分真假。这只是理想状态，通常生成器不需要达到这种程度，就已经是很有用的模型了。

GAN 模型的工作原理如图 2-15 所示。GAN 模型假定训练数据中的图像都符合高斯分布，因此其输入数据为从高斯分布中随机取出的一个向量，即隐向量。

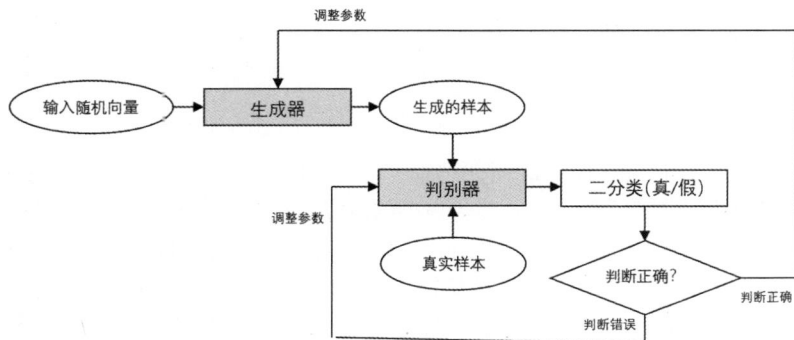

图 2-15　GAN 模型的工作原理

< 43 >

GAN 指一种生成模型，其有很多实现生成器和判别器的方法，也就是说有各种 GAN 模型，因此，人们经常使用复数形式来表述 GAN 模型，即 GANs。

2.2.2 自回归模型

自回归（autoregressive，AR）模型是使用过去数据预测未来趋势的线性模型。例如，可以使用自回归模型持续整合股票市场数据，并提供给算法，用于预测股票的未来价格。这类统计模型通常用于时间序列分析。时间序列是按照时间顺序排列的数据点集合，如股票价格记录、气温记录、销售额记录等。

自回归模型工作的前提是：变量过去的值可以明显地影响现在的值。GPT 等大语言模型都属于自回归模型，因为它们在生成大段文本时，每生成一个新的单词，都会将其追加到之前生成的历史文本中，然后将得到的新文本序列送入模型，以预测下一个单词，周而复始，直至预测的新单词是结束符。这就是典型的自回归模型的应用，具体情况可以参照第 5 章内容进行理解。

1．自回归模型的分类

尽管过去值的数量越多，其所提供的数据模式的细节也越多，但是这也会增加模型的复杂程度。因此，在构建自回归模型时必须精确地确定所需要的过去值的数量。我们可以根据过去值的数量来对自回归模型进行分类，具体如下。

- AR(0)模型：这是最简单的自回归模型，因为时间序列中不包含任何项。这种时间序列被称为白噪声或随机噪声。AR(0)模型中项与项之间没有依赖关系，也就是说，当前值与任何过去值都没有关系。
- AR(1)模型：一阶自回归模型。在 AR(1)模型中，当前值主要取决于离它最近的过去值。AR(1) 模型假定当前值与最近过去值之间存在线性关系。
- AR(2)模型：二阶自回归模型。AR(2)模型将对当前值的影响扩展到其前面的两个值。换言之，AR(2)模型的当前值是过去两个值的组合。
- AR(p)模型：p 阶自回归模型。在 AR(p)模型中，当前值取决于其前面的 p 个值。

2．自回归模型的应用

自回归模型可以应用于各种类型的预测和建模中，具体如下。

- 预测未来的股票价格。
- 预测给定年份的地震数量。
- 预测患者的健康情况。
- 随着时间的推移对患者症状进行建模。
- 针对动物疾病的传播过程进行建模。
- 预测昼夜切换规律的模式。

扩散模型

2.2.3 扩散模型

扩散模型（diffusion model）是受到非平衡热力学启发而发明的生成模型。非平衡热力学专门研究不处于热力学平衡状态的物理系统，其中最为典型的研究案例是一滴墨水在水中扩散的过程。在开始扩散之前，这滴墨水会在水中形成一个大的斑点，这是这滴墨水的初始状态。要描述该初始状态的概率分布是很困难的，因为这个概率分布非常复杂。随着扩散过程的进行，这滴墨水随着时间的推移逐渐扩散到水中，水的颜色也逐渐变成接近墨水的颜色。此时，墨水中分子的分布会变得更加简单和均匀，这样就可以很轻松地用数学公式来描述其中分子的分布了。在非平衡热力学中，可以描述这滴墨水随时间推移的扩散过程中，每一个步骤状态的概率分布。这么做是为了将连续的时间过程离散化，以便想办法把这个过程反过来，这样就可以从简单的分布中逐步推断出复杂的分布。为了简化问题，扩散模型通常会做如下假定。

- 假设扩散过程是马尔可夫过程，即每一个时间步状态的概率分布仅由上一个时间步状态的概率分布加上当前时间步的高斯噪声得到。高斯噪声指概率密度函数服从高斯分布的一类噪声数据。
- 假设扩散过程的逆过程是高斯分布。

扩散模型通常用于生成图像，其工作原理如图 2-16 所示。

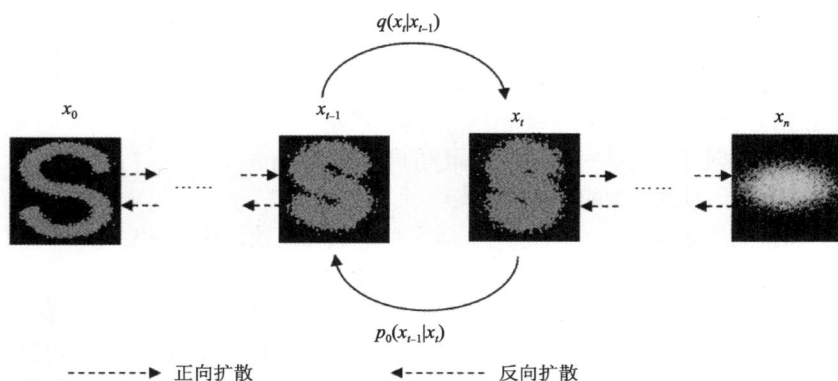

图 2-16　扩散模型的工作原理

由图 2-16 可以看出，扩散模型可以分为正向扩散和反向扩散两个过程。

1．正向扩散过程

正向扩散过程首先从真实数据分布 $q(x)$ 中取出一个样本 x_0，这是扩散模型的初始状态，即还没有开始扩散。然后在 T 步中逐渐向样本添加少量的高斯噪声，这样就得到了一系列有噪声的样本 $x_1, x_2, \cdots, x_T$。样本会逐渐失去其原有的特征，当 T 趋近于 $+\infty$ 时，x_T 就相当于各向同性的高斯分布，就好像墨水已经完全均匀地溶解于水中。

2．反向扩散过程

反向扩散过程是将正向扩散过程反转过来，试图从高斯噪声输入中重新创建真实样本。这个过程并不容易，因为无法使用 $q(x_{t-1}|x_t)$ 来反转噪声。人们需要训练神经网络 $p_0(x_t-1|x_t)$ 来近似 $q(x_{t-1}|x_t)$，这个近似过程需要经过复杂的数学推导。

3．扩散模型是如何工作的

如果有足够大的数据集，扩散模型就可以学习到复杂的操作。扩散模型的训练样本是通过向原始图像中添加一定数量的噪声生成的，其过程如图 2-17 所示。

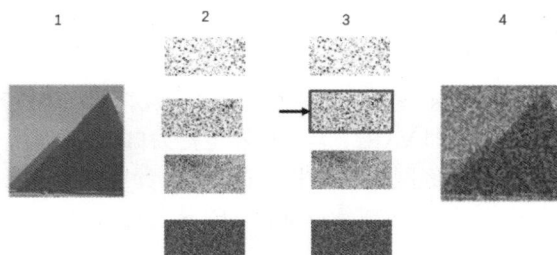

图 2-17　扩散模型生成训练样本的过程

< 45 >

具体说明如下。

- 第 1 步：选择一个图像。
- 第 2 步：生成一组随机噪声。
- 第 3 步：选择一定量的噪声。
- 第 4 步：将选择的噪声添加到图像中。

假定将噪声量确定为 0~99 这 100 个级别，0 表示无噪声，99 表示全噪声。重复上面的步骤，可以基于一个图像生成很多训练数据。如果针对一个大型图像数据集中的每个图像都应用上面的步骤，就会得到一个包含海量训练数据的新数据集。新数据集中的样本是有标签的，这个标签就是原图像和应用的噪声量。

有了这个新数据集，就可以训练噪声预测器（一个神经网络），而好的噪声预测器可以学习到各种噪声图像与其原图像的对应关系。训练噪声预测器的流程如下。

- 第 1 步：从新数据集中选择一个添加了噪声的图像样本。
- 第 2 步：通过噪声预测器中的算法预测噪声量。
- 第 3 步：将预测的噪声量与样本标签中的实际噪声量相比较，计算损失函数。
- 第 4 步：通过反向传播算法更新噪声预测器的参数。

噪声预测器对于扩散模型非常重要，因为它可以比较准确地基于有噪声的图像样本预测其中应用的噪声量，而有噪声的图像样本减去噪声量就得到了原图像。当然，在实际应用中可没有这么简单，因为扩散模型通常是从随机噪声出发去生成图像的，而随机噪声距离最终的目标图像可不止一步之遥。这中间要经历很多步的预测，逐步接近目标，这个过程就是扩散。每经过一步处理就会得到一个更接近目标的图像。在根据文本生成图像的应用场景中，目标图像是不确定的，如根据"漂亮花朵"的描述可以生成成千上万张图像。因此，在扩散过程中接近目标并不是指接近某个特定的图像，而是在像素排列空间中接近目标所对应的数据分布。例如，天空是蓝色的，在大地的上方；人有两只眼睛、两只耳朵；猫的耳朵尖尖的，有胡须等。

扩散模型生成图像的风格取决于其训练数据集。如果基于梵高的作品进行训练，它就会生成梵高风格的画作；如果基于徽标图像进行训练，它就会生成徽标图像。这是因为各种风格的图像都有其特定的数据分布。

关于扩散模型的具体工作流程将在第 7 章结合 Stable Diffusion 模型进行介绍。

4．扩散模型的意义

在图像生成领域，最早出现的扩散模型是 2020 年提出的去噪扩散概率模型（denosing diffusion probabilistic model，DDPM）。DDPM 奠定了扩散模型在图像生成领域应用的基础，后来涌现的众多扩散模型都是在此基础上进行的各种改进。

扩散模型的兴起被视为 AIGC 技术在艺术创作领域取得突破的重要体现，它为实现文生图功能奠定了基础。

VAEs 模型

2.2.4 VAEs 模型

VAE 即变分自编码器。与 GANs 一样，VAE 也是一种生成模型，其有各种实现自编码器的方法，因此其名称通常以复数形式表现，即 VAEs。自编码器也称为自动编码器，它是由编码器（encoder）和解码器（decoder）构成的人工神经网络。其中，编码器负责提取输入数据的编码特征，解码器则用于根据编码特征生成新的样本。除了生成新数据，VAEs 模型还可以执行其他自编码器常见的任务，如去噪。

< 46 >

1．VAEs 模型的工作原理

VAEs 模型的网络结构如图 2-18 所示。

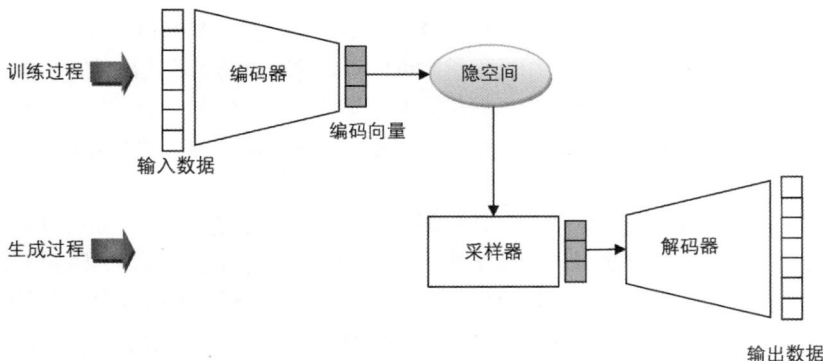

图 2-18　VAEs 模型的网络结构

在训练过程中，VAEs 模型使用编码器学习从训练数据中分离出重要的隐变量（即编码向量），这些隐变量（latent variables）构成隐空间。在生成过程中，VAEs 模型通过采样器从隐空间中随机取出一个隐变量，并将这个隐变量作为解码器的输入数据，用以生成接近训练数据对应原始图像（添加噪声之前）的新样本。

（1）隐空间

理解 VAEs 模型或其他类型的自编码器模型，关键是理解隐空间的概念。隐空间（又称为潜空间或潜在空间）是一组特定输入数据的隐变量的集合。简言之，隐变量（又称为潜变量）是数据的基本变量，它决定了数据的分布方式，但通常无法直接观察到。

正因为不能被直接观察到，所以隐变量（或潜变量）的名字里隐含了一种神秘色彩，不容易被理解。为了更好地理解隐变量的概念，这里通过一个例子将其"可视化"。我们可以想象有一座带有传感器的桥梁，该传感器可以测量每辆过往车辆的重量。经过桥梁的车辆有各种类型的，从小型轻型敞篷车到大型重型卡车。因为没有摄像头，所以无法确定当前经过桥梁的车辆是敞篷车、轿车、面包车还是卡车。但是车辆的类型与车辆的重量相关，因此可以通过传感器预测通过桥梁的车辆类型。这个例子中包含两个随机变量——x 和 z，其中 x 是代表车辆重量的直接可观察变量，z 是代表车辆类型的隐变量。所有自编码器的主要训练目标都是学习如何有效地针对特定输入数据的隐空间进行建模。

自编码器是通过降维对隐空间进行建模的，即将数据压缩到较低维度的空间中，以捕获原始输入数据中包含的有意义的信息。在机器学习中，维度是指数学维度，而不是大家所熟悉的物理世界中的空间维度。数学维度是与数据的特征相对应的。例如，MNIST 数据集中的手写数字图像是 28 像素×28像素的黑白图像，其可以表示为 784 维向量，其中每个维度对应于值为 0（代表黑色）或 1（代表白色）的单个像素。如果使用相同尺寸的彩色图像，则可以将其表示为 2352 维向量，其中 784 个像素中的每一个都用 R（代表红色）、G（代表绿色）、B（代表蓝色）值三维表示。

并非所有这些维度都包含有用信息，真正有意义的数据只占图像的一小部分，大部分输入数据都是背景噪声。将数据压缩到只包含相关信息的维度（即隐空间）可以提高许多机器学习算法的准确性。

（2）自编码器

自编码器是一种自监督神经网络，其训练目标是通过对输入数据进行降维压缩（即编码），使用压缩后的数据重建（即解码）其原始输入。从原理上讲，自编码器的功能是有效提取数据最显著的特征（即隐变量），并丢弃不相关的噪声。不同类型自编码器的区别在于它们提取特征的策略不同，从而适配各种应用场景。

< 47 >

在训练过程中，编码器网络首先对训练集中的数据进行编码（压缩），然后将得到的隐变量送入解码器网络；解码器网络负责使用隐变量重建原始输入。在每轮训练之后，模型都会使用梯度下降法等优化器来调整模型参数，损失函数值为原始数据与解码器输出之间的差异，优化器的目标是使这种差异最小化。最终，编码器学习到一组参数，使用这组参数可以从原始数据中提取到最有利于准确重建的特征；解码器也学习到一组参数，使用这组参数可以有效地通过编码器输出的特征重建原始数据。

对标注数据集应用自编码器，可以有效提取该数据集的特征。例如，如果使用大量梵高的作品训练自编码器，就可以提取梵高作品的特征；再使用提取的特征（隐变量）训练解码器网络，就可以生成类似梵高作品的图像。

也可以对未标注数据集应用自编码器，让自编码器提取其中的显著特征，这样便给自编码器提供了广泛的应用场景。例如，恢复损坏的音频文件、对灰度图像进行着色、检测人眼看不到的异常。

不同类型的自编码器会采用不同的网络结构，它们都会对自编码器的基本体系结构进行微调，以更好地适配特定的任务和数据类型。但是，所有的自编码器都有下面 3 个关键的结构元素。

- 编码器：负责从输入数据中提取隐变量，并将其以向量的格式输出。因此，隐变量又称为隐向量。隐向量构成隐空间。一些自编码器中包含多层编码器，每个后续编码器层中包含的节点数都会逐渐少于前一层；当数据穿过每个编码器层时，其会被"压缩"到更低的维度。对于不同的自编码器，其压缩数据的方法也不尽相同。
- 解码器：负责使用隐变量反转编码器的操作来重建原始输入。在典型的解码器架构中，每个后续层都包含越来越多的活动节点，这类似于解压缩数据的过程。
- 瓶颈：即隐空间中的数据。将其称为"瓶颈"，是从可视化角度出发，给予的一种形象称谓。数据在经过编码器之前是高维数据，经过编码器之后被压缩为低维数据，在经过解码器后，数据又被恢复为高维数据。数据在自编码器模型中的变换过程如图 2-19 所示。从图 2-19 中可以看到，隐空间中的数据就像一个瓶子的"颈部"，因此将其命名为"瓶颈"。"瓶颈"既是编码器的输出层，也是解码器的输入层。有足够的"瓶颈"数据是非常必要的，这有助于解码器生成样式繁多的新样本，而不是简单地复制或记忆输入数据。

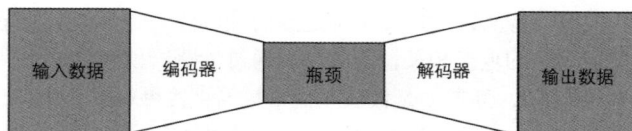

图 2-19　数据在自编码器模型中的变换过程

用于计算机视觉任务的自编码器通常是卷积神经网络，此时可以将其称为卷积自编码器。基于 Transformer 架构构建的自编码器也已经应用于计算机视觉任务和音乐创作中。

在许多自编码器应用中，解码器仅用于帮助优化编码器，因此在训练后被丢弃。而 VAEs 模型的解码器被保留下来并用于生成新的样本。因此，VAEs 属于生成模型。

2. VAEs 与 GANs 的对比及结合

如前所述，VAEs 模型由编码器和解码器这两种神经网络组成。在这一点上，另外一个生成模型 GANs 也是类似的，它们都采用两种神经网络组合在一起的模型架构。在完成图像合成任务时，二者都有各自的优点和缺点。GANs 模型可以生成更清晰的图像，但由于两个神经网络之间的对抗性，模型在训练中表现并不稳定。VAEs 模型更容易训练，但由于从训练数据的"平均"特征生成图像的性质，其往往会生成比较模糊的图像。

于是，VAE-GAN 模型诞生了。顾名思义，VAE-GAN 是 VAE 和 GAN 的混合体。它在 VAE 模型

< 48 >

计算损失值算法的基础上引入鉴别器网络。之所以这么做，是因为在 VAE 模型中，解码器的损失函数只是评估生成的新样本是否与隐空间的数据分布足够接近。但是接近隐空间的数据分布并不意味着新样本看起来是真实的，因为它可能看起来很像原始数据，却很模糊。此时通过 GAN 的判别器计算新样本的真实程度，可以使模型生成越来越真实的新样本。

另外，GAN 模型是从高斯分布中随机取出隐向量开始学习的，这与训练数据的真实数据分布可能有很大的差别，因此训练起来比较困难。与 VAE 结合后，GAN 可以直接从训练数据对应的隐空间中取样进行训练，少走了很多弯路。可见，在 VAE-GAN 模型中 VAE 和 GAN 相得益彰，共同促进生成更像、更真实的新样本。VAE-GAN 模型的结构如图 2-20 所示。

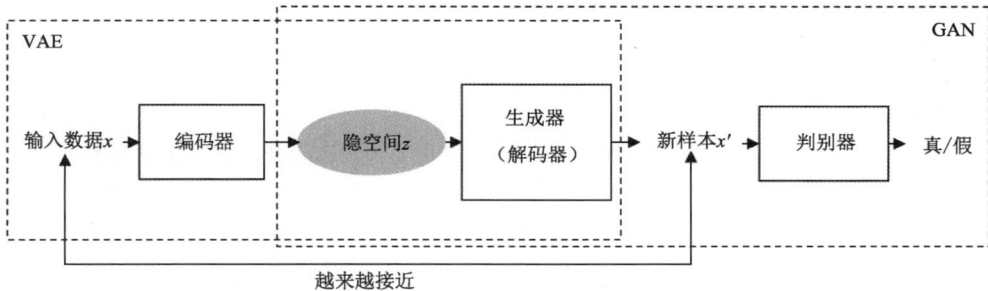

图 2-20　VAE-GAN 模型的结构

2.2.5　标准化流模型

在生成模型中经常需要进行密度估计，准确的密度估计对于生成模型的工作效果有重要影响。但是前面介绍的 GANs、VAEs 等生成模型都没有显式学习真实数据的概率密度函数，这是因为要做到这一点非常不容易。在深度学习模型中需要进行反向传播，因此期望其中嵌入的概率分布能尽量简单，可以很容易地计算导数（反向传播时需要计算损失函数的导数）。这就是生成模型中经常使用高斯分布的原因。尽管现实世界中的大多数分布比高斯分布复杂得多，但是复杂的概率分布不适用于生成模型。基于流的深度生成模型可以解决这个难题。其中的标准化流模型是一类对概率分布进行建模的工具。通过应用一系列可逆变换函数，标准化流模型能完成简单的概率分布（例如高斯分布）与任意复杂分布之间的相互转换。其工作原理如图 2-21 所示。

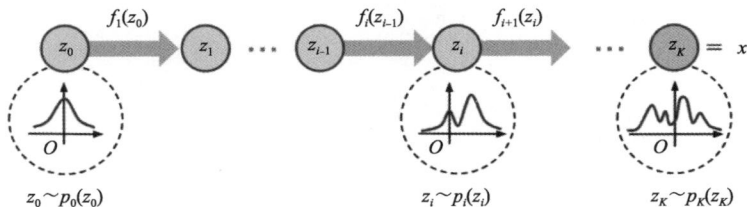

图 2-21　标准化流模型的工作原理

为了将一个高斯分布 z_0 转换为一个复杂的分布 z_K，标准化流模型会对 z_0 进行多次可逆的变换，将其逐渐转换为 z_K。通过一连串的变换，反复用新的变量替换原有变量，最终得到目标变量的概率分布。

由于每一次变换都是可逆的，因此从 z_K 出发也能得到高斯分布 z_0。这样就实现了复杂分布与高斯分布之间的互相转换，从而可以基于简单的高斯分布建立任意复杂分布。

常见的标准化流模型包括 RealNVP、NICE 和 Glow 等，它们实现标准化流的方法各不相同，本小节不详细介绍这些标准化流模型的实现方法。

< 49 >

本章小结

本章介绍了 AIGC 的核心技术——生成模型，从生成模型和判别模型的概念入手，介绍生成模型的基本工作原理。为了加深读者对生成模型的理解，本章还介绍了生成模型所依赖的统计学概念。

本章的目标是使读者理解生成模型的工作原理，掌握经典的深度生成模型的工作原理，为学习 AIGC 大模型奠定基础。

习题

一、选择题

1. 通过一系列基于简单概率分布生成复杂分布的可逆变换，生成新样本的生成模型是（　　　）。
   A. 流模型　　　　　　　B. VAEs　　　　　　　C. 扩散模型　　　　　　D. GAN

2. 可以通过（　　　）可视化数据样本的概率密度。
   A. 直方图　　　　　　　　　　　　　　　　B. 核密度估计
   C. K 最近邻估计　　　　　　　　　　　　　D. 基于参数估计的概率密度估计方法

3. GAN 模型包含的两个子模型为（　　　）。
   A. 生成器和解码器　　B. 编码器和解码器　　C. 生成器和判别器　　D. 编码器和判别器

4. 使用过去数据预测未来趋势的线性模型为（　　　）。
   A. VAEs　　　　　　　　B. 自回归模型　　　　C. 扩散模型　　　　　　D. 标准化流模型

5. （　　　）架构不仅可以改善单模态模型的效果，还可以利用交叉点将不同领域的技术融合在一起完成多模态任务。
   A. Transformer　　　　　B. GAN　　　　　　　C. GPT　　　　　　　　D. CLIP

二、填空题

1. 机器学习模型可以分为生成模型和___【1】___模型两种类型。

2. 在概率论中，___【2】___可以反映随机变量的观测值与其概率之间的关系。

3. 随机数据样本的概率密度函数是不确定的，因此需要估算概率密度，这个过程被称为___【3】___。

4. 现实世界中存在很多概率分布，最常见的是___【4】___。

三、简答题

1. 简述监督学习与无监督学习训练过程的区别。

2. 生成模型可分为哪几类？

课程实践

1. 编码助手：作为插件与 IDE 集成在一起，给开发者提供实时的编码建议。

这是一个比较有难度的题目，建议有兴趣深入学习 AI 技术的读者亲自动手尝试一下。

深度卷积生成对抗网络（deep convolutional genrative adversarial networks，DCGAN）是 GANs 家族的一员，它把 CNN 与 GAN 结合在一起，可以减小参数量，并且不易过拟合。

ModelArts 是华为云推出的 AI 平台，可以全面支持华为开源深度学习框架 MindSpore。

MindSpore 提供的基于 DCGAN 的动漫头像生成程序可以在 ModelArts 平台上训练 DCGAN 模型。

< 50 >

这个程序首先会自动下载一个动漫头像数据集，其中共包含 70171 张动漫头像图片，然后运行 Python 语言开发的 DCGAN 模型。经过 50 轮预训练后，程序会以动画形式展示每轮训练生成的头像，并在最后固定展示模型生成的头像。

这个实践的好处有以下几点。

- 不需要安装深度学习框架，直接在线运行 DCGAN 模型，因此上手的门槛较低。
- 不需要学习使用深度学习框架开发深度学习模型的方法，直接运行程序代码即可。
- 可以直观地体验 DCGAN 模型的训练过程。通过观看每轮训练后生成头像的动画播放，可以体验生成样本从粗糙到精细的过程，这有助于理解 GAN 模型的工作原理。

但是要想深入理解 DCGAN 模型的工作原理，在现阶段又是很难的，原因如下。

- 需要学习 Python 编程。
- 需要学习使用深度学习框架 MindSpore 开发深度学习模型的方法，包括各种算子（算子是实现算法的基本单元）以及构建和训练神经网络模型的方法等。
- 生成动漫头像涉及很多 CV 技术，这些技术将在第 4 章进行介绍。

因此，现阶段想完全读懂本程序的代码是很难的。建议初学者只通过运行程序体验 DCGAN 模型的训练过程，有一定经验的读者可以分析程序中损失函数和优化器的实现方法。

请思考：DCGAN 模型中判别器是如何通过损失函数和优化器来帮助生成器优化参数、生成越来越精细的新样本的？

2. 请思考：为什么 GANs 只适用于生成图像，而不适用于完成 NLP 任务？

< 51 >

第 **3** 章　自然语言处理经典模型

NLP 是一个跨计算机科学和信息检索学科的子领域，其研究目标是赋予计算机支持和操纵人类语言的功能。

NLP 是大语言模型所依赖的基础技术，在各种多模态大模型中也被广泛应用。为了使读者能够深入理解大语言模型的工作原理，本章将介绍 NLP 技术基础知识和经典的 NLP 模型。

本章学习目标

（1）了解 NLP 技术的发展历程。

（2）了解 NLP 技术的应用现状。

（3）掌握基础的 NLP 技术。

（4）了解经典 NLP 深度学习模型的工作原理。

3.1 NLP 技术的发展历程和应用现状

AI 的诞生始于图灵测试，这是一个基于人机沟通的实验。可见，AI 的最初目标就是理解和掌握自然语言。因此，在 AI 技术的发展过程中，NLP 一直是主要的研究方向。本节将介绍 NLP 技术的发展历程和应用现状。

3.1.1　NLP 技术的发展历程

NLP 技术最早可以追溯到 20 世纪 50 年代。图灵发表的"计算机器与智能"论文第一次将机器与智能关联在一起，而且衡量智能的标准就是通过人机沟通实现的。那时候 AI 的概念还没有被正式提出。随着机器学习和深度学习等 AI 技术不断发展和成熟，NLP 技术也经历了从简单到复杂、从机械研究语法规则到熟练掌握人类语言的发展历程。

1．符号 NLP 阶段

20 世纪 50 年代至 20 世纪 90 年代都属于符号 NLP 阶段。这一阶段的 NLP 技术主要关注语法规则。符号 NLP 的前提是给定一组规则（如一本包含问题和匹配答案的中文短语手册），计算机通过将这些规则应用于它所面对的数据来模拟自然语言理解或执行其他 NLP 任务。符号 NLP 阶段的发展过程简介如下。

- 20 世纪 50 年代：1953 年至 1954 年，IBM 公司资助美国乔治敦大学进行了有史以来第一次机器翻译实验，这就是 NLP 技术发展历程中著名的乔治敦实验。实验的目标是基于给定的 6 条语法规则，将 60 多个俄语句子全自动地翻译成英语。乔治敦实验的组织者声称：在 3~5 年的时间内，机器翻译将不再是问题。然而，真正的进展要慢得多。到了 20 世纪 60 年代，长达 10 年的研究未能达到预期，针对机器翻译的投资也大幅下降；直到 20 世纪

80 年代末，美国才对机器翻译进行了进一步的研究。而在日本等国家，一直有人从事机器翻译的相关研究工作，这也使技术的发展得以延续。

- 20 世纪 60 年代：NLP 技术取得了一些显著的成果。1968 年诞生的 SHRDLU 系统是自然语言理解系统的开创之作。这是一个在词汇受限的"积木世界"中工作的自然语言系统，其中存储了 200 个英语单词，能理解较复杂的英语句子。该系统由 8 块颜色、形状、大小各不相同的积木，以及一个放积木的盒子和一只机械手组成，因此，一般称之为"积木世界"。计算机能根据用户输入的指令或问题，在屏幕上显示操作或应答。例如，根据指令抓起红色长方形大积木，回答某块积木之上是否放有某种颜色的积木等。计算机科学家和社会批评家约瑟夫·维森鲍姆（Joseph Weizenbaum）在 1964 年至 1966 年编写了模拟心理治疗师罗杰斯的 Eliza 程序。早期 Eliza 运行的方式是这样的：程序与人类用户进行互动，其对问题的回应方式类似于心理治疗师罗杰斯使用的方法。也就是说，Eliza 通常会将信息中的文字以问题的形式反馈出来，给人的感觉就像一个真正的精神病科医生在说话一样。这是因为精神病学访谈并不是完全正常的人类交流方式，在"患者"面前，精神病科医生可以表现得对现实世界几乎一无所知。当"患者"的交流内容超出了非常小的知识库时，Eliza 可能会提供一个通用的回答，例如，对"我头疼"的回答是"你为什么说你头疼？"。Eliza 是第一个通过图灵测试的聊天机器人。尽管当时的 NLP 技术还很稚嫩，但这已经是里程碑式的进步了。

- 20 世纪 70 年代：开发者开始设计程序将现实世界的信息转换成计算机可以理解的资料，这为机器交流和表达积累了"知识"。1972 年，美国精神病学家肯尼斯·科尔比（Kenneth Colby）开发了 Parry 系统。这是一个试图模拟偏执型精神分裂症患者语言的程序。Parry 可以喋喋不休地"说话"，它也通过了图灵测试。

- 20 世纪 80 年代：20 世纪 80 年代至 20 世纪 90 年代初是 NLP 符号方法的鼎盛时期。当时 NLP 技术的重点研究领域包括基于规则的句法分析、形态学、语义学等。为了评估 NLP 模型的表现，需要定义和使用一些自动化评估指标。NLP 技术的持续发展，各种 NLP 模型不断出现，使在这一时期定量评估的重要性日益上升，并最终导致 NLP 技术进入统计 NLP 阶段。

2．统计 NLP 阶段

直到 20 世纪 80 年代，大多数自然语言处理系统都基于复杂的规则集。然而，从 20 世纪 80 年代末开始，随着用于语言处理的机器学习算法的引入，自然语言处理发生了一场革命。这是由于计算机的计算水平在稳步提高，诺姆·乔姆斯基（Noam Chomsky）语言学理论的主导地位逐渐被削弱。诺姆·乔姆斯基是 20 世纪极具影响力的语言学家之一，他的理论彻底改变了人们对语言的认识。诺姆·乔姆斯基的语言学理论主要集中在生成语法框架下，其核心思想是：人类的语言能力是天生的，普遍语法是人类语言能力的基础。诺姆·乔姆斯基的理论阻碍了语料库语言学的发展。顾名思义，语料库语言学以语料库为工具来研究语言，主要研究机器可读的自然语言文本的采集、存储、检索、统计、词性和句法标注、句法语义分析，以及具有上述功能的语料库在 NLP 各研究领域中的应用。语料库语言学是以机器学习为手段研究 NLP 技术的基础。现在看来道理是显而易见的。正如婴儿学说话并不是从学习语法开始的，妈妈不会给宝宝讲主、谓、宾等语法知识，只是不厌其烦地对宝宝说话。妈妈说的这些话就是宝宝学习说话的"语料库"。我们大多数人都没有经过"语言学院"的专业语法培训，但都能熟练地掌握母语。

统计 NLP 阶段的发展过程简介如下。

- 20 世纪 90 年代：这一时期，NLP 中很多统计方法取得了初步成功，这些成功都发生在机器翻译领域，这尤其要归功于 IBM 研究实验室，其研究者做了大量的研究工作，而且在此期间推出了 IBM 对齐模型（IBM alignment models）。正好此时欧盟因法律要求将所有政府程序翻译成相

< 53 >

应政府系统的官方语言，由此产生了一个多语言文本语料库。这个语料库就成了 IBM 对齐模型的训练数据集。而此阶段大多数其他 NLP 模型都依赖于专门为其执行任务开发的语料库，这是对齐模型成功的关键因素。因此，大量的研究开始转向从有限的数据中更有效地学习的方法。

- 21 世纪初：随着互联网的发展，自 20 世纪 90 年代中期以来，越来越多的未标注语言数据可以用作语料库。因此，这一阶段的研究越来越多地集中在无监督和半监督学习算法上。这样的算法可以基于未标注的数据进行学习。一般来说，这样做的难度比监督学习要大得多，并且对于给定数量的输入数据，通常会产生不太准确的结果。然而，互联网上有海量的未标注数据，在经过大量训练后，通常可以改善较差的结果。

3．神经网络 NLP 阶段

神经网络 NLP 阶段正是编写本书时所处的阶段。在 2000 年左右，最好的统计 NLP 算法是 N-gram。N-gram 既是一种语言模型，也是一种基于统计语言模型的算法。语言模型可以用来预测一个给定序列（通常是单词序列或字符序列）的下一个单词或字符，也就是文字接龙。N-gram 模型假设一个词的出现只与前面 N 个 token 有关，即一个 token 的出现只与它前面 N 个 token 的出现概率相关。从算法的角度来看，N-gram 算法的基本思想是将文本内容按照固定大小的滑动窗口进行操作，形成长度为 N 的字节片段序列。这种算法通过计算文本中连续词或字符的出现频率来估计下一个词或字符序列的概率分布，进而用于文本生成、语音识别、机器翻译等自然语言处理任务。

2003 年，图灵奖得主约书亚·本吉奥（Yoshua Bengio）与合作者使用一个基于 1400 万个单词进行训练的多层感知器（multilayer perceptron，MLP）超越了 n 元语言模型。多层感知器是深度学习和神经网络领域的基础模型之一。这标志着统计 NLP 阶段开始向神经网络 NLP 阶段过渡。

21 世纪 10 年代中后期至今，深度学习在 NLP 研究中得到了广泛应用，并在许多 NLP 任务中表现优异。深度学习模型通过多层神经元对文本进行编码和分析，从而识别文本中的语义、句法、词法等信息。

基于海量数据进行无监督学习是神经网络 NLP 阶段的重要发展方向之一，也是大语言模型所采用的主要训练方法。

3.1.2　NLP 技术的应用现状

语言是人类的沟通工具，每个人每天都离不开听、说、读、写。因此，NLP 技术的落地应用与每个人的工作和生活密切相关。本小节介绍 NLP 技术的应用现状。

1．生活中常见的 NLP 应用

很多人都使用过微信语音，其中有一个语音转文字功能就是典型的 NLP 应用。除此之外，生活中还有一些常见的 NLP 应用，具体如下。

- 聊天机器人。像 ChatGPT 这样的聊天机器人已经能够与人类顺畅地沟通，并解答用户提出的各种问题。虽然很多人还没有使用过 ChatGPT，但是在我们身边已经有一些聊天机器人在为我们提供服务，比如淘宝、京东等电商平台的客服机器人。在人工客服不在的情况下，很多电商平台通过客服机器人提供服务。这些客服机器人虽然没有 ChatGPT 那么"智能"，但是也给用户提供了便利的购物体验。

- 搜索引擎中的自动补全功能。在搜索引擎中输入搜索关键词时，搜索引擎会猜测用户希望输入的内容，并尝试自动补全后面的内容。例如，在百度的搜索框中输入"chat"后，页面上会自动出现"chatgpt""chatgpt 官网""chat 人工智能"等建议选项。所有这些建议选项都是由自动补全功能提供的，该功能通过 NLP 技术来猜测用户的意图。搜索引擎使用其庞大的数据集来分析用户在输入特定单词时可能输入的后续内容，并将最常见的选项作为建议给出。

< 54 >

- 语音助理。很多 iPhone 用户都使用过苹果公司开发的语音助理 Siri。类似的产品还有亚马逊公司的 Alexa、谷歌公司的 Assistant、百度公司的"小度"等。语音助理可以帮助用户拨打电话、设置提醒、安排会议、设置闹钟等，从而让用户的生活变得更加轻松。这些语音助理是如何工作的？其中涉及使用语音识别、自然语言理解和自然语言处理等技术来理解用户在说什么，然后采取行动。语音助手的长期目标是成为人类与互联网之间的"桥梁"，并基于语音交互提供各种服务。这并不容易，其表现为有时语音助手还是无法准确理解用户在说什么。

2. 日常工作中可能接触到的 NLP 应用

日常工作中可能接触到的 NLP 应用如下。

- 翻译程序。谷歌翻译和百度翻译都是很好的翻译程序，类似的工具还有有道翻译、金山词霸等。虽然翻译程序还做不到 100%准确，但它仍然是将文本从一种语言转换为另一种语言的很有用的工具，可以大大减少人工翻译的工作量。现代的翻译程序使用自然语言处理技术中序列到序列建模的技术，这种技术通过算法将单词序列从一种语言转换为另一种语言。早期的翻译程序使用统计机器翻译技术，也就是说，模型分析了数百万份已经从一种语言翻译成另一种语言的文档，从中寻找语言的常见模式和基本词汇。然而，与序列到序列建模技术相比，这种技术并不那么准确。
- 电子邮件分类和过滤。目前，电子邮件仍然是职场沟通中重要的方式。有些人每天都会收到很多与工作有关的邮件，同时又会收到各种垃圾邮件，这给管理和处理工作邮件带来干扰。好在很多电子邮件系统提供了自动分类功能，如新浪邮箱可以自动将电子邮件分为网站通知、订单账单、社交网络、订阅咨询、商讯信息等类型，这样工作邮件与其他无关邮件就被分隔开了。这个功能是怎么实现的？电子邮件系统使用 NLP 技术识别每封电子邮件的内容，并根据识别结果对邮件进行分类。
- 字幕生成。媒体和娱乐行业相关企业可以利用相关 NLP 应用为视频生成字幕，从而提高工作效率。利用这种技术也可以为有听力障碍的人士提供服务，让他们可以"看到"声音。
- 文本情感分析。在互联网时代，几乎所有人都在社交网络上。例如，电商平台、博客、微博、朋友圈中有大量的评论数据，企业可以通过文本情感分析技术来了解特定类型的用户对特定主题、活动或产品的感受。文本情感分析是一种分析文本中情绪的自然语言处理技术，情绪通常可以分为正面情绪、负面情绪和中性情绪 3 种类型。
- 文本提取。文本提取是 CV 与 NLP 相结合的技术，即从图片中提取文字信息。其可用于实现从证件中提取文字、识别票据中的信息、将图片转换为 Word 文档等功能。
- 文本摘要。文本摘要是在保留关键信息内容和整体含义的基础上，生成简洁流畅的摘要文字的技术。其包括抽取式摘要（extractive summarization）和生成式摘要（abstractive summarization）两种类型。抽取式摘要是从文本中选择重要信息作为摘要；生成式摘要则根据文本自发生成摘要信息。在阅读专业论文、财务报告、市场调研报告等长篇内容时，借助文本摘要技术可以很方便地了解其中的关键信息和核心思想。

NLP 技术在商业、金融、医疗、客户服务等方面已经有了比较广泛的应用。随着 NLP 技术的发展，在工作和生活中将涌现出更多、更实用的 NLP 应用。

3.2 NLP 技术基础

大语言模型首先是一个 NLP 模型。为了便于读者理解 NLP 模型的工作原理，本节将介绍 NLP 技术的一些基础知识。

< 55 >

NLP 的工作原理是使用基于规则或概率的机器学习方法来处理自然语言数据集，其目标是使计算机能够理解文档的内容。为此，NLP 经常借鉴语言学的理论和思想，从而可以准确地提取文档中包含的信息和见解，并对文档本身进行分类和组织。

3.2.1 文本的数值化表示

NLP 模型的输入数据是一段文本，要想在模型中对这些文本进行处理，首先面临的问题是如何表示和存储这些文本。也就是说，需要把文本表示为计算机方便处理的数值。但是仅仅将文本数值化是不够的，计算机能存储、输入和显示文本就已经实现文本数值化了。NLP 模型所采用的文本数值化方法应该符合深度学习模型通用的数据表示要求，而且为了便于模型训练，数据表示中还应该包含尽可能多的信息，比如单词之间的关联关系。本小节介绍 NLP 模型中常用的文本数值化方法。

文本的数值化表示

1．深度学习模型的数据表示

在 1.2.4 小节介绍的使用机器学习模型预测房价的案例中，程序使用 NumPy 数组存储从数据集加载的数据。由于深度学习模型要处理比早期机器学习模型多很多的数据，因此开源深度学习框架 TensorFlow 引入了张量（tensor）的概念。张量这一术语起源于力学，它可以满足一切物理定律与坐标系的选择无关的特性。张量已经成为主流深度学习模型存储和表示数据的基本单元。我们可以将张量理解为多维数组，其类似于矩阵，但可以具有任意数量的维度，并可以容纳各种数据类型，包括整数、浮点数和字符串。

深度学习模型的数据表示

我们可以将张量想象为一个魔方，如图 3-1 所示。如果张量是一个魔方，则其中的每个小块都是张量的一个元素。但这只是一个三维张量，深度学习模型经常需要处理 N 维数据。当 $N>3$ 时就不能用现实世界中的物体去类比了。

张量的表示方法与数组类似，例如，下面是一个二维张量的例子。

$$[[1, 2, 3], [4, 5, 6]]$$

图 3-1 将张量想象为一个魔方

我们可以使用阶（rank，也称为秩）来描述张量的维数。对于一个三维张量，其阶为 3。我们可以将一维张量想象为一条直线，将二维张量想象为一个平面，将三维张量想象为一个立方体。至于 4 维、5 维乃至 100 维的张量，我们就只能凭抽象思维去理解了。有一种相对直观的理解方式，即使用轴（axis）的概念，也就是坐标轴的"轴"。张量的每个维度都对应一个轴，该维度上的元素都沿这个轴顺序排列。这里的"轴"并不是凭空想象的，而是深度学习中真实存在的概念。在定义张量时可以指定轴的长度，用于定义沿该轴方向上可以存储多少个元素。

张量的形状（shape）代表张量的布局或结构，它定义了张量中维度的数量和每个维度的大小，即张量有多少个轴以及每个轴上元素的数量。例如，二维张量"[[1, 2, 3],[4, 5, 6]]"的形状为(2, 3)。在深度学习中，张量的形状是一个很重要的概念，我们可以使用它来描述数据的结构、组织方式以及如何对数据进行操作。

张量的大小是指张量中元素的总数。它是张量所有轴的长度的乘积。换句话说，它表示存储在张量中的数据总量。对于二维张量"[[1, 2, 3],[4, 5, 6]]"，其大小为 6（2×3），即其中包含 6 个元素。

我们可以通过 rank 来描述张量存在的形式，举例如下。

- rank=0 的张量就是一个标量（scalar），即一个数值。
- rank=1 的张量就是一个向量（vector），即一个一维数组。在 NLP 中使用向量来存储和表示一个词，因此也称此时的张量为词向量。
- rank=2 的张量就是一个二维数组，以此类推。在 NLP 任务中，文本可以表示为一个二维浮点数张量。

< 56 >

2．分词和 token

深度学习模型能够处理的数据是张量，而 NLP 数据集中存储的原始数据是文本序列（即句子）。在模型处理这些文本序列之前，需要把它们转换为数值，并通过张量的形式存储和表示。这涉及两个步骤：分词和将单词表示为向量。

分词是将文本序列拆分为较小单元的过程，这个较小单元被称为 token。在 NLP 的上下文中，token 通常是单词（word）或子词（sub-word）。子词是比单词还小的概念，指一个单词中可以被分离出来并能独立存在的部分，也就是单词中的小段。例如，单词 unrelated 中包含 un、relate 和 ed 这 3 个子词，它们分别代表不同的含义。

分词是许多 NLP 任务中的关键步骤，该过程涉及将字符串或文本序列拆分为 token 列表。在实际应用中，通常使用分词器（tokenizer）进行分词。对于英文等西文语言，分词比较简单，只需要根据空格来分隔单词；而中文分词要复杂得多，不同的分词方式可能代表不同的含义，比如"落雨天留客天留人不留"可以有多种分词方式。在中文处理中，可以很容易地将句子拆分成字，且中文分词倾向于将单个字组成"词"，以获得更多信息；在英文处理中，可以很容易地将句子拆分成单词，且英文分词倾向于将词拆分为子词，以解析单词的时态和词性。

在 NLP 模型的训练过程中，分词是一个分层次处理的过程。首先，NLP 数据集中存储的是文档集合，读取一篇文档后需要将其拆分成段落；其次，对于每个段落，需要将其分成句子，这个过程通常被称为断句；再次，对于每个句子可以将其拆分成单词或短语；最后，对于每个单词还可以将其拆分成子词。有时候还需要将单词拆分成字符。分词算法的类型有很多，但是常用的处理操作是断句和将句子拆分为单词。

3．词汇表和文本的数值化表示

不论使用什么分词算法，结果都是将句子拆分成一系列 token。接下来只要将 token 表示为数值，就完成了文本的数值化表示，其中涉及的常见概念包括词汇表、独热编码和词向量。

（1）词汇表

在 NLP 中，词汇表是一个基本的概念，它是一个单词到整数索引的映射集合，通常用于表示计算机可以处理的数据。在文本处理中，词汇表常用于将文本数据转换为数值形式，以便机器学习模型可以处理。

词汇表又称为语料库词汇表。在 NLP 任务中，任务所使用的文本被称为文本语料库。例如，如果要构建一个分析新闻文章的模型，则文本语料库就是用来训练和评估模型的一整套文章集合。文本语料库中使用的一组唯一单词构成词汇表。在处理 NLP 任务的原始文本时，所有操作都是围绕词汇表来完成的。

在执行 NLP 任务时，通用的文本数据转换过程如图 3-2 所示。

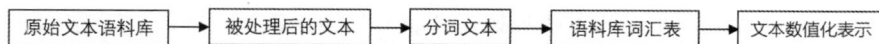

| 原始文本语料库 | → | 被处理后的文本 | → | 分词文本 | → | 语料库词汇表 | → | 文本数值化表示 |

图 3-2　执行 NLP 任务时通用的文本数据转换过程

图 3-2 中语料库词汇表是语料库中文本经过处理后的存储区域，也是文本数值化表示的前提。建立词汇表后，就可以探讨文本数值化表示的方法了。

建立词汇表的主要目的如下。

- 便于对语料库文本进行预处理。
- 作为处理后文本在内存中的存储位置。
- 收集和存储语料库中的元数据（metadata）。元数据是关于数据的组织、数据域及其关系的信息，也就是用于描述数据的数据。

< 57 >

- 便于在执行任务前对语料库进行整理、探索和测试。

在第 5 章中，我们将结合 GPT-2 介绍词汇表在大语言模型中的应用。

（2）独热编码

最简单的文本数值化方法是对词典中的每个单词进行独热编码。独热编码又称为一位有效编码，指使用 N 位状态寄存器来对 N 个状态进行编码，每个状态都有独立的寄存器位，并且在任意时候，其中只有一位有效。假设一个词汇表中共有 4 个唯一单词——I、am、an、engineer，其中 I 的位置索引为 0，am 的位置索引为 1，an 的位置索引为 2，engineer 的位置索引为 3。为了表示每个单词，我们需要创建一个长度等于词汇表长度的全 0 向量，然后找到单词在词汇表中的位置，将向量中对应位置设置为 1。例如，在上面的例子中，每个 token 的独热编码长度为 4，I 的独热编码为 1000，am 的独热编码为 0100，an 的独热编码为 0010，engineer 的独热编码为 0001。

独热编码简单易懂，不需要任何预训练，但是效率不高。这是因为独热编码所使用向量的长度非常长，而其中只有一个元素值是 1，99.99% 的元素值是 0，也就是所谓的 "稀疏向量"。当词汇表中包含很多单词时，独热编码的长度会变得非常大，从而增加了存储和计算的复杂度。

（3）词向量

词向量是词在较低维空间中的数值表示，这是一种从文本中提取特征的方法。具有相似含义的词也具有相似的词向量，这对于处理 NLP 任务很重要，因为这样 NLP 模型在处理数据时就可以直接应用这些特征，以便了解文本的句法和语义信息。

从具体表现来看，词向量是一个由浮点数组成的稠密向量。对比较小的数据集而言，通常词向量的维数可以是 8；而对大型数据集而言，词向量的维数可高达 1024。高维的词向量可以更细致地捕捉单词之间的关系，但是学习的计算量比较大。

从数学意义上看，词向量是一个关于单词的参数化函数，其公式如下：

$$f_\theta(W_n) = \theta_n。$$

其中，W_n 是句子中的第 n 个单词，θ_n 是计算得到的词向量。下面是 cat 和 dog 的词向量表示示例：

$$f(\text{cat}) = (0.9, 0.1, 0.3, -0.23, \cdots)，$$

$$f(\text{dog}) = (0.76, 0.1, -0.38, 0.3, \cdots)。$$

这里只给出了其中的一部分，在实际应用中词向量的维数都很大。可以看到，cat 和 dog 的向量值很相似，这也意味着它们在向量空间中相距很近，如图 3-3 所示（这里只是以二维向量空间来演示）。可见，词向量保留了这两个单词的语境相似性。

这只是两个单词的情况，在实际应用中，词汇表中包含数万个单词，情况会复杂很多。

生成词向量的方法包括 Skip-gram、CBOW、LBL、GloVe 等，它们都是深度学习模型，统称为词向量模型。词向量模型的工作就是汇聚相近的单词，并在它们之间建立关系。图 3-4 所示是 GloVe 模型词向量空间的一部分，具体来说是带颜色标注的美国各州的词向量空间图，其中包含 3 个与美国州名有关的群组，每一个群组内的州都具有相似性，比如有的群组在文化、气候、经济活动、生活方式等方面存在一定的相似性，有的群组在工业、农业以及人口分布上有一些共同特征，有的群组在文化和历史背景方面存在相似之处。这些词向量是通过 GloVe 模型训练得到的，基于这些州名在大量文本中的共现关系形成。因此，州与州之间的相似性不仅基于地理位置，还基于它们在各种上下文中的相似使用方式。例如，具有同样历史背景的州名在文本中可能经常一起出现，从而在词向量空间中靠得很近。

GloVe 是获取单词向量表示的无监督学习算法，GloVe 模型基于语料库中单词与单词的共现数量统计进行训练，最终得到词向量空间的线性子结构。GloVe 模型基于全局词-词共现矩阵中的非零项进行训练。词-词共现矩阵是在一个事先指定大小的窗口内统计单词共现的次数，以单词周边的共现词次数作为当前单词的向量。

< 58 >

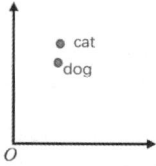

图 3-3　二维向量空间中的 cat 和 dog

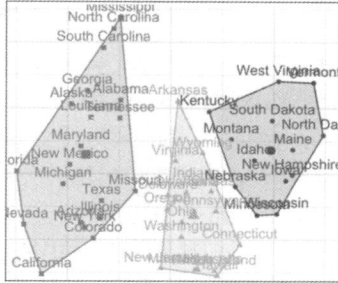

图 3-4　GloVe 模型词向量空间的一部分

为了便于读者理解，下面通过一个实例演示如何计算词-词共现矩阵。

假定语料库中包含以下 3 个句子。

```
I like deep learning.
I like NLP.
I enjoy studying.
```

当窗口大小为 3（即以当前单词为中心，加上其前后各一个单词）时，得到的词-词共现矩阵如表 3-1 所示。

表 3-1　词-词共现矩阵

单词	与 I 的共现数量	与 like 的共现数量	与 enjoy 的共现数量	与 deep 的共现数量	与 learning 的共现数量	与 NLP 的共现数量	与 studying 的共现数量	与 . 的共现数量
I	0	2	1	0	0	0	0	0
like	2	0	0	1	0	1	0	0
enjoy	1	0	0	0	0	0	1	0
deep	0	1	0	0	1	0	0	0
learning	0	0	0	1	0	0	0	1
NLP	0	1	0	0	0	0	0	1
studying	0	0	1	0	0	0	0	1
.	0	0	0	0	1	1	1	0

于是在这个语料库中，I 的词向量为 02100000，like 的词向量为 20010100，以此类推，然后将它们转换为对应的浮点数即可。

3.2.2　NLP 模型

NLP 模型又称为语言模型，它可以基于单词或单词序列的概率分布来处理和分析人类语言。在实践中，NLP 模型可以给出某个单词序列是否"有效"的概率。这个"有效"并不是指其是否符合语法，而是指其是否与人类的写作方式相近。我们可以这样理解：语料库中大多数资料都是这么表述的。这就是语言模型的作用。

一个训练有素的语言模型可以对文本进行提取或抽象摘要。如果有不同的语言模型，我们就可以很容易地构建一个机器翻译系统，因为用不同语言模型从文本中提取的抽象特征是有共性的。语言模型可以分为概率语言模型和基于神经网络的语言模型两种类型。

1．概率语言模型

3.1.1 小节提及的 N-gram 就是一个概率语言模型。它根据设定的 n 值对给定的文本进行处理，方

< 59 >

法如下。

- 将预处理后的单词序列拆分成若干个 *n*-gram。通常可以通过滑动窗口的方式实现，即每次从单词序列的起始位置开始，取连续的 *n* 个词作为一个 *n*-gram，然后向后移动一个词的位置，继续取下一个 *n*-gram，直到遍历完整个单词序列。
- 统计每个 *n*-gram 在文本中出现的次数，并计算其频率。频率可以通过 *n*-gram 出现的次数除以文本中总的 *n*-gram 数量得到。
- 将 *n*-gram 的频率理解为 *n*-gram 中最后一个单词跟随特定(*n*–1)-gram（省略最后一个词）的条件概率。它是在前面 *n*–1 个单词的组合后面出现最后一个单词的比例。

N-Gram 模型的设计基于马尔可夫假设，即系统的未来状态仅与当前状态有关，而与过去状态无关。这种性质被称为"无记忆性"。也就是说，在给定当前状态的情况下，未来的状态与过去的状态是独立的。马尔可夫模型被广泛应用于语音识别、词性自动标注、音字转换、概率文法等众多 NLP 任务中。

马尔可夫假设有一个明显的缺点：只有前 *n*–1 个单词会影响下一个单词的概率分布。而复杂的文本具有深厚的语境，这可能会对下一个单词的选择产生决定性影响。因此，从前面的 *n*–1 个单词中可能无法看出下一个单词是什么，即使 *n*–1 等于 20、50，甚至更多。

除此之外，概率语言模型的扩展性很差。随着 *n* 的增加，可能的排列数量急剧增加，尽管大多数排列是毫无意义的，但是也必须根据算法计算并存储所有排列可能发生的概率。

2．基于神经网络的语言模型

本章介绍的大部分 NLP 模型都是基于神经网络的语言模型。这种 NLP 模型的基本思想是我们学习将词汇表中的每个单词与特定的向量表示相关联。每个单词对应于特征空间中的一个点。我们可以这样想象：这个空间的每个维度都对应于单词的语义或语法特征。在这个空间中，功能或特征相似的单词彼此更接近。因此，一系列单词可以被转换为这些学习到的特征向量的序列。神经网络学习将特征向量序列映射到感兴趣的预测值，如文字序列中下一个单词的概率分布。3.3 节将介绍经典的基于神经网络的语言模型，也就是 NLP 深度学习模型。

3.2.3 注意力机制

2017 年，谷歌公司的 AI 研究团队发表了论文"注意力是你所需要的一切""Attention is All You Need"，其中提出了注意力机制（attention mechanism）的概念。深度学习中的注意力机制是一种模仿人类视觉和认知系统的方法，其具体表现为神经网络在处理输入数据时集中注意力于相关的部分。通过引入注意力机制，神经网络能够自动地学习并选择性地关注输入数据中的重要信息，从而提高模型的性能和泛化能力。

1．人类的选择性注意力机制

一个人看到一幅图像时，会选择关注其中的重点区域，这就是人类的选择性注意力机制。人类的选择性注意力机制示例如图 3-5 所示，其中展示了人类在看到一幅图像时是如何高效分配注意力资源的，箭头所指的光圈区域表明视觉系统更加关注的目标。从图 3-5 中可以看出，人们会把注意力更多地投入人的脸部、文本的标题、文章的首句和署名等位置，因为这些位置对于在很短时间内了解图像的关键信息有很大的帮助，而其他部分则会被忽略。

深度学习中的注意力机制和人类的选择性注意力机制类似，核心目标也是从众多信息中选出对当前任务目标而言非常关键的信息。在深度学习中，注意力机制通常应用于序列数据（如文本、语音或图像序列）的处理。其中，典型的注意力机制包括自注意力（self-attention）机制、通道注意力机制、空间注意力机制和时间注意力机制等。在这些注意力机制中，模型会为输入序列的不同位置分配不同

< 60 >

的权重，以便在处理每个序列元素时专注于最相关的部分。由于篇幅所限，本书只介绍自注意力机制。

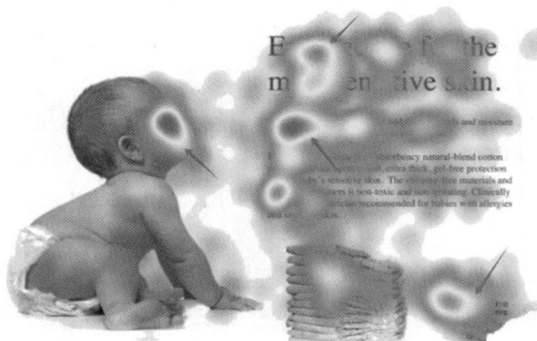

图 3-5　人类的选择性注意力机制示例

2．自注意力机制

一个人在阅读一篇很长的文章时，其关注点很自然地在不同单词之间切换。看到有些单词，其会停下来想一想，有些则会被一带而过。这种对不同单词的关注度不取决于单词本身，而是取决于单词的上下文。自注意力机制是注意力机制的一种特殊形式，用于关注同一序列中的不同部分。它能够捕捉序列中的长距离依赖关系，从而提高模型的性能。

自注意力机制的基本思想是：在处理序列数据时，每个元素都可以与序列中的其他元素建立关联，而不仅仅依赖于相邻位置的元素。它通过计算元素之间的相对重要性来自适应地捕捉元素之间的长程依赖关系。

自注意力机制不是输入数据与输出数据之间的注意力机制，而是输入数据内部元素之间或输出数据内部元素之间的注意力机制。

我们可以把自注意力想象为一个乐队的指挥者。乐队在演奏一个乐章的时候，有的乐手负责演奏主旋律，有的乐手负责和弦。在演奏的不同阶段，乐手的重要程度取决于指挥者的统筹调度。自注意力机制使模型能够辨别一个序列中不同元素的意义，并自动调整它们在输出数据中的影响力。这种机制在 NLP 任务中被证明发挥了显著作用。也就是说，一个单词的意义取决于句子或文档中与它有关联的单词。

自注意力机制中包含 Q、K、V 这 3 个重要概念，具体说明如下。

- Q（query，查询）：其可以理解为搜索信息时所做的查询。对于输入序列中的每个单词，都需要计算一个查询向量。这些查询向量表明了在序列里面需要注意什么。
- K（key，关键字）：关键字就好像路标，它有助于在句子中标识和定位重要信息。同样，对于输入序列中的每个单词，都需要计算一个关键字向量。
- V（value，值）：值中包含信息。同样，对于输入序列中的每个单词，都需要计算一个值向量。值向量中包含在决定序列中单词重要性时需要考虑的内容。

我们可以通过一个形象的例子来理解 Q、K、V 的作用。假设有一个资料柜，里面放着很多的资料。资料按不同的主题分类归档，每个主题的资料装在一个资料袋中。K 就是资料袋上面的标签，用于标识袋中资料的主题；V 就是袋中资料的内容；Q 是查找资料的便签，上面写着要查找的主题。但是，由于资料的数量非常多，分类也很庞杂，便签上的主题可能与很多袋子上面的标签都有关联。语言模型要做的事情不是找到其中一个资料袋，取出其中的资料，这么简单的事情不需要语言模型去做。语言模型要做的事情是将便签上的字与资料袋上面的标签进行匹配，计算它们的关联度。如果关联度大，则从该资料袋中多取出一些资料；如果关联度小，则从该资料袋中少取出一些资料；如果完全没有关联，则不打开这个资料袋。最后语言模型会汇总所有取出的资料，生成需要的内容。

< 61 >

在自注意力机制中，语言模型会根据先验知识为文本序列中的每个 token 计算 Q、K、V 这 3 个向量。用上面的例子来比喻：一个文本序列就是一个资料柜，文本序列中的每个 token 就是资料柜中的一个资料袋，该 token 的含义就是资料袋中的资料。为了理解这个文本序列的含义，语言模型会用每个资料袋的主题作为便签，计算其与所有主题的关联度，并根据关联度从每个资料袋中取出一定比例的资料，然后通过对这些资料的分析来理解这个资料柜（文本序列）的内容。

语言模型基于大量的语料库会学习到多组 Q、K、V 的权重矩阵，这就是先验知识，每组权重矩阵都代表语言模型对文本序列的一种理解方式。如果 Q 的权重矩阵为 W_Q，则对于词向量为 x_i 的 token，其 Q 向量 Q_i 的计算方法如下：

$$Q_i = x_i \cdot W_Q \text{。}$$

如果 K 的权重矩阵为 W_K，则对于词向量为 x_i 的 token，其 K 向量 K_i 的计算方法如下：

$$K_i = x_i \cdot W_K \text{。}$$

如果 V 的权重矩阵为 W_V，则对于词向量为 x_i 的 token，其 V 向量 V_i 的计算方法如下：

$$V_i = x_i \cdot W_V \text{。}$$

准备好这些 Q、K、V 向量后，语言模型会使用 Q 向量和 K 向量计算文本序列中每一对单词的注意力积分。注意力积分可以量化单词间的兼容性和关联性。

最后，语言模型会以注意力积分计算注意力权重，并使用注意力权重对 V 向量进行权重聚合操作。权重聚合的结果体现在输出数据中，代表输入数据的增强表示和上下文信息表示。

自注意力机制可以提升深度学习模型对文本序列的理解力，有助于捕捉文本序列中错综复杂的关联关系。假定深度学习模型的输入序列 X 的数学表示如下：

$$X = [x_1, x_2, \cdots, x_n] \text{。}$$

其中，X 是输入序列，也就是一个句子或一段文字，其包含一系列 token，即表示为 $[x_1, x_2, \cdots, x_n]$，x_1 表示 X 中的第一个 token，x_i 表示 X 中的第 i 个 token。自注意力机制的计算公式如下：

$$Y = \text{softmax}\left(\frac{QK^T}{\sqrt{d_K}}\right) \text{。}$$

具体说明如下。

- Q、K 向量：使用权重矩阵 W_Q、W_K 对 X 进行线性转换得到的两个向量。W_Q、W_K 是经过预训练学习到的参数。
- QK^T：Q 向量和 K 向量的点积。K^T 是 K 向量的转置。
- d_K：K 向量的维度。通常选择与 Q 向量和 V 向量相匹配的维度。
- Y：序列 X 中一个元素与另一个元素（包含该元素自身）之间的注意力权重。对于序列 X 中的每一个 token，我们都可以将其与另一个 token（包括其自己）一起通过运算得到一个注意力权重 Y。将 x_i 与序列 X 中的每一个 token x_j 一起通过运算得到一个注意力权重 Y_{ij}，然后按照公式 $\sum_{j=0}^{n} Y_{ij} \cdot V_j$ 进行计算（其中 V_j 是 x_j 的 V 向量），即可得到 x_i 相对序列 X 的自注意力输出。序列 X 中的每一个 token 都可以按照上述方法通过运算得到一个注意力输出，这些注意力输出又可以组合成一个新的序列。大语言模型中通常包含多个注意力层，而注意力输出序列是一个注意力层的输出数据，也是下一个注意力层的输入数据。每个注意力层的输出数据都包含比之前更多的、对原始输入数据的理解，最后一个注意力层的输出数据被用来续写 token。具体情况可以参照本书第 5 章的内容。

单独看上面的公式并不好理解，下面结合简单的示例数据分步骤解析自注意力机制的计算过程，这样有助于读者更好地理解自注意力机制的工作原理。

< 62 >

（1）准备数据

假定输入序列 X 的值如下。

```
X = [
  [1, 0, 0, 1],
  [0, 2, 2, 0],
  [1, 1, 0, 0]
]
```

接下来逐步对输入序列 X 进行自注意力机制的相关操作。

假定模型经过预训练学习到的权重矩阵 W_Q、W_K 和 W_V 如下。

```
W_Q = [
  [0.5, 0.2, 0.1, 0.3],
  [0.1, 0.3, 0.2, 0.5],
  [0.3, 0.1, 0.5, 0.2],
  [0.1, 0.2, 0.3, 0.4]
]
W_K = [
  [0.4, 0.1, 0.3, 0.2],
  [0.2, 0.4, 0.1, 0.3],
  [0.3, 0.2, 0.4, 0.1],
  [0.1, 0.2, 0.3, 0.4]
]
W_V = [
  [0.2, 0.3, 0.1, 0.4],
  [0.4, 0.2, 0.3, 0.1],
  [0.1, 0.4, 0.2, 0.3],
  [0.1, 0.2, 0.3, 0.4]
]
```

（2）执行 Q、K、V 转换

将输入序列 X 中各个 token 的词向量分别与权重矩阵 W_Q、W_K 和 W_V 进行矩阵点积运算，即可得到该 token 的 Q、K、V 向量。

第 1 个 token（$[1, 0, 0, 1]$）的 Q 向量的计算过程如下：

$$q_1 = x_1 \cdot W_Q = \begin{bmatrix} 1 & 0 & 0 & 1 \end{bmatrix} \cdot \begin{bmatrix} 0.5 & 0.2 & 0.1 & 0.3 \\ 0.1 & 0.3 & 0.2 & 0.5 \\ 0.3 & 0.1 & 0.5 & 0.2 \\ 0.1 & 0.2 & 0.3 & 0.4 \end{bmatrix} = \begin{bmatrix} 0.6 & 0.4 & 0.4 & 0.7 \end{bmatrix}。$$

第 2 个 token（$[0, 2, 2, 0]$）的 Q 向量的计算过程如下：

$$q_2 = x_2 \cdot W_Q = \begin{bmatrix} 0 & 2 & 2 & 0 \end{bmatrix} \cdot \begin{bmatrix} 0.5 & 0.2 & 0.1 & 0.3 \\ 0.1 & 0.3 & 0.2 & 0.5 \\ 0.3 & 0.1 & 0.5 & 0.2 \\ 0.1 & 0.2 & 0.3 & 0.4 \end{bmatrix} = \begin{bmatrix} 0.8 & 0.8 & 1.4 & 1.4 \end{bmatrix}。$$

第 3 个 token（$[1, 1, 0, 0]$）的 Q 向量的计算过程如下：

$$q_3 = x_3 \cdot W_Q = \begin{bmatrix} 1 & 1 & 0 & 0 \end{bmatrix} \cdot \begin{bmatrix} 0.5 & 0.2 & 0.1 & 0.3 \\ 0.1 & 0.3 & 0.2 & 0.5 \\ 0.3 & 0.1 & 0.5 & 0.2 \\ 0.1 & 0.2 & 0.3 & 0.4 \end{bmatrix} = \begin{bmatrix} 0.6 & 0.5 & 0.3 & 0.8 \end{bmatrix}。$$

< 63 >

第 1 个 token（[1, 0, 0, 1]）的 $\boldsymbol{K}$ 向量的计算过程如下：

$$k_1 = x_1 \cdot W_K = \begin{bmatrix} 1 & 0 & 0 & 1 \end{bmatrix} \cdot \begin{bmatrix} 0.4 & 0.1 & 0.3 & 0.2 \\ 0.2 & 0.4 & 0.1 & 0.3 \\ 0.3 & 0.2 & 0.4 & 0.1 \\ 0.1 & 0.2 & 0.3 & 0.4 \end{bmatrix} = \begin{bmatrix} 0.5 & 0.3 & 0.6 & 0.6 \end{bmatrix}。$$

第 2 个 token（[0, 2, 2, 0]）的 $\boldsymbol{K}$ 向量的计算过程如下：

$$k_2 = x_2 \cdot W_K = \begin{bmatrix} 0 & 2 & 2 & 0 \end{bmatrix} \cdot \begin{bmatrix} 0.4 & 0.1 & 0.3 & 0.2 \\ 0.2 & 0.4 & 0.1 & 0.3 \\ 0.3 & 0.2 & 0.4 & 0.1 \\ 0.1 & 0.2 & 0.3 & 0.4 \end{bmatrix} = \begin{bmatrix} 1.0 & 1.2 & 1.0 & 0.8 \end{bmatrix}。$$

第 3 个 token（[1, 1, 0, 0]）的 $\boldsymbol{K}$ 向量的计算过程如下：

$$k_3 = x_3 \cdot W_K = \begin{bmatrix} 1 & 1 & 0 & 0 \end{bmatrix} \cdot \begin{bmatrix} 0.4 & 0.1 & 0.3 & 0.2 \\ 0.2 & 0.4 & 0.1 & 0.3 \\ 0.3 & 0.2 & 0.4 & 0.1 \\ 0.1 & 0.2 & 0.3 & 0.4 \end{bmatrix} = \begin{bmatrix} 0.6 & 0.5 & 0.4 & 0.5 \end{bmatrix}。$$

第 1 个 token（[1, 0, 0, 1]）的 $\boldsymbol{V}$ 向量的计算过程如下：

$$v_1 = x_1 \cdot W_V = \begin{bmatrix} 1 & 0 & 0 & 1 \end{bmatrix} \cdot \begin{bmatrix} 0.2 & 0.3 & 0.1 & 0.4 \\ 0.4 & 0.2 & 0.3 & 0.1 \\ 0.1 & 0.4 & 0.2 & 0.3 \\ 0.1 & 0.2 & 0.3 & 0.4 \end{bmatrix} = \begin{bmatrix} 0.3 & 0.5 & 0.4 & 0.8 \end{bmatrix}。$$

第 2 个 token（[0, 2, 2, 0]）的 $\boldsymbol{V}$ 向量的计算过程如下：

$$v_2 = x_2 \cdot W_V = \begin{bmatrix} 0 & 2 & 2 & 0 \end{bmatrix} \cdot \begin{bmatrix} 0.2 & 0.3 & 0.1 & 0.4 \\ 0.4 & 0.2 & 0.3 & 0.1 \\ 0.1 & 0.4 & 0.2 & 0.3 \\ 0.1 & 0.2 & 0.3 & 0.4 \end{bmatrix} = \begin{bmatrix} 1.0 & 1.2 & 1.0 & 0.8 \end{bmatrix}。$$

第 3 个 token（[1, 1, 0, 0]）的 $\boldsymbol{V}$ 向量的计算过程如下：

$$v_3 = x_3 \cdot W_V = \begin{bmatrix} 1 & 1 & 0 & 0 \end{bmatrix} \cdot \begin{bmatrix} 0.2 & 0.3 & 0.1 & 0.4 \\ 0.4 & 0.2 & 0.3 & 0.1 \\ 0.1 & 0.4 & 0.2 & 0.3 \\ 0.1 & 0.2 & 0.3 & 0.4 \end{bmatrix} = \begin{bmatrix} 0.6 & 0.5 & 0.4 & 0.5 \end{bmatrix}。$$

（3）计算注意力积分

注意力积分用于量化两个元素之间的关联关系。计算元素 x_i 和 x_j 之间注意力积分的公式如下：

$$\text{Attention}(q_i, k_j) = q_i \cdot k_j。$$

本例中 x_1 与 x_1 之间注意力积分的计算过程如下：

$$\text{Attention}(q_1, k_1) = q_1 \cdot k_1 = \begin{bmatrix} 0.6 & 0.4 & 0.4 & 0.7 \end{bmatrix} \cdot \begin{bmatrix} 0.5 & 0.3 & 0.6 & 0.6 \end{bmatrix}$$
$$= 0.6 \times 0.5 + 0.4 \times 0.3 + 0.4 \times 0.6 + 0.7 \times 0.6 = 1.08。$$

本例中 x_1 与 x_2 之间注意力积分的计算过程如下：

$$\text{Attention}(q_1, k_2) = q_1 \cdot k_2 = \begin{bmatrix} 0.6 & 0.4 & 0.4 & 0.7 \end{bmatrix} \cdot \begin{bmatrix} 1.0 & 1.2 & 1.0 & 0.8 \end{bmatrix}$$
$$= 0.6 \times 1.0 + 0.4 \times 1.2 + 0.4 \times 1.0 + 0.7 \times 0.8 = 2.04。$$

本例中 x_1 与 x_3 之间注意力积分的计算过程如下：

< 64 >

$$\text{Attention}\left(q_1, k_3\right) = q_1 \cdot k_3 = \begin{bmatrix} 0.6 & 0.4 & 0.4 & 0.7 \end{bmatrix} \cdot \begin{bmatrix} 0.6 & 0.5 & 0.4 & 0.5 \end{bmatrix}$$

$$= 0.6 \times 0.6 + 0.4 \times 0.5 + 0.4 \times 0.4 + 0.7 \times 0.5 = 1.07 \text{ 。}$$

（4）缩放注意力积分

为了稳定训练、控制梯度幅度，需要将注意力积分除以一个系数，以进行缩放，计算公式如下：

$$\text{Scaled Attention}\left(q_i, k_j\right) = \frac{q_i \cdot k_j}{\sqrt{d_K}} \text{ 。}$$

其中，d_K 是 $\boldsymbol{K}$ 向量的维度，在本例中为 4。

本例中 x_1 与 x_1 之间缩放注意力积分的计算过程如下：

$$\text{Scaled Attention}\left(q_1, k_1\right) = \frac{1.08}{\sqrt{4}} = 0.54 \text{ 。}$$

本例中 x_1 与 x_2 之间缩放注意力积分的计算过程如下：

$$\text{Scaled Attention}\left(q_1, k_2\right) = \frac{2.04}{\sqrt{4}} = 1.02 \text{ 。}$$

本例中 x_1 与 x_3 之间缩放注意力积分的计算过程如下：

$$\text{Scaled Attention}\left(q_1, k_3\right) = \frac{1.07}{\sqrt{4}} = 0.535 \text{ 。}$$

（5）计算注意力权重

对缩放注意力积分应用 softmax() 函数即可得到注意力权重。

本例中 x_1 与 x_1 之间注意力权重的计算方法如下：

$$\text{Attention Weight}\left(q_1, k_1\right) = \text{softmax}\left(0.54\right) \approx 0.276\,925 \text{ 。}$$

本例中 x_1 与 x_2 之间注意力权重的计算方法如下：

$$\text{Attention Weight}\left(q_1, k_2\right) = \text{softmax}\left(1.02\right) \approx 0.447\,531 \text{ 。}$$

本例中 x_1 与 x_3 之间注意力权重的计算方法如下：

$$\text{Attention Weight}\left(q_1, k_3\right) = \text{softmax}\left(0.535\right) \approx 0.275\,544 \text{ 。}$$

这里可以不用考虑 softmax() 函数的计算方法，在"本书使用的网址"文档中提供了一个 softmax() 函数计算工具的网址。此外，也可以在网上搜索其他在线 softmax() 函数计算工具。得到的注意力权重之和约等于 1，这也是 softmax() 函数的基本特性，计算过程如下：

$$\text{Attention Weight}\left(q_1, k_1\right) + \text{Attention Weight}\left(q_1, k_2\right) + \text{Attention Weight}\left(q_1, k_3\right) \approx$$

$$0.276\,925 + 0.447\,531 + 0.275\,544 = 1 \text{ 。}$$

这代表了输入序列中第 1 个 token 与其自身、第 2 个 token 和第 3 个 token 之间的关联程度。

（6）权重求和

前面已提及对注意力权重和 $\boldsymbol{V}$ 向量计算点积之后，再求和，就得到自注意力输出。x_1 的自注意力输出的计算方法如下：

$$\text{Self-Attention}\left(x_1\right) = 0.276\,925 \cdot v_1 + 0.447\,531 \cdot v_2 + 0.275\,544 \cdot v_3 = 0.276\,925 \cdot$$

$$\begin{bmatrix} 0.3 & 0.5 & 0.4 & 0.8 \end{bmatrix} + 0.447\,531 \times \begin{bmatrix} 1.0 & 1.2 & 1.0 & 0.8 \end{bmatrix} + 0.275\,544 \times \begin{bmatrix} 0.6 & 0.5 & 0.4 & 0.5 \end{bmatrix}$$

$$= \begin{bmatrix} 0.695\,934\,9 & 0.813\,271\,7 & 0.668\,518\,6 & 0.717\,336\,8 \end{bmatrix} \text{ 。}$$

也就是说，在输入序列中 x_1 与哪个 token 的关联程度越高，该 token 在 $\boldsymbol{V}$ 向量中的值就越能影响 x_1 的自注意力输出，这个输出包含第一个 token 与输入序列中所有 token 的关联数据。

重复步骤（3）～步骤（6）依次计算 x_2 和 x_3 的自注意力输出。输入序列中所有的元素都需要重复这个过程。在实际应用中，当单词量比较大的时候，计算量是非常大的。

对于不熟悉矩阵和向量计算的读者来说，其可以暂时不细究计算的方法，只要通过实例了解自注

< 65 >

意力机制的计算过程即可。此外，也可以借助 GPT 或 DeepSeek 等模型进行上面的矩阵和向量计算，此时只需在 Word 中以公式的形式录入矩阵或向量进行运算，然后通过复制、粘贴的方式提供给模型，这些模型就会给出计算的步骤，并最终得出计算结果。

需要注意的是，在实际应用中，W_Q、W_K、W_V 这 3 个权重矩阵是基于海量语料库训练学习到的参数，而基于权重矩阵计算得到的 Q、K、V 向量则代表了利用先验知识对当前输入数据的理解。这就是大语言模型的基本工作原理。

上面的过程演示了文本序列中一个 token 在经过一个自注意力层处理后如何得到输出数据。实际上，文本序列中每个 token 经过一个自注意力层处理后都会得到一个输出数据。也就是说，文本序列在经过一个自注意力层处理后得到的输出数据与输入数据的形状是一样的。大语言模型中通常包含很多个自注意力层，功能越强大的大语言模型，其包含的自注意力层越多。在经过所有这些自注意力层处理后，得到的数据就包含大语言模型对输入文本序列的充分理解，使用其中最后一个向量与词汇表中的每个 token 分别进行计算，评估它们的关联关系，这样就可以预测输入文本序列的下一个 token 是什么。当然，本小节只介绍自注意力机制的基本原理，它在大语言模型中的应用是非常复杂的。具体的预测过程将在第 5 章结合 GPT 系列模型的网络结构及工作原理进行介绍。

3. 多头自注意力机制

自注意力机制体现了利用先验知识对当前输入数据的一种理解。但是，大语言模型的训练语料库中包含海量的资料，可能包含对一句话的不同层面、不同角度的理解。基于这种情况，研究者提出了多头自注意力机制。

前面的示例中只使用一组学习到的权重矩阵 W_Q、W_K 和 W_V，但在多头自注意力机制中，模型会使用多组权重矩阵 W_{Qi}、W_{Ki} 和 W_{Vi}。每组权重矩阵关注序列内关系的不同层面，也可以说，不同的权重矩阵代表对同一段文本的不同理解。多头自注意力机制会将每组权重矩阵计算的结果链接在一起或将它们线性组合起来作为最终的输出数据。这种机制使模型可以同时捕捉到输入数据中包含的各种信息。

3.2.4　语料库

语料库是 NLP 模型的训练数据集，是计算机可以阅读的日常语言文本的重要集合。语料库中的数据来自数字文本、音频记录和扫描文档。语料库对于研究和理解自然语言在现实生活中的使用方式非常重要。大语言模型可以从中学习自然语言的规律和特征。

1. 语料库的作用

语料库对于 NLP 非常重要，除了用于训练 NLP 模型，它还可以发挥以下作用。

- 理解语言：语料库提供了一种语言的结构、语法、词汇和用法的完整演示，是 NLP 模型学习语言的最佳教材。
- 建立基于规则的 NLP 系统：语言学家和 NLP 专家都会利用语料库来开发和测试语言规则及模式，这些规则和模式可以用于建立基于规则的 NLP 系统，以完成词性标注、语法处理和命名实体识别等 MLP 任务。
- 应用于词汇与语义学：在这一方面，语料库的经典应用是编写词典。词典中的词汇源于语料库，词汇的含义也是基于语料库进行整理的。词典中的单词关系，如同义词、反义词等，都是借助语料库进行语义分析的结果。
- 统计分析：概率语言模型可以基于语料库对单词的分布进行统计，如统计两个单词共同出现的概率。
- 学习专业领域的知识：语料库中包含大量各领域的专业资料，大语言模型可以从中学习到各领域的专业知识，这也是大语言模型知识渊博的重要原因。

< 66 >

2．语料库的类型

语料库可以分为以下类型。

- 文本语料库：其中包含小说、新闻、法律文献、医学文献等各种类型的文本资料。
- 多模态语料库：其中包含文本-图像资料、文本-语音资料或文本-视频资料，用于训练多模态大模型。
- 平行语料库：其中包含跨语言的翻译文本。
- 时序语料库：其中包含许多历史著作，使学者能够研究语言和历史的演变规律。
- 标注语料库：其中包含文章及其评论信息（或标记的情感信息）。

3.3　经典 NLP 深度学习模型

自 2010 年以来，神经网络成为解决 NLP 问题的主要方法。在 NLP 的研究过程中陆续出现了一些 NLP 深度学习模型，这些模型为解决 NLP 问题提供了有益的思路和方法，为大语言模型的诞生奠定了基础。为方便读者理解大语言模型的工作原理，本节将介绍经典的 NLP 深度学习模型。

3.3.1　RNN 模型

RNN（循环神经网络）是一种以序列数据为输入的神经网络，非常适合用于解决 NLP 问题。在传统的神经网络中，所有的输入和输出都是相互独立的，而自然语言的一句话中各个单词是有关联关系的。如果要预测一句话的下一个单词，不仅要知道句子中前面的单词，还需要了解前面的句子说的是什么，这样就要求 NLP 模型应该有"记忆"的功能。而 RNN 模型会保存网络中一些特定隐藏层的输出，之后再把它们传送回来作为输入，用于预测输出，从而形成"循环"。RNN 不是一个具体的模型，而是一种深度学习模型。最早的基于 RNN 的语言模型提出于 2010 年，2013—2015 年诞生了一系列 RNN 算法，随后，这些算法被应用于机器翻译任务中。3.3.4 小节将介绍的 Transformer 架构也是受 RNN 算法启发而设计的。因此，RNN 是非常重要的一种 NLP 深度学习模型。

1．RNN 的网络结构

与传统的前馈神经网络不同，RNN 有一个反向传播的过程，但是这个反向传播与 1.3.2 小节中介绍的反向传播算法是不同的，它不会参与模型参数的优化。我们可以将 RNN 理解为前馈神经网络的一个变种，它只是在前向传播数据的过程中将部分数据传送回来作为输入数据。将前馈神经网络转换为 RNN 的方法如图 3-6 所示。

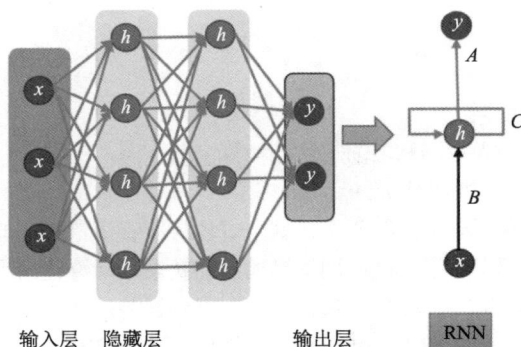

图 3-6　将前馈神经网络转换为 RNN 的方法

< 67 >

前馈神经网络中不同隐藏层的节点（图 3-6 中隐藏层的 h 节点）被压缩成 RNN 中的一层（图 3-6 中右侧的 h 节点），这一层通常被称为循环层。图 3-6 中 A、B、C 是用于改善模型输出的网络参数。

在图 3-6 中，x 表示输入层节点，h 表示隐藏层节点，y 表示输出层节点。在任意给定的时间 t 上，当前的输入是 $x(t)$ 和 $x(t-1)$ 的组合。任意时间上的输出都会回传至网络中，以改善网络的输出。如果考虑时间因素，RNN 的网络结构如图 3-7 所示。

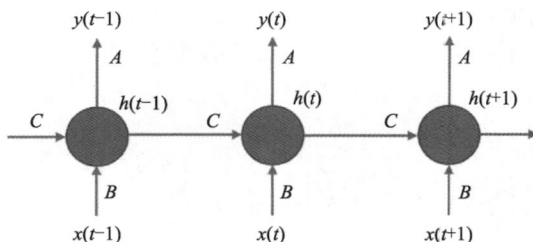

图 3-7　考虑时间因素的 RNN 网络结构

可以看到，RNN 由多个固定的激活函数单元（对应图 3-7 中的圆圈）组成，在时间序列上的每个时间步长都有一个激活函数单元。每个激活函数单元都有一个内部状态，称为单元的隐藏状态。这种隐藏状态表示网络在当前时间所持有的过去知识，其在每个时间节点上都会被更新，以表示网络掌握的过去知识发生了变化。在图 3-7 中，$h()$ 函数用于计算隐藏状态。在时间 t 上计算隐藏状态的公式如下：

$$h(t) = f_c[h(t-1), x(t)] 。$$

其中，$h(t)$ 是新的状态，f_c 是以 C 为参数的函数，$h(t-1)$ 是过去的状态，$x(t)$ 是时间 t 上的输入。如果使用 tanh() 作为激活函数，则计算当前隐藏状态的公式如下：

$$h_t = \tanh(W_{hh}h_{t-1} + W_{xh}x_t) 。$$

这个公式需要同时参照图 3-6 和图 3-7 进行理解，因为图 3-6 中没有时间序列的概念，而图 3-7 中没有神经元。作为深度神经网络，RNN 的每个神经元中都有一个权重参数 W。在上面的公式中，W_{hh} 是图 3-6 中神经元 h 的权重参数，W_{xh} 是图 3-6 中神经元 x 的权重参数。有了 h_t，就可以使用它来计算时间 t 上的输出 y_t，公式如下：

$$y_t = W_{hy}h_t 。$$

其中，W_{hy} 是输出层的权重。

在 RNN 的训练过程中，上面这些权重参数都需要通过反向传播算法进行更新。然而，由于 RNN 在这里用于处理时序数据，因此其使用的是一种更新的反向传播算法，称为时间反向传播算法（back propagation through time，BPTT）。由于篇幅所限，这里不介绍 BPTT 算法的细节。

2．RNN 的训练过程

RNN 的训练过程如下。

（1）设置 RNN 的时间步长。

（2）使用一组当前的输入数据和之前的状态计算当前状态。

（3）当前的 h_t 在下一个时间步变成 h_{t-1}。

（4）根据问题向前走尽可能多的时间步，这个过程将所有来自先前的状态信息连接起来。

（5）一旦所有时间步都走完了，就使用最终的当前状态来计算输出。

（6）将输出与期望值（即目标输出）进行比较，得到误差。

（7）误差被反向传播到网络中以更新权重，这里使用的是 BPTT 算法。

< 68 >

3. RNN 的优势

之所以提出 RNN 的设计思路，是因为前馈神经网络存在以下两个问题。

- 前馈神经网络不能处理时序数据。所谓"时序数据"，是指在一个序列上产生的数据，一个位置上的数据与其他数据有密切的联系。比如，NLP 中一句话的不同单词、股票走势的预测、天气预测等，都是 RNN 的经典应用场景。
- 前馈神经网络只考虑当前的输入，而没有记住之前的输入，这就丢失了时序数据中一个位置上的数据与其他数据的联系。

前馈神经网络存在的问题正是 RNN 的优势。RNN 会随着时间的推移记住每一条信息，这在处理时间序列预测任务时非常重要。RNN 的这种能够记住先前输入的特性被称为长短期记忆。

3.3.2　编码器-解码器架构

编码器-解码器架构通常适用于解决序列到序列问题，因此在机器翻译和文本摘要等 NLP 任务中被广泛应用。

编码器-解码器架构的工作原理如图 3-8 所示。

具体说明如下。

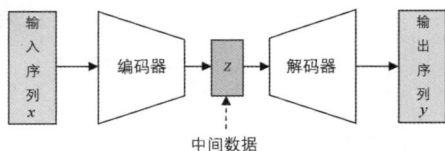

图 3-8　编码器-解码器架构的工作原理

- 编码器负责接收输入序列并产生一个中间表示。
- 解码器负责生成输出序列。
- 在传统的编码器-解码器架构中，编码器和解码器通常都使用 RNN。

在机器翻译任务中，编码器接收源语言的句子，通过 RNN 处理输入序列并产生一个固定长度的语义向量（中间数据）。解码器则根据这个语义向量和之前生成的词来预测下一个词，直到生成完整的翻译结果。这种架构可以处理输入和输出序列长度不相等的情况，通过编码器和解码器的协同工作，实现从一个序列到另一个序列的映射。

图 3-9 所示是使用"编码器-解码器架构+RNN"实现机器翻译的过程。

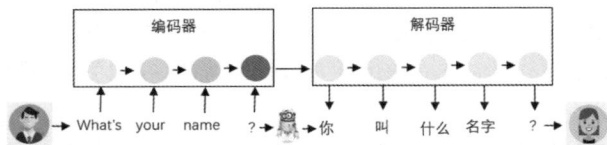

图 3-9　使用"编码器-解码器架构+RNN"实现机器翻译的过程

一个用户用英文说："What's your name?" RNN 会逐一处理这个文本序列中的每一个 token，每处理一个 token 都会生成一个状态值，这代表 RNN 当前对这句话的理解。随着处理过程的推进，状态值中包含的理解越来越多，体现在图 3-9 中则是代表状态的圆圈颜色越来越深了。处理完最后一个 token（?）后，RNN 已经获得了对这句话的全部理解。RNN 将这个最终的状态值（中间数据）送入解码器，解码器根据之前学习到的知识和输入的中间数据生成输出序列。同样，每生成一个 token 时，解码器都会将前一个 token 的处理结果作为输入数据，预测下一个 token。随着处理过程的推进，解码器逐步生成输出序列，最终把翻译结果告知对方用户。

3.3.3　LSTM 模型

RNN 的单个神经元结构比较简单，随着网络加深，网络的梯度会越来越小，导致参数无法更新迭

< 69 >

代，也就是存在梯度消失的情况。LSTM 是 RNN 的一个变种，它具有学习长期依赖的功能。LSTM 拥有反馈连接，也就是说，LSTM 可以处理整个数据序列，从而规避梯度消失问题。这种特性在语音识别和机器翻译等 NLP 任务中很有应用价值。

LSTM 模型的核心概念是记忆细胞（memory cell），也称为细胞状态（cell state）。细胞状态用于维护过去的状态。LSTM 的模型结构如图 3-10 所示。

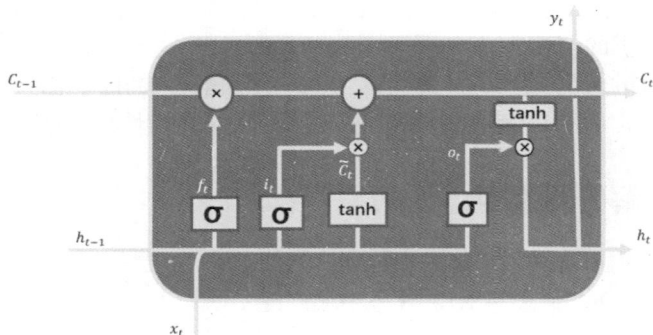

图 3-10　LSTM 的模型结构

在图 3-10 中，细胞状态就是上部从左至右运行的水平线。我们可以将其视为一个传送带，信息通过这条传送带流动。

LSTM 模型有下面 3 个输入。

- x_t：当前位置的特征。
- h_{t-1}：前一隐藏层的状态。
- C_{t-1}：前一个细胞状态。

LSTM 模型有下面 3 个输出。

- y_t：当前位置的预测值。
- h_t：当前隐藏层的状态。从图 3-10 可以看出，h_t 和 y_t 是一样的。
- C_t：当前细胞状态。

可以看到，C 和 h 既是输入，也是输出，也就是说，它们是网络的记忆。从图 3-10 可以看到，C_t 的值由 x_t、h_{t-1} 和 C_{t-1} 通过计算得到，而 h_t 由 x_t 和 h_{t-1} 通过计算得到。因此，C 是整个网络的长期记忆，h 是当前隐藏层的短期记忆。

在 LSTM 模型中，可以向细胞状态添加信息，也可以从细胞状态删除信息。添加信息和删除信息由各种门（gate）来控制。门可以选择性地让信息流入和流出细胞状态。LSTM 模型包含下面 3 种门。

- 遗忘门（forget gate）：控制对历史信息 C_{t-1} 的遗忘程度，图 3-10 中的 f_t 就是遗忘门的值。
- 更新门（input gate）：控制新增加到当前细胞状态中的信息，图 3-10 中的 i_t 就是更新门的值。
- 输出门（output gate）：控制当前细胞状态 C_{t-1} 中的哪些信息需要作为输出，图 3-10 中的 o_t 就是输出门的值。

3.3.4　Transformer 架构

谷歌团队发表的"注意力是你所需要的一切"论文中，除了介绍注意力机制，还介绍了一种叫作 Transformer 的架构。从那时起，Transformer 架构就被广泛应用并扩展到 NLP 之外的各种机器学习任务中。几乎所有的主流大语言模型都采用 Transformer 架构，本小节介绍 Transformer 架构的工作原理和应用。

Transformer 架构

< 70 >

1．什么是 Transformer

Transformer 是一种深度神经网络架构，其最早提出时是为了解决序列转换或机器翻译的问题。这种架构可以处理将输入序列转换为输出序列的任何任务。

Transformer 模型是一种基于 Transformer 架构的神经网络，它可以学习序列数据的上下文，并从中生成新的数据。Transformer 架构通过注意力机制分析不同元素之间的关系来理解其上下文和意义。

2．从 RNN 到 Transformer 的转换

在 Transformer 架构出现之前，RNN 是处理序列数据的首选方法。RNN 的功能类似于前馈神经网络，但它可以按顺序处理输入数据，一次处理一个元素，而且可以把前面元素的处理结果再送回模型中参与计算。这样前面元素的处理结果就会影响后面元素的处理。Transformer 架构的设计灵感来自应用 RNN 的编码器-解码器架构。但是，Transformer 架构基于注意力机制，而不是使用循环。这种设计架构上的不同使 Transformer 在性能和功能方面都明显优于 RNN。这是由于 RNN 本身存在以下问题。

- RNN 一个接一个顺序地处理序列数据，这种方式无法充分利用 GPU 的并行计算特性。因此，RNN 模型的训练速度非常缓慢。因为序列数据在传递过程中会发生损耗，前面元素的信息在传递过程中占比越来越小，所以对当前元素而言，离它越远的元素传递给它的信息也越少。
- RNN 在处理远距离元素之间关联关系时效果并不好。

作为一种新的架构，Transformer 在这两个方面的表现都很优秀。这使 Transformer 架构非常适用于解决很多 NLP 任务，如文本摘要、图像字幕和语音识别等。主流 NLP 模型所使用的技术已经完成了从 RNN 到 Transformer 的转换。Transformer 架构也为大语言模型的爆发式发展奠定了基础。

3．位置编码

在自然语言中，句子中单词的顺序非常重要。如果将句子中的单词重新排序，那么句子的含义也会发生变化。在实现 NLP 解决方案时，RNN 中已经内置了处理序列顺序的机制。但是 Transformer 架构并没有使用循环的概念，而是将各个数据点视为彼此孤立。它使用位置编码作为一种维护序列中对象顺序信息的方案，即在模型中添加描述单词顺序的位置信息。

在位置编码解决方案中，序列中一个对象的位置会被赋予唯一的表示形式，这个唯一表示形式并不是一个简单的数字。实际上，大多数人首先想到的表示位置的方法是对象在序列中的索引，但是在很长的序列中，索引值会增长得很大。当然对索引值进行归一化操作可以将其转换为 0～1 的数字。不过，对变长序列进行归一化操作是很困难的。

基于这些因素，Transformer 架构选择使用一种很聪明的位置编码方案，即将每个位置（索引）映射到一个向量。Transformer 架构中包含一个位置编码层，其输出是一个矩阵，这个矩阵被称为位置编码矩阵，它的每一行代表序列与其位置信息相加的编码。

如果位置编码矩阵中只编码位置信息，则可以通过图 3-11 所示的例子演示其构成机制。

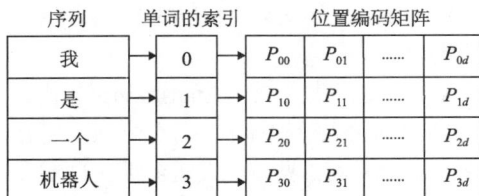

图 3-11　序列"我是一个机器人"的位置编码矩阵

在图 3-11 中，P_{ij} 是位置函数，参数 i 是矩阵中当前行对应的单词在序列中的索引，参数 j 是元素在矩阵中的列索引。

Transformer 架构的位置编码层交替使用三角函数 sin() 和 cos() 作为图 3-11 中的 P_{ij} 函数。假定有一

< 71 >

个长度为 L 的序列，则序列中索引为 k 的对象的位置编码计算公式如下：

$$P(k, 2i) = \sin\frac{k}{n^{\frac{2i}{d}}},$$

$$P(k, 2i+1) = \cos\frac{k}{n^{\frac{2i}{d}}}。$$

参数说明如下。

- k：对象在输入序列中的位置。k 的取值范围为 $0 \leqslant k < \frac{L}{2}$。
- d：位置编码矩阵的宽度，也就是输出嵌入空间的维度。
- $P(k, j)$：位置函数，用于将输入序列中的位置 k 映射到位置编码矩阵的索引 (k, j)。其中，j 代表 $2i$ 和 $2i+1$。
- n：用户定义的一个标量。在"注意力是你所需要的一切"论文中，n 被设置为 10000。
- i：用于映射位置编码矩阵的索引。i 的取值范围为 $0 \leqslant i < \frac{d}{2}$。一个 i 值可以同时映射到 sin() 函数和 cos() 函数。

回到图 3-11 的例子，如果使用上面介绍的位置编码计算公式，并且设定 n=100、d=4，则文本序列"我是一个机器人"的位置编码矩阵如图 3-12 所示。

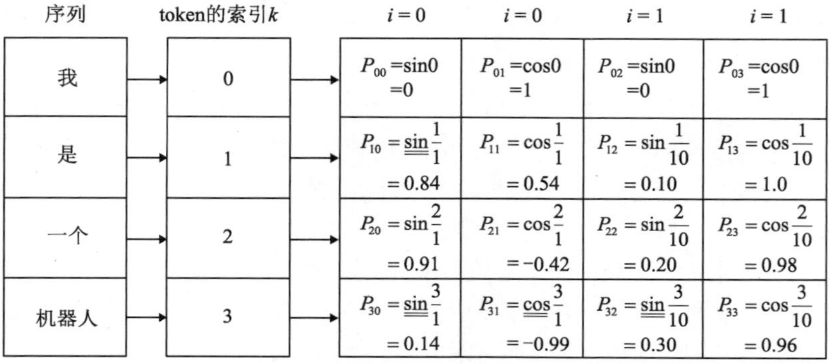

序列	token的索引k	$i=0$	$i=0$	$i=1$	$i=1$
我	0	$P_{00}=\sin0$ $=0$	$P_{01}=\cos0$ $=1$	$P_{02}=\sin0$ $=0$	$P_{03}=\cos0$ $=1$
是	1	$P_{10}=\frac{\sin1}{1}$ $=0.84$	$P_{11}=\cos\frac{1}{1}$ $=0.54$	$P_{12}=\sin\frac{1}{10}$ $=0.10$	$P_{13}=\cos\frac{1}{10}$ $=1.0$
一个	2	$P_{20}=\sin\frac{2}{1}$ $=0.91$	$P_{21}=\cos\frac{2}{1}$ $=-0.42$	$P_{22}=\sin\frac{2}{10}$ $=0.20$	$P_{23}=\cos\frac{2}{10}$ $=0.98$
机器人	3	$P_{30}=\frac{\sin3}{1}$ $=0.14$	$P_{31}=\frac{\cos3}{1}$ $=-0.99$	$P_{32}=\sin\frac{3}{10}$ $=0.30$	$P_{33}=\cos\frac{3}{10}$ $=0.96$

图 3-12　位置编码矩阵

4．Transformer 架构的基本结构

Transformer 架构是第一个完全依赖自注意力机制，将输入序列转换为输出序列的神经网络模型，其核心特征是保留了传统的编码器-解码器架构的基本结构。Transformer 架构最初是为实现机器翻译功能而设计的，因此其基本结构如图 3-13 所示。但是为了能更充分地理解输入序列，以及更恰当地将输入序列转换为对应的输出序列，Transformer 架构采用多层的编码器堆和解码器堆结构，如图 3-14 所示。通常编码器的数量与解码器的数量相同。

所有编码器的内部结构是一样的。输入数据进入 Transformer 架构后，会依次经过每一个编码器的处理。每经过一个编码器，模型都会从输入数据提取一部分特征，当数据经过顶层编码器处理后，模型已经充分理解了输入数据的特征，然后将这些特征发送至所有的解码器。

所有解码器的结构也是一样的，第 1 层解码器的输入数据只来自编码器，经过处理后，它会将处理结果发送至第 2 层解码器，之后的所有解码器都有两个输入数据来源，一个是输入数据经过编码器处理的结果，另一个是前面一层解码器的处理结果。最后一层解码器的输出数据就是 Transformer 架构的输出数据。

< 72 >

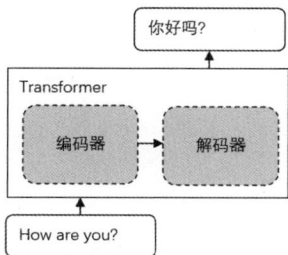

图 3-13　Transformer 架构的基本结构

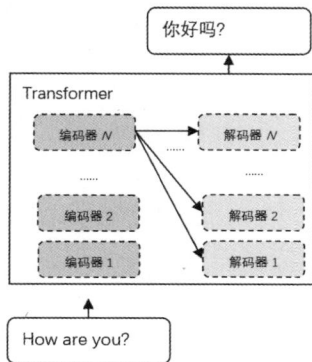

图 3-14　采用多层编码器堆和解码器堆结构的 Transformer 架构

最初设计的 Transformer 架构中包含 6 层编码器和 6 层解码器。在实际应用中可以任意扩展层数，通常大语言模型都采用尽可能多的层数，如 GPT-3 的层数是 96。

5．编码器的工作原理

编码器的主要职责是将输入 token 转换为文本表示。之前的语言模型都是独立处理每个 token，Transformer 编码器则是捕获每个 token 相对于整个序列的上下文，从而提取 token 之间的关联关系。编码器的内部结构如图 3-15 所示，其工作流程如下。

（1）输入词嵌入

输入词嵌入操作只发生在编码器的底部，由编码器的嵌入层完成。输入文本序列进入编码器后，编码器会通过嵌入层对其进行分词操作，即将其拆分成单词或子词，统称为 token。之后，嵌入层会捕获 token 的语义，并将其转换为数值向量。所有编码器都会收到一个向量列表，即输入词嵌入矩阵。输入词嵌入矩阵中向量的长度是固定的，如 512。

（2）位置编码

Transformer 架构没有类似 RNN 的循环机制，而是使用位置编码矩阵加上输入词嵌入矩阵，得到位置嵌入矩阵（Positional Embeddings）。位置嵌入矩阵可以提供每个 token 在文本序列中的位置信息。

（3）编码器堆处理

从图 3-14 可以看到，Transformer 架构由一堆编码器组成。相对应地，在图 3-15 中使用"$N\times$"表示由 N 个编码器组成的编码器堆。（1）和（2）这两个步骤实际上是数据进入编码器前的预处理。数据从第（3）步开始才真正进入编码器。在经过编码器堆处理后，输入序列会被转换为连续的抽象表示，其包含从整个序列中学习到的信息。每个编码器的内部结构都是一样的，都包含下面两个模块。

- 多头注意力模块：实现自注意力机制。通过这种方法可以将每个 token 和序列中的其他 token 关联在一起。例如，如果输入序列为"How are you"，则自注意力机制会学习 How 和 How、How 和 are、How 和 you、are 和 are、are 和 you、you 和 you 的关联程度。注意，其中包含每个 token 与自己的关联程度。在计算 token 间关联程度时，自注意力机制会通过前面介绍的 Q、K、V 向量捕获整个文本序列的上下文信息。因为采用多头自注意力机制，所以这个过程不只执行一次，而是会使用 h 组 Q、K、V 向量执行 h 次计算，h 是注意力头数。所有 h 次计算是并行执行的。每组 Q、K、V 向量都是基于先验知识计算得来的，因此代表了对输入序列的一种理解。
- 全连接网络：即图 3-15 中的 ADD & NORM 层（也称为残差连接和归一化层）。多头自注意力机制执行 h 次计算的结果会通过全连接网络整合为一个新的嵌入矩阵。这个新的嵌入矩阵就是下一层编码器的输入数据。

实现多头自注意力机制的网络结构如图 3-16 所示。

< 73 >

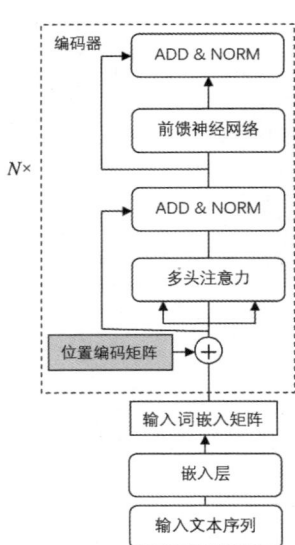

图 3-15 编码器的内部结构

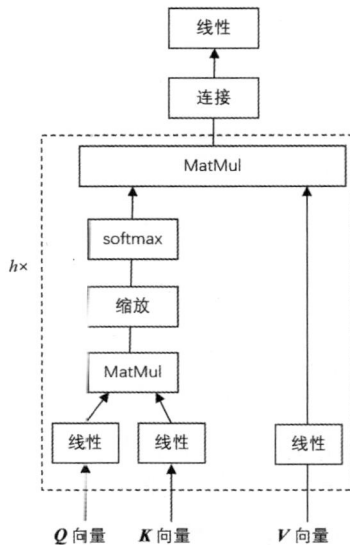

图 3-16 实现多头自注意力机制的网络结构

多头自注意力机制的实现过程如下。

① 在一个序列对应的一组 Q、K、V 向量（一组向量组合在一起，即 Q、K、V 矩阵）进入线性层后，模型会对 Q 矩阵和 K 矩阵执行矩阵点积计算，得到一个积分矩阵，这代表了每个 token 与其他 token 的关联程度。两个 token 之间的积分越高，表示它们的关联程度越大。这个过程相当于用每个 token 的 Q 向量（查询资源的便签）和其他 token 的 K 向量（资料袋上的标签）建立映射关系。此过程如图 3-17 所示，其中通过计算文本序列"How are you"的积分矩阵，演示了 token 之间的关联程度。

在图 3-17 中，token 的背景色越深，表示其与最前面 token 的关联程度越大。本例中，How 和 How、are 和 are、you 和 you 这 3 组 token 的关联程度最大；are 和 you 的关联程度次之；How 和 are 的关联程度再次之；How 和 you 的关联程度最小。

② 缩放层缩小注意力积分，具体方法是将每个积分除以 K 向量的维度 d_K 的平方根。这么做是为了保证更稳定的训练梯度，缩放积分的操作如图 3-18 所示。

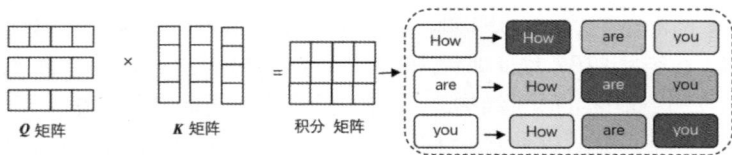

图 3-17 对 Q 矩阵和 K 矩阵执行矩阵点积计算后得到一个积分矩阵

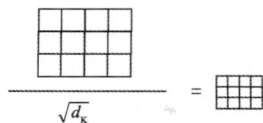

图 3-18 缩放积分的操作

③ softmax 层对经过调整后的积分矩阵执行 softmax 操作，计算的结果就是注意力权重。注意力权重指序列中每个 token 对应一个 0～1 的值。softmax()函数会强调积分高的 token，弱化积分低的 token。注意力权重的作用是提醒模型应该对哪些 token 给予更多的关注。序列中所有 token 的注意力权重之和等于 1。用 3.2.3 小节提及的资料柜的例子来类比，注意力权重代表了查询便签与每个资料袋上标签的匹配程度。

④ 将注意力权重与 V 矩阵合并，具体方法为对这两个矩阵执行点积。这个过程就好像根据查询便签与资料袋上标签的匹配程度从资料袋中取出资料，匹配程度越大，取出的资料越多。这个计算结果就是多头自注意力机制的最终输出。概括地说，多头自注意力机制根据序列中每个 token 与其他 token 的关联程度，计算每个 token 在序列中的注意力权重，然后根据注意力权重从每个 token 的 V 向量中取

< 74 >

出信息。V 向量是经过预训练学习到的 token 的含义信息。这样，多头自注意力机制就提取了文本序列中所有 token 的含义信息。h 个注意力头数会得到 h 个计算结果，代表了对文本序列的 h 种理解，它们会被连接在一起送入下一层，即全连接网络。这种细致的编码机制为解码器铺平了道路，引导它在解码时注意输入序列中重要的单词。每一层编码器都有机会探索和学习输入文本序列的不同方面，这不仅使理解多样化，而且可以显著增强 Transformer 网络的预测能力。

再回到图 3-15，其中多头注意力模块上面是全连接网络，即 ADD & NORM 层。这一层中执行归一化操作（NORM），并建立残差连接（ADD）。残差连接可以增加网络的深度，使数据的初始特征不会随网络深度的增加而丢失；归一化操作的目的是避免梯度消失。残差连接的概念将在第 4 章进行介绍。

全连接网络的输出数据会进入一个前馈神经网络，这一层由两个线性层组成。两个线性层通过 ReLU() 激活函数进行连接，其作用是对数据进行非线性变换，以增强模型的表达能力。

6. 解码器的工作原理

解码器的主要作用是生成文本序列，它拥有与编码器类似的多层结构，但是其中包含两个多头注意力模块。解码器的内部结构如图 3-19 所示。

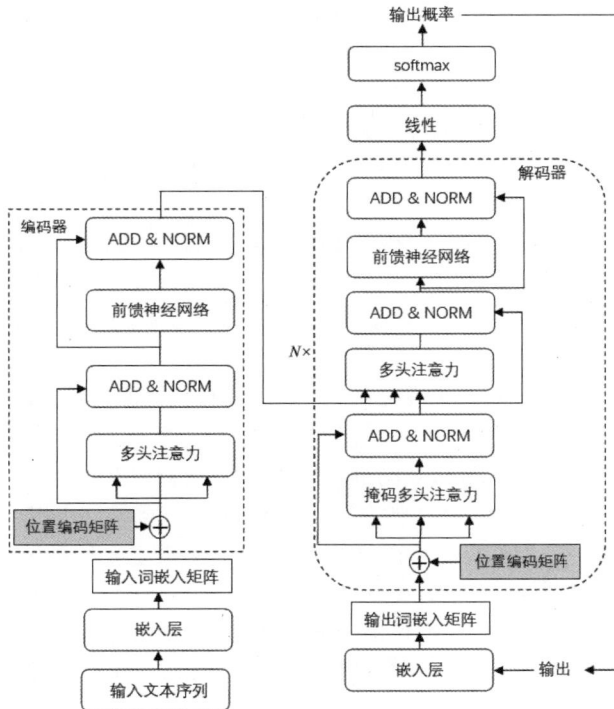

图 3-19　解码器的内部结构

解码器的这种结构，使其可以逐步解码编码信息，并最终生成输出信息。解码器和编码器是互相配合工作的，编码器的输出会进入解码器的第 2 个多头注意力模块。也就是说，解码器在生成新 token 时会利用编码器对用户输入文本序列的理解来分析用户关注的重点（即注意力积分）。对于一个新的对话，解码器的初始输入数据是开始符（<s>），每生成一个新 token，解码器都会将该 token 和之前的上下文一起再送进解码器，重复这个过程，生成下一个 token，周而复始，直至解码器生成的 token 为 <eos>（标识一个序列的结束），它才会停止工作，等待编码器的下一次输入。

解码器的工作流程如下。

< 75 >

① 解码器底部的输入数据是自己的输出数据加上之前的上下文数据。这就是为什么图 3-19 中解码器的输入数据被标识为"输出词嵌入矩阵"。数据由嵌入层进行处理，嵌入层位于解码器的底部。与编码器中一样，嵌入层的主要职责是对输入数据进行分词，得到一组 token 的词向量，然后生成输出词嵌入矩阵。

② 随后，输出词嵌入矩阵被送入位置编码层。在这一层中，模型会将输出词嵌入矩阵与其对应的位置编码矩阵相加，得到位置嵌入矩阵。位置嵌入矩阵会被送入第一个多头注意力模型，即掩码多头注意力模型。

③ 接下来数据会经过解码器堆的处理。解码器堆中包含 N 个解码器，每个解码器的内部结构相同。对解码器内部结构的相关说明如下。

- 掩码多头注意力模型：掩码多头注意力机制与编码器的自注意力机制类似。但是它们之间有一个很重要的不同之处，即掩码多头注意力机制会防止当前位置关注后续的位置，这就意味着序列中每个 token 不受未来 token 的影响。例如，在序列 "How are you" 中，当计算 are 的注意力积分时，不会考虑 you，因为 you 在 are 的后面。这种"掩码"机制保证了在预测特定位置时只依赖前面的位置。之所以使用掩码多头注意力机制，是因为解码器的职责是生成内容，而一个句子是由逐个 token 生成的。在解码器内部工作时，下一个 token 还没有生成，也就没有完整的句子。例如，把 How 送入解码器，此时整个句子只有一个 token（How），因此只能计算 How 和 How 的注意力积分，当数据走完整个解码器堆时，生成了下一个 token（are）；然后 How are 会被送入解码器，此时可以计算 How 和 How、How 和 are 的注意力积分，当数据走完整个解码器堆时，生成了下一个 token（you）；接着 How are you 会被送入解码器，此时可以计算 3 个 token 的注意力积分，当数据走完整个解码器堆时，生成了下一个 token（doing）；之后 How are you doing 会被送入解码器，此时可以计算 4 个 token 的注意力积分，当数据走完整个解码器堆时，生成了下一个 token——结束符<eos>，此时，数据不会再被送入解码器，因为这句话已经生成完了。因此，在整个解码器工作的过程中，只在最后（生成结束符之前）计算了整个句子的注意力积分。这就是掩码多头注意力机制。关于掩码多头注意力机制的细节，在第 5 章将结合 GPT-2 模型进行介绍。

- 第 2 个多头注意力模块：解码器的第 2 个多头注意力模块也称为编码器-解码器多头注意力模块或交叉注意力模块。在这一模块中，编码器和解码器组件之间存在独特的相互作用。在这里，编码器的输出同时扮演 K 向量和 V 向量的角色，而解码器的第一个多头注意力模块的输出充当 Q 向量。通过这种设置可以使解码器能够识别和强调编码器输入中相对于之前上下文最有意义的部分，并将其体现在生成的内容中。随后，第 2 个多头注意力模块的输出通过前馈神经网络进行细化，进一步增强处理功能。

- 前馈神经网络：与编码器相同，解码器也有一个前馈神经网络作为全连接层。前馈神经网络由两个线性层和一个激活函数组成，其主要作用是对数据进行非线性变换，引入更多的非线性能力，提高模型的表达能力。

- 归一化和残差连接：在掩码多头注意力模块、编码器-解码器多头注意力模块和前馈神经网络的下一层都是一个 ADD & NORM 层，这一层的主要作用是执行归一化操作和建立残差连接。与编码器中 ADD & NORM 层的作用一样，残差连接可以增加网络的深度，使数据的初始特征不会随网络深度的增加而丢失；而归一化操作的目的是避免梯度消失。

④ 线性分类和使用 softmax 层生成输出概率：数据在解码器堆中的"旅程"结束于最后一个线性层，该线性层被用作分类器，用于预测的下一个 token。这是一个非常大的分类器，其大小等于词汇表中包含的 token 数量。也就是说，预测的下一个 token 可以是词汇表中的任意一个 token。该线性层的输出数据会被送入一个 softmax 层中，该 softmax 层将其转换为一系列概率，所有概率都在 0～1，且所

< 76 >

有概率之和等于 1。这相当于计算词汇表中所有 token 是预测值的概率，概率最高值对应的 token 就是预测值。在线性层和 softmax 层中预测下一个 token 的过程如图 3-20 所示。

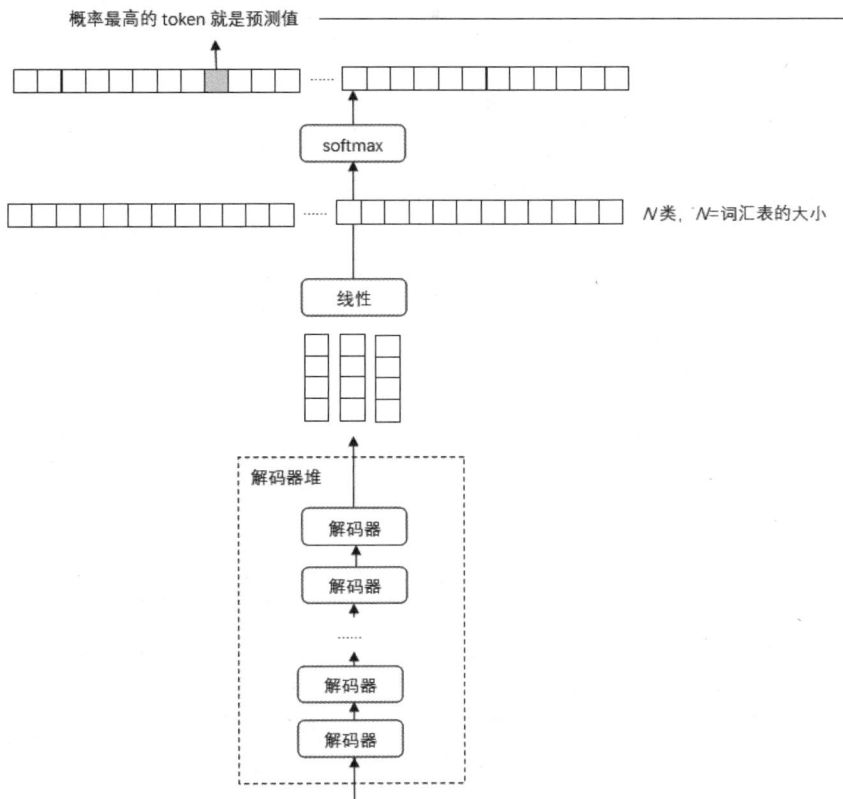

图 3-20　在线性层和 softmax 层中预测下一个 token 的过程

至此，我们已经完整地解析了 Transformer 架构中解码器的内部结构和工作原理。值得注意的是，解码器以自回归的方式运行，以开始 token（<s>）启动新的对话，然后使用先前生成的输出列表作为输入，并与编码器的输出相结合，这些输出中包含丰富的（经过多层编码器的充分理解）初始输入的注意力信息；直至生成的新 token 是<eos>，解码器会结束这一轮的工作，停下来等待新的对话。

同样需要再次强调的是，解码器与编码器一样，都不是单层结构，而是由 N 层解码器构成的解码器堆。每一层解码器都基于从编码器及其前一层接收到的输入。为了便于读者理解，本小节主要介绍单层解码器的内部结构和工作原理，但实际情况比这要复杂很多，读者也很难理解高层解码器中所处理数据的含义（已经不是初始的 token，而是经过层层提取得到的抽象信息）。正是这种多层架构使 Transformer 模型拥有超级强大的理解能力和创造能力。

7．嵌入技术

本章前面提及了词嵌入矩阵、位置嵌入矩阵等概念，嵌入是 AIGC 大模型中广泛应用的关键技术。在机器学习中，"嵌入"是指将高维数据转换到低维空间，同时保留其基本属性和关系的过程。这种转换的结果是生成一种连续的向量表示。嵌入技术可以在各种机器学习任务中有效地用于表示各种数据。词嵌入向量和词嵌入矩阵统称为词嵌入，同样，位置嵌入向量和位置嵌入矩阵可以统称为位置嵌入。

嵌入技术的关键点在于降维，即减少数据的维度数量。这种简化有助于提高计算效率和降低管理训练数据的复杂度。因此，嵌入技术对于使用大型数据集的 AIGC 大模型尤为重要。

< 77 >

降维通常意味着信息的损耗，但是嵌入技术可以保留数据点之间有意义的关系。例如，高维空间中的相似数据点将在嵌入的低维空间中保持相似的信息。嵌入技术在 NLP 中的应用是词嵌入和位置嵌入；其在 CV 中的应用是图像嵌入。图像嵌入可以表示完整的图像或者部分图像。关于图像嵌入的应用，在第 7 章中将结合图像生成大模型进行介绍。

嵌入技术的好处如下。

- 提高效率：降低数据维度可以使计算更加高效。
- 增强性能：嵌入技术可以捕获和保留数据中的底层关系，这有助于提高机器学习模型的性能，从而更快速、准确地生成有意义的预测。
- 可传递性：在预训练中学习到的嵌入可以转移到不同的任务中，不需要重复学习，从而节省时间和计算资源。例如，大语言模型在预训练阶段学习到的知识就体现在词嵌入中，这些知识可以与词嵌入一起用于各种 NLP 任务，而不需要进行大量的再训练。

3.3.5 BERT 模型

BERT 是一种由谷歌公司于 2018 年发布的开源深度学习模型。顾名思义，这是一种基于 Transformer 架构的模型。BERT 采用只有编码器的结构，省略了传统 Transformer 架构中的解码器。

1．BERT 双向模型

BERT 之所以被称为"来自 Transformer 架构的'双向'编码器表示"，是因为其处理文本的方式不同于传统语言模型。通常传统语言模型按顺序处理文本，从左到右或从右到左，这种方法将模型的感知限制在目标 token 之前的上下文中。而 BERT 使用双向方法，同时考虑文本中指定 token 的左右上下文，而不是按顺序分析文本。

在单向模型中，对句子中一个 token 的理解在很大程度上取决于前面的单词，但有时候也会造成困惑，例如，在下面的句子中有一个位置空白，模型会如何理解这个空白？

The bank is situated on the_____of the river.

这里 bank 可能有两个含义：一个是"银行"的意思；另一个是"河岸"的意思。如果从左至右地处理文本，模型就会"困惑" bank 到底是什么意思，因为空白处的单词取决于其前面文本的含义。如果同时处理左侧和右侧的上下文，模型就会有更贴切的理解，因为右侧的 river 表明 bank 更可能是"河岸"的意思。这就是双向模型的优势。

2．BERT 模型的训练方式

BERT 模型的目标是生成文本的语言表示，也就是对文本序列进行编码。因此，虽然 BERT 模型使用 Transformer 架构，但其中只有编码器，而没有解码器。token 序列被送入 Transformer 编码器中后，这些 token 首先会被嵌入向量中，然后在神经网络中进行处理。神经网络输出一系列向量，每个向量对应一个输入 token，其中包含 token 的上下文信息。

BERT 模型的训练可以分为以下两个阶段。

- 预训练阶段：基于大量未标注文本学习上下文嵌入方法。上下文嵌入方法与传统训练方法的不同之处在于：传统训练方法用词向量表示一个 token，上下文嵌入方法则分为 2 步，第 1 步将一个 token 转换为一个与上下文无关的向量，第 2 步将该向量转换成基于上下文的嵌入表示。使用上下文嵌入方法的好处是可以对上下文信息进行聚合，也就是说一个 token 的数值表示中既包含其自身的信息，也包含其上下文信息。除了 BERT 模型，GPT 等大语言模型也采用上下文嵌入方法。由于篇幅所限，这里不介绍上下文嵌入方法的具体原理。
- 基于标注数据进行微调阶段：为了使 BERT 模型适于完成各种 NLP 任务[如语义分析、分类、

< 78 >

问答、命名实体识别（NER）等]，研究者会使用针对特定任务的标注数据对模型参数进行微调。BERT 模型的统一架构使其能够以最小的修改适应各种下游任务。这种基于标注数据微调参数的方法也被 GPT 等大语言模型采用。

在预训练阶段，如何定义预测目标是一个值得研究的课题。许多 NLP 模型预测序列中的下一个单词，这是一种定向方法，可能会限制模型的上下文学习能力。BERT 模型通过以下两种创新的训练策略来解决这个问题。

- 掩码语言建模（masked language model，MLM）：在 BERT 模型的预训练过程中，每个输入序列中的一部分单词被屏蔽，模型经过训练，根据周围单词提供的上下文预测这些被屏蔽单词的原始值。
- 下一句预测（next sentence prediction，NSP）：在训练过程中，BERT 模型学习理解"句子对"之间的关系，预测第二句话是否跟随原始文档中的第一句话；训练数据中 50%的"输入对"将原始文档中的后续句子作为第二个句子，另外 50%则随机选择一个句子。这种训练方式有助于提高模型连接和断开句子的功能。通常，在大段文本进入模型之前需要做连接或断开句子的处理。

在 BERT 模型的训练过程中，上面两种训练策略被同时采用，这使 BERT 模型在理解句子内的上下文与句子之间的关系方面都具有较强的综合能力。

3．BERT 模型的体系结构

BERT 模型采用多层双向 Transformer 编码器架构，其原始版本 BERT-Base 使用了 12 个 Transformer 编码器，每个编码器中包含 12 个自注意力头；而标准 BERT 模型（BERT-Large）使用了 24 个 Transformer 编码器，每个编码器中包含 16 个自注意力头。BERT 模型还包含一个大型的前馈神经网络，BERT-Base 的前馈神经网络包含 768 个隐藏单元，BERT-Large 的前馈神经网络包含 1024 个隐藏单元。BERT-Base 包含 1.1 亿个参数，BERT-Large 包含 3.4 亿个参数。虽然与后来发布的众多大语言模型相比，BERT 模型并不算大，但是在它诞生的 2018 年，已经是非常大的语言模型了。BERT 模型的诞生是 NLP 发展过程中的里程碑事件，由此拉开了大语言模型时代的序幕，其所采用的"预训练+微调"的训练方式也被后续的大语言模型广泛采用。

首先，准备输入数据。BERT 模型将 CLS（classification，分类）作为输入数据的开头，其后面跟着一个文本序列。这里 CLS 是一个分类 token，可以理解为用于下游的分类任务。然后，输入数据被送入编码器堆。每一层编码器都应用自注意力机制，并将处理结果通过前馈神经网络传递给下一个编码器。BERT 模型输出一个隐藏大小的向量，在 BERT-Base 模型中该向量的大小为 768。如果将 BERT 模型作为文本分类器，则可以获取与 CLS 对应的输出，其中包含这段文本的分类标识。对 CLS 对应的输出向量应用前馈神经网络和 softmax()函数，即可提取其中的分类信息。图 3-21 演示了使用 BERT 模型判断一封邮件（对邮件中的文本内容进行判断）是否为垃圾邮件的方法。

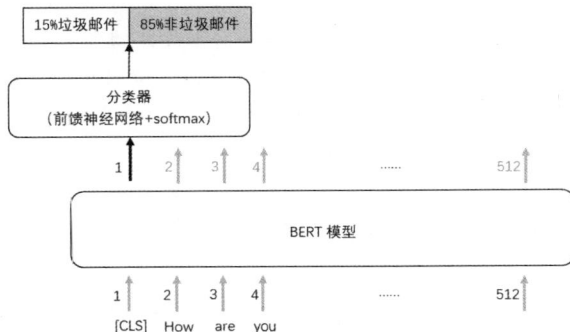

图 3-21　使用 BERT 模型判断一封邮件是否为垃圾邮件的方法

< 79 >

4. BERT 的应用

BERT 模型可以用于完成以下 NLP 任务。

- 分类任务：BERT 可用于情感分析等分类任务，此时 BERT 模型的目标是将文本分为不同的类别（正、负或中性）。正如图 3-21 所示，BERT 模型可以通过对[CLS]的 Transformer 输出应用一个分类层来完成分类任务。

- 问答任务：在问答任务中，模型需要回答与给定文本序列相关的问题，而答案就在给定的文本序列中。也就是说，模型需要在给定的文本序列中找到并标记问题对应的答案，BERT 模型可以通过微调训练来适配问答任务。在微调训练阶段，研究者会给模型提供问题和相应的段落，并为答案添加标记开始和结束的两个附加向量。在训练过程中，BERT 模型会学习预测段落中答案的开始和结束位置。

- 命名实体识别任务：在命名实体识别任务中，训练的目标是在文本序列中识别和分类实体（如人物、地域、组织、日期）。关于命名实体识别任务的概念，读者可以参照 1.4.3 小节进行理解。基于 BERT 的 NER 模型是通过将每个 token 的输出向量送入分类层来训练的，由分类层预测每个 token 的命名实体标签。

本章小结

本章介绍了大语言模型的核心技术——自然语言处理模型。为了便于初学者理解，本章从文本的数值化表示、NLP 模型、注意力机制、语料库等基础 NLP 技术入手，介绍经典的 NLP 深度学习模型的基本工作原理。

本章的目标是使读者理解基础的 NLP 概念和技术，掌握经典的 NLP 深度学习模型的工作原理，以为学习大语言模型奠定基础。

习题

一、选择题

1. （　　　）是主流深度学习模型存储和表示数据的基本单元。
    A. 张量　　　　　　　B. 数组　　　　　　C. 向量　　　　　D. 标量
2. 相似含义的词具有相似的（　　　）。
    A. 独热编码　　　　　B. 词汇表中的索引　　C. token　　　　　D. 词向量
3. 在自注意力机制中，语言模型会根据先验知识为文本序列中的每个 token 计算一组向量。用资料柜的例子来比喻：一个文本序列就是一个资料柜，文本序列中的每个 token 就是资料柜中的一个资料袋，该 token 的含义就是资料袋中的资料。为了理解这个文本序列的含义，语言模型会用每个资料袋的主题作为搜索便签，计算其与所有主题的关联度，并根据关联度从每个资料袋中取出一定比例的资料，然后通过对这些资料的分析来理解这个资料柜的内容。其中搜索便签就是（　　　），资料袋的主题就是（　　　），资料袋中的资料就是（　　　）。
    A. Q 向量　　　　　　B. K 向量　　　　　C. V 向量　　　　　D. 词向量
4. 循环神经网络，即（　　　）。它会保存网络中一些特定隐藏层的输出，之后把它们传送回来作为输入，从而预测输出，形成"循环"。
    A. RNN　　　　　　　B. LSTM　　　　　　C. Transformer　　D. BERT
5. 下列基于注意力机制的是（　　　）。
    A. RNN 模型　　　　　　　　　　　　　　B. LSTM 模型

< 80 >

　　C.　Transformer 架构　　　　　　　　　　D.　编码器–解码器架构

二、填空题

1. 张量___【1】___代表张量的布局或结构，它定义了张量中维度的数量和每个维度的大小。
2. 无论使用什么分词算法，其结果都是将句子拆分成一系列___【2】___。
3. 在 NLP 任务中，任务所使用的文本被称为___【3】___。
4. 语言模型可以分为概率语言模型和___【4】___两种类型。
5. BERT 模型的训练可以分为___【5】___和___【6】___两个阶段。

三、简答题

1. 简述什么是自注意力机制。
2. 简述编码器–解码器架构的工作原理。

课程实践

　　本章介绍了文本的数值化表示技术，这是开展 NLP 研究的基础。独热编码是最简单的文本数值化设计思路，但是其中存在大量的冗余。词向量在一定程度上实现了文本数据的压缩，而且提取了词与词之间的关联关系。但是其中并没有包含单词的全部信息，也就是说，这种压缩是有损耗的。

　　OpenAI 的核心研发人员杰克·雷（Jack Rae）在参加斯坦福机器学习系统系列讲座的访谈时，进行了一个名为 "压缩带来通用人工智能"（"Compression for AGI"）的主题分享。GPT 系列模型是如何拥有智能的？这是人们热议的话题，也是没有标准答案的问题。杰克·雷的观点在一定程度上代表了OpenAI 官方的观点，其核心观点可以概括为以下两点。

　　（1）压缩即智能。

　　（2）GPT 是对数据的无损压缩。

　　请调研 "Compression for AGI" 的内容，并思考为什么说 "压缩即智能"，以及什么是数据的无损压缩。这些问题被认为是 AI 系统的本质，也是 NLP 研究的核心问题。

< 81 >

第 **4** 章 计算机视觉经典模型

CV 是 AIGC 的又一个重要研究方向，是图像生成大模型和视频生成大模型所使用的基础技术，在各种多模态大模型中也被广泛应用。为了使读者能够深入理解图像生成大模型和视频生成大模型的工作原理，本章将介绍 CV 技术基础知识和经典的 CV 模型。

本章学习目标
（1）了解 CV 技术的发展历程。
（2）了解 CV 技术的应用现状。
（3）掌握基础的 CV 技术。
（4）了解经典 CV 模型的工作原理。

4.1 CV 技术的发展历程和应用现状

自 20 世纪 50 年代以来，世界各地的计算机科学家一直致力于研究机器从视觉数据中提取意义的方法。2012 年，AlexNet 在 ImageNet 大规模视觉识别比赛（ImageNet Large Scale Visual Recognition Challenge，ILSVRC）夺冠，这标志着 CV 技术取得关键突破，自此 CV 技术进入爆发式发展阶段。本节将介绍 CV 技术的发展历程和应用现状。

4.1.1 CV 技术的发展历程

1. 奠基

最早的在 CV 领域颇具影响力的论文是"猫的纹状皮层中单个神经元的感受野"（"Receptive Fields of Single Neurons in the Cat's Striate Cortex"），但这并非出自计算机科学家之手，而是由两位神经生理学家戴维·H. 休伯尔（David H. Hubel）和托斯登·威塞尔（Torsten Wiesel）于 1959 年发表的。这篇论文论述了视觉皮层神经元的核心反应特性，以及猫的视觉体验如何塑造其皮层结构。

戴维·H. 休伯尔和托斯登·威塞尔进行了一些复杂的实验，他们将电极放置在被麻醉的猫的大脑初级视觉皮层区域，观察该区域的神经元活动，同时向猫展示各种图像。他们最初的尝试没有取得任何收获，猫的神经元没有对任何东西做出反应。在经过几个月的研究后，他们意外地注意到一个现象：当他们将新的幻灯片滑入投影仪时，一个神经元被激活了。经过分析，他们意识到，让神经元兴奋的是载玻片锋利边缘的阴影所形成的线的运动。

研究者通过实验确定：初级视觉皮层中有简单的神经元，也有复杂的神经元，视觉处理总是从简单的神经元开始，然后过渡到复杂的神经元。这给计算机科学家带来了启发，因为这种由多层神经元逐层处理数据的方式正是深度神经网络的核心思想。

1959 年，数字图像扫描仪的发明也为 CV 技术的发展提供了便利，这种设备可以将图像转换为数字网格。从那时起，图像成为计算机可以读取和生成的数据。

1963 年，劳伦斯·罗伯茨（Lawrence Roberts）发表了论文"三维实体的机器感知"（"Machine Perception of Three-Dimensional Solids"），这被认为是现代 CV 技术的开端。论文中描述了从二维照片中获取固态物体三维信息的过程，并基本上将视觉世界简化为简单的几何形状。论文中开发了一个计算机程序，该程序的目标是将二维照片处理成线条图，然后根据这些线条图构建三维表示，最后显示物体的三维结构，并删除所有隐藏的线条。论文中还论述了从二维图像到三维图像的构建过程，以及从三维图像到二维图像的显示过程，这为 3D CAD（computer aided design，计算机辅助设计）系统的研究奠定了基础。不过，劳伦斯·罗伯茨并未在 CV 领域继续他的研究，他随后参与了 DARPA 项目，成为互联网的早期发明者之一。

2．诞生

20 世纪 60 年代，AI 作为一门新兴学科引发了人们浓厚的兴趣，一些乐观的研究者认为在 25 年内可以发明拥有人类智能的机器人。美国麻省理工学院的西蒙·派珀特（Seymour Papert）教授启动了夏季视觉项目，他希望在几个月内解决机器视觉问题。他认为麻省理工学院的一部分学生就有能力在一个夏季的时间内开发出机器视觉系统的重要组成部分。这个项目并未成功，但是这标志着 CV 作为一个科学领域正式诞生了。

3．构建理论体系

20 世纪 70 年代，麻省理工学院正式开设计算机视觉课程。1977 年，麻省理工学院的大卫·马尔（David Marr）教授提出了计算机视觉理论；1982 年，他又发表了颇具影响力的论文"对人类如何表示和处理视觉信息的计算研究"（"A Computational Investigation into the Human Representation and Processing of Visual Information"），同年，他的专著《视觉》出版，这使 CV 有了明确的理论体系，促进了 CV 技术的发展。

4．从理论到应用

1979 年，首个卷积神经网络诞生了。日本的计算机科学家福岛邦彦开发了一种用于模式识别的神经网络模型——Neocognitron（新认知机），这是卷积神经网络（CNN）的第一个实现网络。CNN 是 CV 领域的核心技术，广泛应用于图像识别、视频分析等 CV 任务，为 CV 技术从理论到应用的发展奠定了基础。科学家杨立昆于 1988 年构建了第一个实用卷积神经网络模型 LeNet，用于实现字母识别任务，比如识别手写数字。虽然名字看起来像中国人，但实际上杨立昆是法国人。

5．以图像识别为重点的阶段

1997 年，伯克利大学的吉滕德拉·马利克（Jitendra Malik）教授和他的一位学生联合发表了一篇论文，其中描述了他们试图解决感知分组的问题。他们使用图论算法将图像分割成可感知的部分（自动确定图像上的哪些像素属于一组，并将物体与其周围环境区分开来）。他们的研究并未取得关键性进展，在此后的一段时间内，感知分组仍然是 CV 领域的难题。不过从那时起，CV 研究的焦点逐渐转移到图像识别任务上。

1999 年左右，许多研究者不再研究通过创建物体的 3D 模型来重建物体（大卫·马尔教授提出的研究路径），而是将精力转向基于特征的物体识别。

2001 年，毕业于麻省理工学院的保罗·维奥拉（Paul Viola）和迈克尔·琼斯（Michael Jones）推出了第一个实时人脸检测框架，这是一个由几个弱分类器构建而成的强二元分类器。为了找到感兴趣的对象（人脸），该模型将输入图像划分为矩形块，并将它们全部提交给级联的弱检测器。如果一个矩形块通过了级联的每个阶段，则将其归类为阳性，否则算法会立即将其过滤掉。这个过程在不同的尺

< 83 >

度上重复了很多次。这种方法被命名为 Viola-Jones 算法，并沿用至今。几年后，富士通公司发布了一款具有实时人脸检测功能的相机，该功能依赖于 Viola-Jones 算法。

2006 年，Pascal VOC 项目启动，该项目提供了一个用于对象分类的标准化数据集和一组用于访问该数据集的工具。其创始人还在 2006—2012 年期间举办了年度竞赛，评估不同对象识别方法的性能。

2009 年，佩德罗·费尔岑斯瓦尔德（Pedro Felzenszwalb）、大卫·麦卡利斯特（David McAllester）和德瓦·拉马南（Deva Ramanan）开发了一个重要的基于特征的模型：可变形部件模型（deformable parts model，DPM）。DPM 模型使用边界框定位对象，在对象检测任务中拥有出色的性能，被广泛应用于通用目标检测领域。

6．从深度学习到图像生成大模型

2007 年，美国斯坦福大学的李飞飞教授带领团队创建了 ImageNet。自 2010 年起，李飞飞教授组织了 CV 领域最重要的比赛 ILSVRC，该比赛旨在推动图像识别技术的发展，参赛者需要开发算法对图像进行分类、定位和检测。很多优秀的深度学习模型通过 ILSVRC 脱颖而出。

在 2012 年之前，图像识别技术的进展相对缓慢，传统的机器学习方法在 ImageNet 数据集上的表现并不理想。然而，2012 年 AlexNet 模型诞生了，并成为当年 ILSVRC 的冠军。AlexNet 是一种经典的卷积神经网络，并首次使用 GPU 训练模型。它把深度学习模型在比赛中的正确率提升到一个前所未有的高度。因此，它的出现对深度学习发展具有里程碑式的意义。2014 年，ILSVRC 的冠军为 GoogleNet，亚军为 VggNet；2015 年，ILSVRC 的冠军为 ResNet。2016 年，ILSVRC 见证了我国国产模型的成功，商汤科技和香港中文大学联合研发的 CUImage 模型荣获目标检测第一名，公安部三所研发的 Trimps-Soushen 模型荣获目标定位第一名，商汤科技和香港中文大学联合研发的 CUvideo 荣获视频中物体检测子项目第一名，南京信息工程大学研发的 NUIST 模型荣获视频中物体探测两个子项目第一名，海康威视研发的 HikVision 模型荣获场景分类第一名，商汤科技和香港中文大学联合研发的 SenseCUSceneParsing 模型荣获场景分析第一名。ImageNet 是计算机视觉发展的重要推动者和深度学习热潮的关键推动者。

也许是历史的巧合，ILSVRC 于 2017 年正式结束。2018 年，第一个大语言模型 BERT 诞生了，AIGC 时代悄然到来。生成模型和大模型技术的迅猛发展使 CV 研究的焦点逐渐转移到图像生成大模型上。图像生成大模型可以追溯到 2014 年发布的 GAN 模型，GAN 模型诞生后引起了广泛的关注，并成为很多 AI 绘画模型的基础框架。但是，GAN 模型在进行 AI 绘画时也存在比较明显的缺陷，具体如下。

- GAN 模型对输出结果的控制力很弱，容易产生随机图像，而图像生成大模型的输出应该是稳定的。
- GAN 模型生成图像的分辨率比较低。
- GAN 模型的基本架构决定了它生成的图像只能是对现有作品的模仿，而缺乏创新。因此，它不适用于根据文本提示生成图像的应用场景。

在 GAN 模型面临困局之际，新技术诞生了。2021 年 1 月，OpenAI 开源了新的深度学习模型 CLIP，这是现阶段最先进的图像分类模型，它基于海量标注好的"文字-图像"训练数据进行训练，学习图像和文字提示的对应程度。CLIP 模型的开源极大地促进了基于文本生成图像（简称文生图）的 AI 绘画模型的发展。随着自回归模型和扩散模型的发展，2022 年涌现出一批图像生成大模型，包括 MidJourney、Stable Diffusion、DALL-E 和 DALL-E 2 等，第 7 章将介绍主流图像生成大模型的工作原理。

4.1.2　CV 技术的应用现状

经过多年的发展，CV 技术在很多行业都有比较成熟的应用，具体如下。

- 石油和天然气勘探：石油和天然气公司每天可以生产数百万桶石油和大量天然气，但要做到这一点，首先需要地质学家通过勘探找到适合开采石油和天然气的地点。为了找到这些位置，他们必

< 84 >

须对在不同位置拍摄的数千张图像进行分析。如果都采用人工分析的方法，则会耗费大量的时间才可能找到最佳位置，也许是几个月，甚至一年；但如果借助 CV 技术，则分析时间可以缩短到几天，甚至几小时，地质学家只需要将拍摄的图像送入预训练模型中，模型就会自动完成工作。

- 面试和简历筛选：很多大企业每天都需要处理大量的应聘简历。在人事招聘过程中，招聘人员可以借助 CV 技术筛选简历，这样不仅可以节省大量时间，还提高了招聘效率，同时也有助于消除偏见，使招聘过程更加公平。

- 视频监控：现实生活中公共场所有很多视频监控设备，这些设备无时无刻不在产生海量的视频数据。这些视频数据给社会管理带来了很多便利。但是，在实际应用中，如果要从海量的视频数据中找到需要的片段，则是很费时的事情。视频标记技术可根据每个场景中出现的对象用关键字标记视频。例如，假设警方希望在时长为数小时的监控录像中寻找一辆蓝色面包车里的嫌疑人，如果通过人力查找，可能需要耗费数小时观看整个监控录像，而如果借助 CV 技术，则只需要将监控录像送入模型即可等待模型的处理结果了。

- 建筑维护：很多建筑物都需要定期进行维护，比如需要定期检查电塔的锈蚀程度和其他结构缺陷。传统的维护方式是：由维护人员手动爬上电塔查看每一个角落。这是极其耗时和危险的，而且人工成本很高。电塔附近有很多电线，用无人机进行检查也不是很安全。在这种情况下，应该如何应用 CV 技术呢？答案是：可以在地面上从不同角度拍摄高分辨率图像，然后由计算机视觉专家创建一个自定义分类器，并通过它来检测电塔存在的结构缺陷和锈蚀程度。

- 医疗诊断：医疗行业每天都会产生大量的医疗图像，医生可以借助 CV 技术基于这些医疗图像来诊断疾病。这样会大大提高医生的工作效率，并给患者就医提供便利。

- 农业：很多现代的农耕设备已经开始以各种形式使用 CV 技术，如智能拖拉机和无人机，这些设备有助于高效、轻松地监控和维护耕地，提高农作物的产量和质量。

- 军事：现代军队可以借助 CV 技术探测敌情，还可以借助 CV 技术增强导弹系统的瞄准功能。无人机和遥控半自动车辆等装备也是 CV 技术在军事领域的典型应用。

- 工业：在制造业的生产线上，CV 技术可以被用于自动检查和识别缺陷产品。

- 自动驾驶：2024 年 7 月 1 日，工业和信息化部、公安部、自然资源部、住房和城乡建设部、交通运输部联合公布智能网联汽车"车路云一体化"应用试点城市名单，北京、上海、重庆、鄂尔多斯、沈阳、长春、南京、苏州、无锡、杭州-桐乡-德清联合体、合肥、福州、济南、武汉、十堰、长沙、广州、深圳、海口-三亚-琼海联合体、成都上榜。这标志着自动驾驶技术在国内已经进入实用阶段，也可以说是 CV 技术落地应用的最好案例。自动驾驶 AI 可通过分析安装在车辆上的摄像头拍摄的数据，自动寻找车道、检测障碍物并识别交通标识和信号。

本小节没有介绍图像生成大模型的应用情况，因为这还是发展中的技术，虽然它表现出了令人赞叹的效果，但离实际应用还有一定的距离。

4.2 CV 技术基础

图像生成大模型和视频生成大模型都是基于 CV 技术的。为了便于读者理解图像生成大模型和视频生成大模型的工作原理，本节将介绍 CV 技术的一些基础知识。

CV 技术旨在从视觉输入中提取有意义的信息，并理解视觉世界。CV 任务主要包括图像分类、目标检测、图像分割、超分辨率、关键点识别等。图像生成大模型虽然属于 CV 技术的一个子领域，但它专注于通过算法生成全新的、之前不存在的图像，这扩展了 CV 技术的应用范围，使其不仅能够处理和分析现有图像，还能够创造新的视觉内容。

< 85 >

4.2.1 图像的表现形式

让计算机能够识别图像和生成图像的前提是，将图像转换为计算机能够读取和处理的形式，也就是数字图像。一般可以通过数码相机或扫描仪将现实世界中的图像导入计算机中。

1. 数字图像

我们可以使用一个二维函数 $f(x,y)$ 来定义一个数字图像，其中 x 和 y 是空间坐标，f 代表坐标点 (x,y) 处的颜色。在黑白图像中，使用灰度来表示颜色；在彩色图像中，通常使用 RGB 三原色来表示颜色值，例如，(255,0,0) 表示红色，(0,255,0) 表示绿色，(0,0,255) 表示蓝色，(255,255,0) 表示黄色。灰度值是 R、G、B 这 3 个值都相同的颜色值。

通过坐标、灰度值、颜色值的形式可以用数字表现图像，这种图像就是数字图像。

2. 像素

像素是数字图像的最小单元，它是一个非常小的孤立点。每个像素都对应一种颜色。很多像素组合在一起构成数字图像，也可以用于创建各种颜色和形状的马赛克效果。智能手机、计算机、电视等数字设备的屏幕也由像素构成，并通过像素显示视觉内容。

图像中的每个像素都由其坐标标记，其还包含颜色、亮度、透明度等信息。下面是一组与像素有关的概念。

- 分辨率：指数字图像或显示设备中包含的像素数量。通常用图像的宽度和高度尺寸来计算其分辨率。分辨率越高，图像越精细。例如，一个分辨率为 1920 像素 × 1080 像素的屏幕，其水平方向有 1920 个像素，垂直方向有 1080 个像素。
- 像素密度：指单位面积内所包含的像素数量，通常用 PPI（pixels per inch，每英寸像素数）或 PPCM（pixels per centimeter，每厘米像素数）来表示。像素密度与分辨率的关系是：当分辨率不变时，屏幕尺寸越小，像素密度越大；当屏幕尺寸不变时，分辨率越高，像素密度越大。
- 宽高比：指图像的宽度和高度之比。常见的宽高比有 4∶3、16∶9 和 1∶1。不同的设备和介质可以有特殊的尺寸规则，宽高比会影响图像的显示或拍摄方式。
- 色彩深度：指在位图或视频帧缓冲区中存储 1 个像素的颜色数据所占用的位数，也称为位/像素。

3. 图像的类型

图像分为光栅图像和矢量图像两种类型。光栅图像也叫作位图、点阵图、像素图，也就是最小单元由像素构成的图像，它只有点的信息，被缩放时会失真。每个像素有自己的颜色，将其放大后图像会失真。矢量图像也称为面向对象的图像或绘图图像，在数学上定义为一系列由点连接的线。矢量文件中的图像元素称为对象。每个对象都是一个自成一体的实体，它具有颜色、形状、轮廓、大小和屏幕位置等属性。矢量图像与分辨率无关，被放大后图像不会失真。大部分 CV 模型只处理光栅图像。光栅图像可以分为如下类型。

- 二值图像：顾名思义，二值图像只包含两种像素元素，即 0 和 1，其中 0 表示黑色，1 表示白色。二值图像也称为单色图像或黑白图像。
- 灰度图像：指以灰度值表示颜色的图像。灰度图像也称为 8 位彩色格式，其支持 256 种颜色，0 代表黑色，255 代表白色，1～254 分别代表不同深浅的灰度值。灰度图像与二值图像不同，黑白图像只有黑、白两种颜色，而灰度图像在黑色与白色之间还有许多级的颜色深度。
- 16 位彩色位图：指图像中一个像素的颜色值由 16 位数据构成，即两字节 16 位彩色位图支持 65536（2^{16}）种颜色。16 位彩色格式实际上又分为红色、绿色、蓝色 3 个分量，也就是 RGB 格式。16 位彩色位图通常存储为 BMP 文件。
- 24 位真彩色位图：图像中每个像素由红色（R）、绿色（G）和蓝色（B）3 个分量组成，每个分

< 86 >

量占用 8 位，共 24 位。这种格式支持 1670 万种颜色，从而使图像更加真实和细腻。24 位真彩色位图通常存储为 JPG 或 JPEG 文件。

- 32 位增强型真彩色位图：与 24 位真彩色位图相比，32 位增强型真彩色位图增加了 8 位的透明度通道。因此，这种格式也称为 RGBA 格式，其中包含 R（red，红色）、G（green，绿色）、B（blue，蓝色）、A（alpha，透明度）4 个通道。32 位增强型真彩色位图通常存储为 PNG 或 BMP 文件。

4. 使用张量表现图像

数字图像由像素的行和列组成，因此在机器学习中通常使用矩阵表现图像，具体形式如下：

$$f(x, y) = \begin{pmatrix} f(0,0) & f(0,1) & f(0,2) & \cdots & f(0, N-1) \\ f(1,0) & f(1,1) & f(1,2) & \cdots & f(1, N-1) \\ \vdots & \vdots & \vdots & \vdots & \vdots \\ f(M-1,0) & f(M-1,1) & f(M-1,2) & \cdots & f(M-1, N-1) \end{pmatrix}$$

这个矩阵的每个元素都称为图像元素或像素。在深度学习框架中，以张量来表现图像数据。例如，为了便于演示，我们将数字 8 的图像划分为 5×6 的网格，实际应用中要大得多。空白像素用 0 表示，有图像值的像素用 1 表示，于是得到一个二维张量，其元素是 0 或 1，如图 4-1 所示。

这是最简单的情况，因为没有考虑图像的颜色。通常使用 RGB 三原色来表示像素的颜色值，这样就得到了一个三维张量，如图 4-2 所示。图 4-2 中叠在一起的 3 张图像分别表示红色值、绿色值和蓝色值的图像。

图 4-1　将数字 8 的图像表现为一个二维张量

图 4-2　使用 RGB 三原色来表示像素的颜色值时得到三维张量

4.2.2　数字图像处理

在机器学习模型的训练流程中，数据处理是重要环节。对于 CV 模型，训练数据就是数字图像。本小节介绍数字图像的处理方法。

数字图像处理简称为图像处理，它是一种利用计算机算法提高图像质量或从图像中提取有用信息的方法。

图像处理可能涉及以下环节。

- 图像采集：训练机器学习模型可以使用已有的图像数据集，如 MNIST、CIFAR-10、CIFAR-100、CelebA 和 COCO 等。如果已有数据集不能满足训练的要求，也可以使用数码相机、扫描仪等设备获取新的数字图像，或者使用网络中的免费图像资源。
- 图像增强：指提高图像的视觉质量，如增加对比度、降低噪声和消除伪影。伪影通常存在于扫描图像或 CT 图像中，指原本物体并不存在而在图像上却出现的各种形态的影像。
- 图像复原：指消除图像的退化，如模糊、噪声和失真，恢复图像的本来面目。
- 图像分割：指将图像划分为不同的区域或片段，每个区域或片段对应于图像的特定对象或特征。
- 图像表示和描述：指以计算机可以分析和操纵的方式表示图像，并以简洁而有意义的方式描述图像的特征。
- 图像合成：指通过计算机生成新的图像，而不是从现实世界中直接拍摄图像。这种技术可以用于创建虚拟物体、人物、背景等。

< 87 >

- 图像压缩：指压缩现有图像以满足存储和传输的要求。

图像处理中包含的操作很多，为了使读者能够直观地理解图像处理的效果，下面通过一段 Python 程序演示增加图像对比度和实现图像裁剪的效果。这段 Python 程序的文件名为 image_process.py。由于需要通过跨平台的计算机视觉库 OpenCV 对提前准备好的图像 robot.jpg 进行处理，因此需要执行以下命令安装适用于 Python 语言的 OpenCV 库。

```
python -m pip install --upgrade pip
pip install opencv-python
```

安装成功后执行以下命令，可以查看 OpenCV 库的版本信息。

```
pip show opencv-python
```

image_process.py 的代码如下。

```
import cv2
#读取图像
image = cv2.imread('robot.jpg')
#调整亮度
image = cv2.addWeighted(image, 1.5, image, 0, 0)
#裁剪图像
image = image[0:400, 0:400]
#显示图像
cv2.imshow('Processed Image', image)
cv2.waitKey(0)
cv2.destroyAllWindows()
```

程序中使用 cv2.addWeighted() 函数来增加图像的亮度。cv2.addWeighted() 是 OpenCV 库中的一个函数，用于计算两个图像的加权和，其语法格式如下。

```
cv2.addWeighted(src1, alpha, src2, beta, gamma[, dst[, dtype]])
```

参数说明如下。

- src1：第一个源图像。
- alpha：第一个源图像的权重。
- src2：第二个源图像。
- beta：第二个源图像的权重。
- gamma：添加到结果图像的标量项。
- dst：输出图像（可选）。
- dtype：输出图像的深度（可选）。图像深度指像素深度中实际用于存储图像的灰度或色彩所需要的比特位数，0 表示 CV_8U，即 8 位无符号整数。

本例中调用 cv2.imread() 函数将图像文件 robot.jpg 读取到 image 数组中，然后调用 cv2.addWeighted() 函数将 image 数组与自身相加，第一个源图像的权重为 1.5，第二个源图像的权重为 0，这样可以增加图像的亮度。如果要减小图像的亮度，则可以将 1.5 修改为小于 1 的值，比如 0.8。

image 是一个数组，上面程序还在水平和垂直维度上分别截取了数组的 0～400 个元素，从而达到了图像裁剪的效果。

本例中 robot.jpg 和 image_process.py 位于同一个目录下。在命令窗口中，切换到该目录下，执行以下命令运行程序。

< 88 >

```
python image_process.py
```

程序会打开窗口，显示处理后的图像，如图 4-3 所示。原图像 robot.jpg 如图 4-4 所示。可以看到，处理后的图像只截取了原图像的左上角，而且亮度也增加了。

本例演示了通用的图像处理方法。各个深度学习框架都提供了专门的图像处理函数（算子），比如图像裁剪、翻转、缩放和反相等，从而使深度学习模型在训练过程中可以方便地对图像数据进行预处理。有兴趣的读者可以查阅相关资料进行了解。

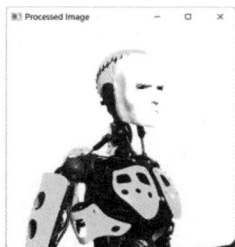

图 4-3　image_process.py 的运行窗口

图 4-4　原图像 robot.jpg

4.3　经典 CV 模型

ImageNet 的诞生促进了 CV 深度学习模型的发展，大量优秀的 CV 模型借助 ILSVRC 脱颖而出。CV 技术的蓬勃发展也为图像生成大模型的诞生奠定了基础。本节介绍经典的 CV 模型。

4.3.1　CNN 模型

现代计算机视觉算法是基于 CNN 的，与传统的图像处理算法相比，其性能有了显著提高。CNN 是一种具有多层架构的前馈神经网络，通常用于对图像进行分析。目前，CNN 已经广泛应用于各种图像分类和图像识别的场景，其中比较经典的应用有以下 3 个。

- 人脸识别。
- 自动驾驶中的物体检测。
- 利用医疗图像进行疾病检测。

1．利用 CNN 模型识别图像中对象的流程

下面通过一个小例子介绍 CNN 模型的工作流程。假设有一张狗的图像，现用 CNN 模型来识别图像中的对象是狗还是其他动物，工作流程如下。

（1）加载图像的像素数据并将其传送至 CNN 模型的输入层。

（2）在多个隐藏层中通过不同的计算和操作进行特征提取，隐藏层通常包括卷积层、ReLU 层和池化层等。不同的 CNN 模型包含的隐藏层也各不相同。

（3）最终通过一个全连接层来识别图像中的对象。

利用 CNN 模型识别图片中物体的流程如图 4-5 所示。

2．使用卷积运算提取图像的特征

CNN 之所以被称为卷积神经网络，是因为它使用卷积核（convolution kernel）在图像上移动，并做卷积运算，以提取图像的局部特征。用户可以设置移动的步幅（stride），通常设置为 1。

卷积核又称为过滤器（filter）或滤波器，是一个二维数组。该二维数组的行数和列数相等，通常

< 89 >

为奇数。数组元素是一组权重值。

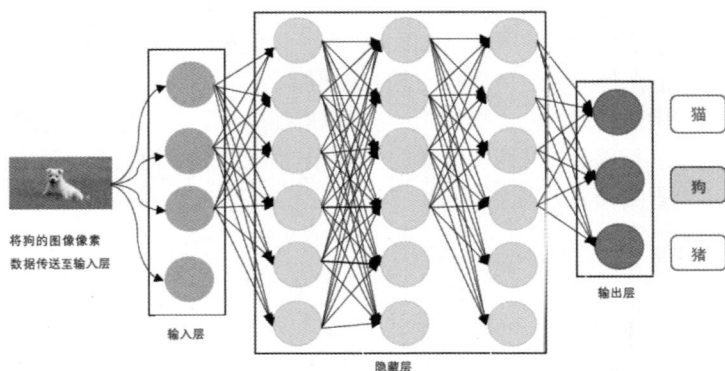

图 4-5　利用 CNN 模型识别图像中对象的流程

　　CNN 模型会将卷积核从原图的左上角开始，从左至右、从上至下地依次与原图重叠。原图上与卷积核重叠的部分称为"感受野"（receptive field）。感受野上的元素依次与卷积核上对应位置元素相乘，然后累加，这就是卷积运算。由卷积运算得到的数值作为像素值构成一个特征图（feature map）。

　　下面通过一个实例演示卷积运算的过程。假定有一个尺寸为 5 像素×5 像素的原图，其对应的张量如下：

$$\begin{pmatrix} 4 & 2 & 0 & 4 & 6 \\ 9 & 5 & 8 & 4 & 0 \\ 4 & 6 & 8 & 5 & 6 \\ 2 & 4 & 6 & 2 & 0 \\ 0 & 8 & 8 & 4 & 8 \end{pmatrix}。$$

取卷积核大小为 3×3，其对应的张量如下：

$$\begin{pmatrix} -1 & 0 & 1 \\ -1 & 0 & 1 \\ -1 & 0 & 1 \end{pmatrix}。$$

　　特征图在原图上的一个感受野大小也为 3 像素×3 像素。在原图上移动卷积核，并对感受野与卷积核做卷积运算，可得到特征图上的一个像素值。第 1 步卷积运算的运算过程如图 4-6 所示，第 2 步卷积运算的运算过程如图 4-7 所示。

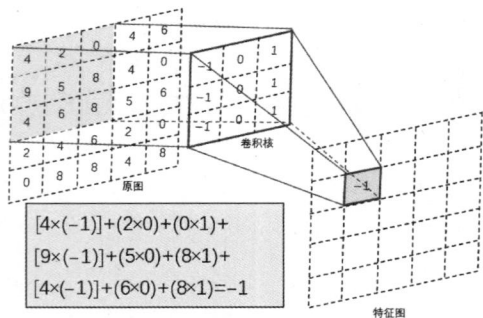

图 4-6　第 1 步卷积运算的运算过程

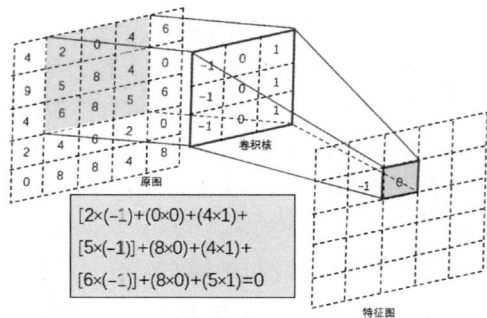

图 4-7　第 2 步卷积运算的运算过程

　　第 3 步卷积运算的运算过程如图 4-8 所示，第 4 步卷积运算的运算过程如图 4-9 所示。

< 90 >

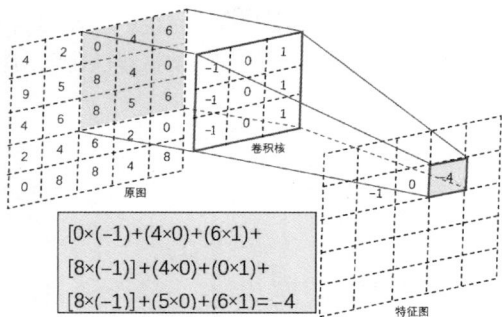

图 4-8　第 3 步卷积运算的运算过程

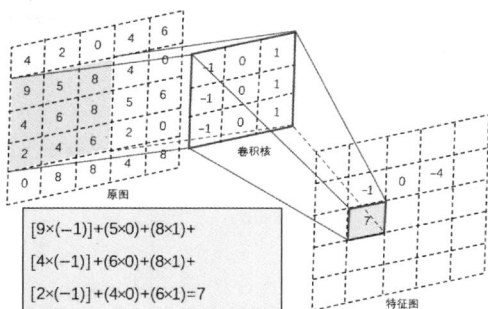

图 4-9　第 4 步卷积运算的运算过程

第 5 步卷积运算的运算过程如图 4-10 所示，第 6 步卷积运算的运算过程如图 4-11 所示，

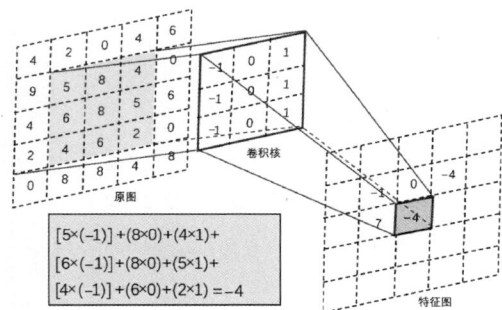

图 4-10　第 5 步卷积运算的运算过程

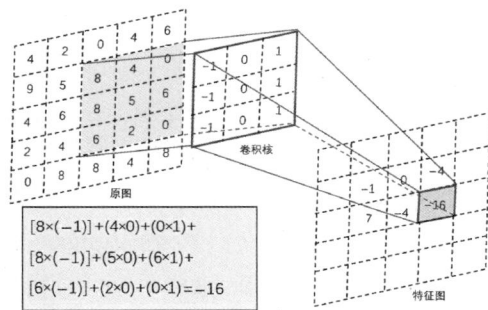

图 4-11　第 6 步卷积运算的运算过程

第 7 步卷积运算的运算过程如图 4-12 所示，第 8 步卷积运算的运算过程如图 4-13 所示，第 9 步卷积运算的运算过程如图 4-14 所示。

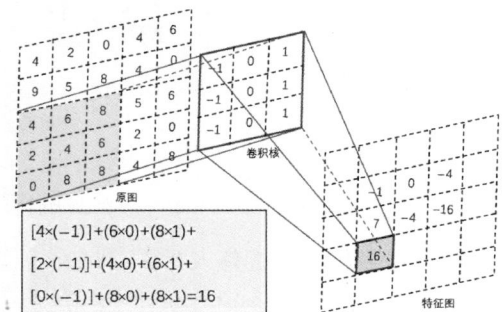

图 4-12　第 7 步卷积运算的运算过程

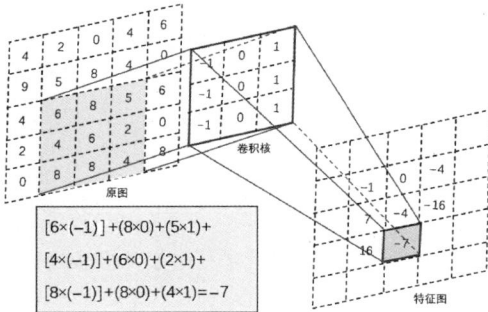

图 4-13　第 8 步卷积运算的运算过程

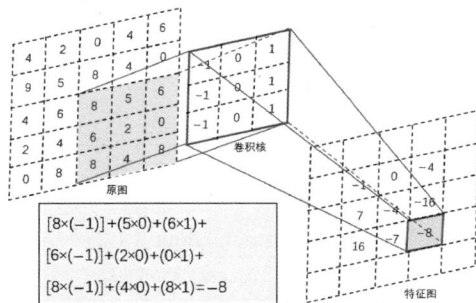

图 4-14　第 9 步卷积运算的运算过程

< 91 >

在实际应用中，卷积核是三维的，还要加上一个通道（即颜色）的维度。也就是说，上面实例中的卷积核在实际应用中应该是 3×3×3 的三维数组。还可以应用多个卷积核，卷积核的数量决定输出特征图的通道数，如图 4-15 所示。

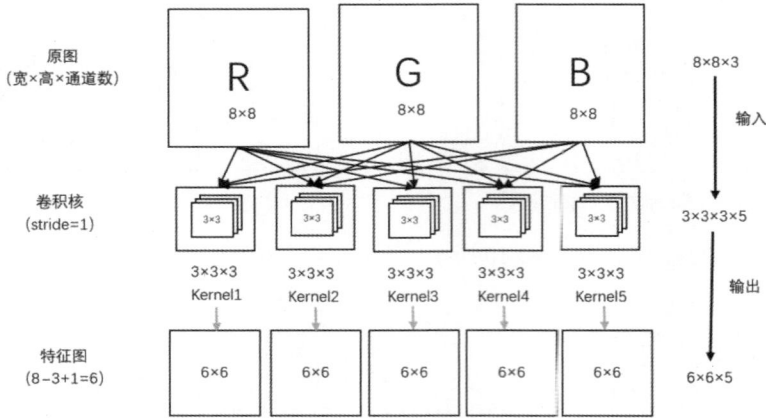

图 4-15　实际应用中的卷积运算

前面演示的是标准的卷积运算。在 CNN 模型中，一个神经元中执行卷积运算的公式如下：

$$输出 = sigmod\left(\sum(卷积) + 偏移量\right)。$$

其中，sigmod() 是一种激活函数。

3. 卷积过程中的图像填充

通过前面介绍的实例可以看出，经过卷积运算后，得到的特征图相比原图缩小了。而且 CNN 模型中往往不止一个卷积层，所以特征图会越来越小，这不是预期的效果。为了解决这个问题，可以在原图的周边填充空白。一个 8 像素×8 像素的图像经过填充后，尺寸变成了 10 像素×10 像素，如图 4-16 所示。再经过 3×3 的卷积核进行卷积运算，得到的特征图的尺寸还是 8 像素×8 像素。

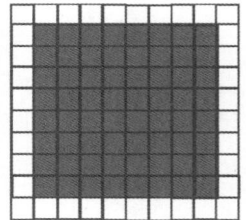

图 4-16　卷积过程中的图像填充

4. 卷积核移动的步幅

在 CNN 模型中，卷积核在图像上移动的步幅是可以设置的，默认情况下，stride=1。stride 的作用是成倍地缩小特征图的尺寸。比如，当步幅为 2 时，输出特征图的尺寸大约是输入图像尺寸的 $\frac{1}{2}$；当步幅为 3 时，输出特征图的尺寸大约是输入图像尺寸的 $\frac{1}{3}$。之所以说大约，是因为这种说法并不严谨。特征图的尺寸除了与步幅有关，还与图像填充有关。假定输入图像的尺寸为 input_width × input_height，卷积核的尺寸为 $w \times h$，步幅（stride）为 s，图像填充（padding）为 p，则输出特征图的宽度 output_width 的计算方法如下：

$$output\_width = \frac{input\_width + 2p - w}{s + 1}。$$

输出特征图的高度 output_height 的计算公式如下：

$$output\_height = \frac{input\_height + 2p - h}{s + 1}。$$

因此，上面实例中特征图的宽和高的计算公式如下：

< 92 >

$$宽或高=\frac{8+2\times0-3}{1}+1=5+1=6。$$

这与实例中演示的情况是一致的。

5. CNN 模型中的隐藏层

CNN 模型中包含多个隐藏层，这样有助于从图像中提取特征信息。比较重要的隐藏层包括卷积层、ReLU 层、池化层、扁平化层和全连接层。

（1）卷积层

从图像中提取有价值的特征信息的第 1 层就是卷积层。CNN 模型中不止一个卷积层，第一个卷积层的输入是原图，后面卷积层的输入是上一个卷积层输出的特征图。

（2）ReLU 层

经过卷积层提取特征图之后，需要将特征图传送至 ReLU 层进行处理。ReLU 层对特征图中的每个元素依次处理，将负值转换为 0，从而给网络引入非线性特征。ReLU 层的输出被称为修正特征图。

例如，一张小猫的图像经过一个卷积层和一个 ReLU 层处理后的效果如图 4-17 所示。

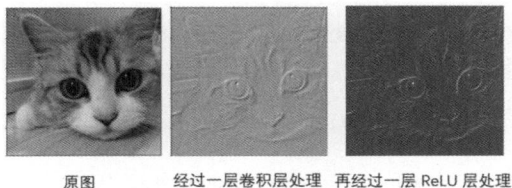

原图　　　经过一层卷积层处理　再经过一层 ReLU 层处理

图 4-17　一张小猫的图像经过一个卷积层和一个 ReLU 层处理后的效果

该图像再经过若干个卷积层和 ReLU 层处理后的效果如图 4-18 所示。可以看到，图中猫的轮廓特征变得明显了。

如果原图的特征比较明显，则经过卷积层和 ReLU 层处理后的效果会更好，如图 4-19 所示。

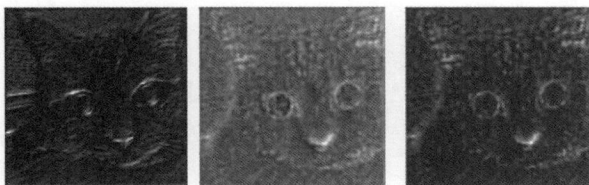

图 4-18　该图像再经过若干个卷积层
和 ReLU 层处理后的效果

图 4-19　特征明显的图像经过若干个卷积层
和 ReLU 层处理后效果更好

（3）池化层

在经过多个卷积层和 ReLU 层处理后，修正特征图数据被传送至池化层。池化是一种降采样操作，用于减少修正特征图的维度。修正特征图经过一个池化层后会生成池化特征图。

池化层可以使用各种池化核（kernel，也称为过滤器）来标识图像的不同部分，比如边、角、身体、眼睛、鼻子、嘴等。

池化的算法有很多，最常用的是最大池化（max-pooling）算法，即取局部区域中值最大的点。比如，在一个 4×4 的修正特征图上使用一个 2×2 的过滤器，以步幅为 2 进行最大池化的过程如图 4-20 所示。

修正特征图经过池化层处理前后的对比如图 4-21 所示。修正特征图经过池化层处理后，输出的池化特征图尺寸变小了，因此池化层的主要作用就是压缩修正特征图，有效缩小参数矩阵的尺寸，从而减少最后连接层中参数的数量。

< 93 >

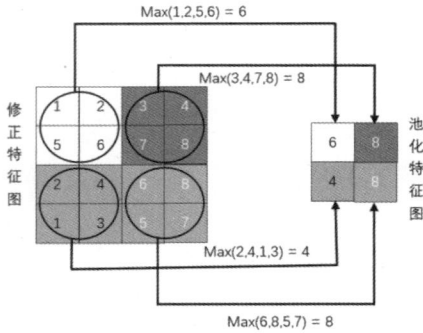

图 4-20 最大池化的过程

图 4-21 修正特征图经过池化层处理前后的对比

（4）扁平化层

池化层的下一层是扁平化层。扁平化层的作用是将矩阵转换为全连接层的输入。也就是说，将池化特征图的二维张量转换为一个向量，具体方法如图 4-22 所示。我们可以将这个向量理解为模型从输入图像中提取到的特征的浓缩。经过扁平化层处理的数据能很方便地与全连接层相连接。而全连接层的职责是根据提取的特征对输入图像进行分类或识别。

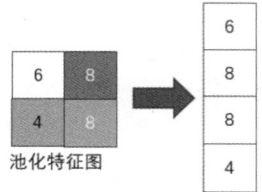

图 4-22 扁平化层的作用

（5）全连接层

全连接层位于 CNN 模型网络结构的最后，用于将前面各层提取到的特征汇总在一起，最终得出输入图像所属分类的概率。全连接层的每一个节点都与上一层的所有节点相连，因而称为全连接层。全连接层的输入是一维数组，每个神经元都以上一层每个神经元的输出为输入参数。例如，有一个全连接层 FC1，其输入为 x_1、x_2 和 x_3，输出为 y_1、y_2 和 y_3，则计算公式如下：

$$y_1 = f\left(W_{11} \cdot x_1 + W_{12} \cdot x_2 + W_{13} \cdot x_3 + b_1\right)，$$
$$y_2 = f\left(W_{21} \cdot x_1 + W_{22} \cdot x_2 + W_{23} \cdot x_3 + b_2\right)，$$
$$y_3 = f\left(W_{31} \cdot x_1 + W_{32} \cdot x_2 + W_{33} \cdot x_3 + b_3\right)。$$

其中，W_{ij} 是当前神经元和上一层神经元之间连接的权重，b_i 是连接的偏差值，$f()$ 是激活函数。

由于这种全连接的特性，一般全连接层的参数也是最多的，因此全连接层的计算量很大。一般 CNN 模型中只有 1～2 个全连接层。

6．CNN 模型的网络拓扑

综上所述，CNN 模型的网络拓扑如图 4-23 所示。

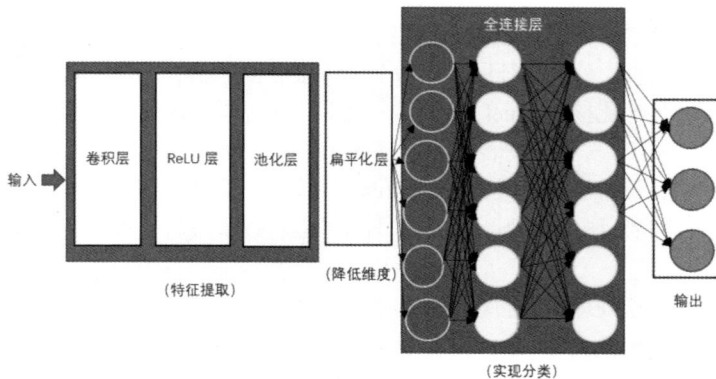

图 4-23 CNN 模型的网络拓扑

< 94 >

用 CNN 模型识别图像中对象的详细流程如下。

- 从图像中读取像素值，并将其传送至卷积层执行卷积操作，得到特征图。
- 将特征图传送至 ReLU 层，生成修正特征图。
- 图像经过多个卷积层和 ReLU 层处理，以充分提取其中的特征。
- 使用不同过滤器的不同池化层标识图像的特定部分，得到池化特征图。
- 池化特征图经过扁平化层处理后被传送至全连接层，全连接层汇总特征信息，输出最终结果，即图像中对象属于各分类的概率。

7．CNN 模型中的神经元、参数和连接计数

第 1 章介绍了神经网络的概念，神经网络由一系列神经元组成。但是第 1 章介绍的神经元是抽象的，它只能体现为神经网络图形中的一个圆圈和一个输入数据乘以权重再加上偏差的公式。在深度学习模型中，神经元的具体体现是什么？神经元之间的连接又是什么？这些问题在第 1 章中是没有办法说清楚的。下面结合 CNN 模型对这些问题进行解析。

我们不要把神经元想象为多么复杂、精密的单元，它非常简单、基础。就像大脑里有非常多的神经元，神经网络中也有大量神经元，它们完成最简单的计算，比如前面介绍的卷积计算只涉及简单的乘法和加法计算。借助 GPU 的并行运行功能，这些计算是同时进行的。以 CNN 模型为例，如果输入图像的大小为 1024 像素 × 1024 像素，则每个像素都对应一个神经元，神经元负责处理与该位置上像素有关的计算。因此，此时一个隐藏层中神经元的个数等于 1024×1024，即 2^{20}。

深度神经网络中包含多个隐藏层。数据在不同隐藏层之间传播时，不同神经元之间会建立连接，即神经元 A 将自己的输出数据送入神经元 B，作为神经元 B 的输入数据。在 CNN 模型中，神经元之间的连接包含以下两种情况。

① 局部连接：用卷积核遍历图像，与图像中每个像素建立连接。需要注意的是，前面实例演示的只是一个卷积核在一个图像通道上发生的计算，而彩色图像有 3 个通道，CNN 模型通常会使用多个卷积核以提取更多的特征。每个卷积核包含一组参数。假设卷积核的大小为 $n×n$，卷积核的数量为 F，图像的输入特征图的通道数为 C，则该卷积层的参数数量为 $n×n×C×F$。换言之，卷积层的参数数量主要取决于卷积核的大小和数量，因为除了第一个卷积层的输入通道数为 3（或者为 1，取决于训练数据的具体情况）外，其他卷积层的输入通道数都等于上一层的卷积核的数量。所以说局部连接是共享权值的，即输入图像中每个像素对应的神经元共享一组参数（权值），这样大大减少了参数数量。

② 全连接：与局部连接相比，全连接层的参数数量要大得多。这是因为全连接层中的每个神经元都要与上一层中的每个神经元建立连接。假设图像的大小为 1024×1024，则隐藏层的神经元数量为 2^{20}，如果全连接层包含 1024 个神经元，则全连接层的参数数量计算方法如下：

$$2^{20} ×1024+1024 ≈ 10 亿。$$

具体说明如下。

- 全连接层的每个神经元都包含权重和偏差这两个参数，其计算公式如下（其中 W 是权重矩阵，b 为偏差）：

$$y = Wx + b 。$$

- 参数数量计算方法中的 $2^{20}×1024$ 是在计算权重参数的数量。对于隐藏层中的每个神经元，其在全连接层中的权重参数是不一样的，也就是说权重是可学习的参数，只有这样才能体现出图像的每个像素对于预测结果的重要性；而偏差参数是不需要学习的。
- 在参数数量计算方法中之所以要追加一个 1024，是因为对于隐藏层中的每个神经元，其偏差参数都是一样的。因此，偏差参数是每个全连接层神经元才有一个，即只有 1024 个。

< 95 >

- 参数数量计算结果约等于 10 亿。这只是一个简单的 CNN 模型，并不是 AIGC 大模型，可见深度神经网络对于算力要求之巨大。之所以使用约等于，是因为相对于 10 亿而言，1024 实在不值一提。因此，在计算神经网络参数数量时通常只考虑权重参数。

参数数量是衡量 AIGC 大模型规模的重要指标，因此，本小节借助 CNN 模型演示了神经元和网络连接的概念，以及神经网络参数数量的基本计算方法。

4.3.2 ResNet 模型

ResNet 模型

CNN 不是一个模型，而是一种神经网络结构。市面上有很多优秀的 CNN 模型，它们实现 CNN 的具体方法各不相同。由于篇幅所限，本节以 ResNet（residual network，残差网络）模型为例介绍 CNN 在实际应用中的情况。之所以选择 ResNet 模型，是因为其中引入了残差连接（residual connection）的概念，可以解决由于深度神经网络层数增加而造成的梯度消失或梯度爆炸问题。由于 AIGC 大模型的层数普遍很多，因此很多 AIGC 大模型都使用残差连接。

ResNet 模型是 2015 年的 ILSVRC 冠军模型，用于实现图像分类任务。图 4-24 演示了 2012—2015 年获得 ILSVRC 冠军或亚军的知名 CNN 模型的网络层数和错误率的对比情况，其中柱状图代表错误率，曲线图代表网络层数。

由图 4-24 可以看出，与之前的知名 CNN 模型相比，ResNet 模型不但错误率明显降低，而且网络层数大幅增长。

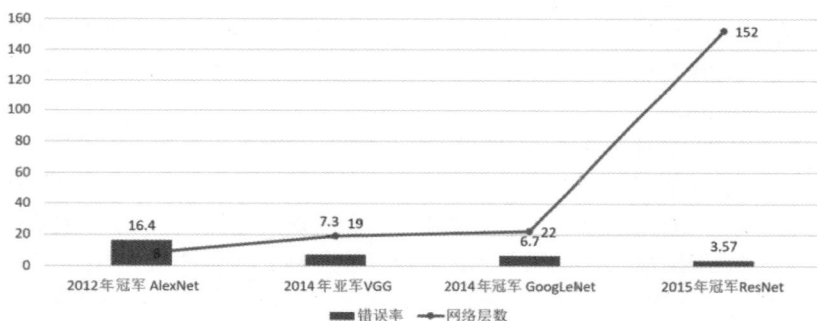

图 4-24　2012—2015 年获得 ILSVRC 冠军或亚军的知名 CNN 模型的网络层数和错误率对比

之前的 CNN 模型并非没有考虑过大幅增加网络层数，以降低错误率。但是随着网络深度的增加，深度网络出现了退化问题，也就是在网络层数达到一定数量后，再增加层数，准确度会出现饱和，甚至出现下降。ResNet 模型之前的 CNN 模型都没有解决退化问题。

ResNet 模型通过引入残差学习的概念解决了深度网络的退化问题。残差学习的设计理念是：既然在网络层数达到一定数量后准确度会出现饱和，那么在一个浅层网络的基础上增加新层，建立深层网络时，新增的层就不再学习新的特征了，而是直接复制浅层网络的特征。这种做法被称为恒等映射（identity mapping）。一个残差学习的构建块（简称为残差块）如图 4-25 所示。

由图 4-25 可以看到，一个残差学习的构建块中

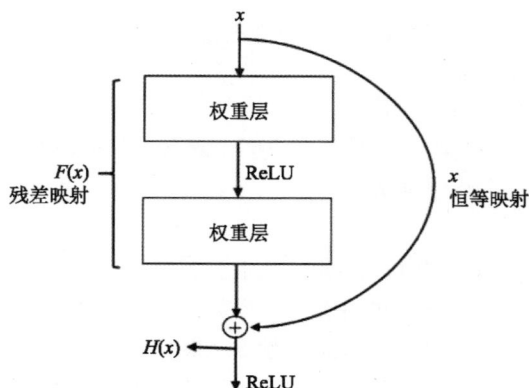

图 4-25　一个残差学习的构建块

< 96 >

包含两个映射，沿直线走下来的映射是残差映射 $F(x)$，沿曲线走下来的是恒等映射。恒等映射就是残差连接，又称为快捷连接（shortcut connection）。假定残差学习构建块的输入是 x，则恒等映射的值恒等于 x。假定残差学习构建块整体的映射为 $H(x)$，则 $H(x)$ 的计算公式如下：

$$H(x) = F(x) + x_\circ$$

残差映射是分层的，每层都有一个权重 W_i。于是，上面的公式可以表示为如下形式：

$$H(x) = F(x, \{W_i\}) + x_\circ$$

上式中，假定 $F(x, \{W_i\})$ 和 x 的维度相同，于是它们可以直接相加。训练的目的是使 $H(x)$ 达到最优，而在上式中 x 是恒等映射，不需要训练。因此，训练残差学习构建块就变成了训练残差映射 $F(x, W_i)$ 达到最优，这也是 ResNet（残差网络）得名的原因。在实际应用中，ResNet 模型包含很多个残差学习构建块，图 4-26 演示了一个简单的 ResNet 模型，其中包含 11 个卷积层和 5 个残差学习构建块。

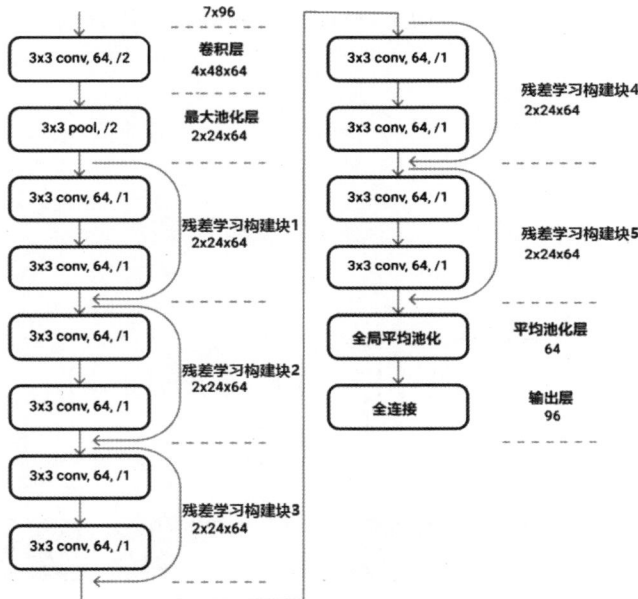

图 4-26　简单的 ResNet 模型

因为残差网络可以解决大层数深度网络的退化问题，所以 ResNet 模型通常包含很多层。比较典型的 ResNet 模型有 ResNet-18、ResNet-34、ResNet-50、ResNet-101、ResNet-152 和 ResNet-1202，这些模型名称中的数字就代表了其包含的层数。

4.3.3　ViT 模型

ViT 是 Transformer 架构在 CV 领域的应用。虽然 Transformer 架构已经成为 NLP 任务的标准架构，但它在 CV 任务中的应用仍然是有限的。在 CV 模型中，注意力机制要么与 CNN 结合使用，要么用于替换 CNN 的某些组件，并保持 CNN 的整体结构不变。ViT 模型的诞生证明了 CV 模型对 CNN 的依赖是不必要的，单纯的、直接应用于图像块序列的 Transformer 架构可以很好地执行图像分类任务。通过使用大量数据进行预训练，ViT 模型的表现与最先进的 CNN 模型相比并不逊色，而且训练 ViT 模型需要的计算资源少于 CNN 模型。

1．基本思想与表现

ViT 是受 Transformer 架构在 NLP 任务中成功应用的启发而研发的 CV 模型，研究者尝试将标准

< 97 >

Transformer 架构直接应用于图像，并尽可能少地进行修改。具体方法是将图像分割成小块，并将这些小块的线性嵌入序列作为 Transformer 架构的输入数据。模型对图像块的处理方式与大语言模型处理 token 的方式相同，之后以监督学习的方式进行训练。

在中等大小数据集上训练时，ViT 模型的精确度比同等大小的 ResNet 低几个百分点。这种看似不理想的结果是意料之中的，因为 Transformer 架构通常要基于海量数据进行训练才会有优异表现，在数据量不足的情况下训练时不能很好地泛化。

然而，如果模型在大型数据集（包含 1400 万～3 亿张图像）上训练，情况就会发生变化。当以足够的规模进行预训练并应用到数据量较少的任务时，ViT 模型取得了优异的效果。

2. 模型结构

ViT 模型的结构如图 4-27 所示，训练图像被分割成固定大小的块（patch），模型线性嵌入每个块，然后添加位置嵌入，并将得到的向量序列送入标准的 Transformer 编码器中。

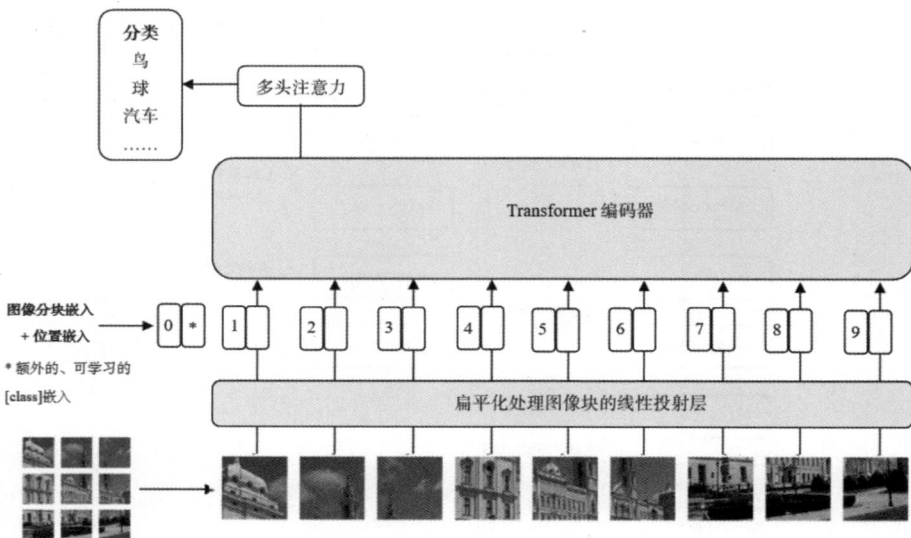

图 4-27　ViT 模型的结构

（1）降维处理

之所以将图像分割成块，是因为标准的 Transformer 编码器接受词嵌入向量序列作为输入数据。词嵌入向量是一维张量，而图像数据是三维张量，ViT 模型使用图 4-28 所示的流程将三维图像数据转换为向量序列。

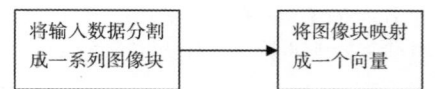

图 4-28　将三维图像数据转换为向量序列的流程

① 将输入数据分割成一系列正方形的图像块

输入图像数据 x 可以表示为如下形式，其中 (H,W) 是图像的分辨率，C 是通道数。

$$x \in R^{H \times W \times C}。$$

为了能够处理二维图像数据，ViT 模型将输入图像数据 x 重塑为下面形式的扁平化二维图像块序列，其中 x_p 是序列中的一个元素，$N = \dfrac{HW}{P^2}$ 是图像块数量（(P,P) 是每个图像块的分辨率），N 也是 Transformer 编码器的有效输入序列长度。

$$x_p \in R^{N \times \left(P^2 \cdot C\right)}。$$

< 98 >

每个图像块都经过扁平化处理，由三维张量转换为二维张量。这么做既起到了降维的作用，又可以按统一的标准处理各种尺寸的输入图像，最重要的是可以形成图像块序列，这里的图像块就相当于 NLP 中的 token。因此，这一步骤实现了一举三得。

② 将图像块映射成一个向量

为了使 Transformer 模块可以处理一维数据，ViT 模型通过一个可以训练的线性投射层对图像块进行扁平化操作，并将其映射到一个隐向量上，该隐向量用于捕捉图像的关键特征，有助于模型进行后续的分类或其他视觉任务。所有的 Transformer 编码器都使用一个常量 D 作为隐向量的尺寸。线性投射层的输出被称为块嵌入（patch embeddings）。

经过这两个步骤的操作，输入数据从三维张量被转换为一个长度为 D 的一维隐向量序列。

（2）[class]嵌入

与 BERT 模型中的 CLS 类似，ViT 模型在输入序列中添加了一个额外的、可学习的[class]嵌入。它在 Transformer 编码器中对应的状态被用来进行图像分类。

（3）位置嵌入

为了在序列中保留图像块的位置信息，ViT 模型将位置嵌入添加到块嵌入中。位置嵌入是一个标准的、可学习的向量。

（4）Transformer 编码器

ViT 模型中的 Transformer 编码器由多头注意力层和 MLP 层组成，输入数据在进入多头注意力层和 MLP 层之前都经过归一化处理，在由多头注意力层和 MLP 层处理后又都进行了残差连接。ViT 模型 Transformer 编码器的结构如图 4-29 所示。

MLP 层由两个全连接层组成，并通过 GeLU 激活函数增加非线性因素。其目的是对图像进行分类。

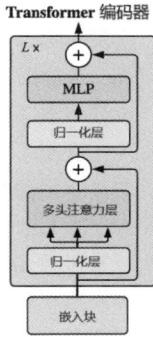

图 4-29　ViT 模型 Transformer 编码器的结构

3．训练数据集

为了探索模型的可扩展性，研究者使用以下数据集训练 ViT 模型。

- ImageNet 数据集：具有 1000 个类别和 130 万张图像的 ILSVRC-2012 ImageNet 数据集。
- ImageNet-21k 数据集：ImageNet 的超集，其中包含 21000 个类别和 1400 万张图像。
- JFT 数据集：谷歌公司内部的图像分类数据集，具有 17000 个类别和 3.5 亿张高分辨率图像。

4．模型系列

ViT 包含不同规模的模型系列，其中主要的模型及其参数情况如表 4-1 所示。

表 4-1　ViT 模型系列中主要的模型及其参数情况

模型	层数	隐向量长度 D	MLP 层第一个全连接层的节点数	多头注意力的头数	参数数量
ViT-Base	12	768	3072	12	8600 万
ViT-Large	24	1024	4096	16	3.07 亿
ViT-Huge	32	1280	5120	16	6.32 亿

这些参数也是 Transformer 模型的关键指标，通过设置这些参数可以调整 Transformer 模型的规模。

< 99 >

本章小结

本章介绍多模态 AIGC 大模型的核心技术——计算机视觉模型。为了便于初学者理解，本章从图像的表现形式和数字图像处理等基础的 CV 技术入手，介绍经典的 CV 深度学习模型的工作原理。

本章的目标是使读者理解基础的 CV 概念和技术，掌握经典的 CV 深度学习模型的工作原理，以为学习图像生成大模型和视频生成大模型的工作原理奠定基础。

习题

一、选择题

1. 灰度图像为（　　）。
   A. 黑白图像　　　　　B. 二值图像　　　　　C. 8 位彩色格式　　　D. 16 位彩色位图
2. 当分辨率不变时，屏幕尺寸越小，像素密度（　　）。
   A. 越大　　　　　　　B. 越小　　　　　　　C. 保持不变　　　　　D. 视具体情况而定
3. 在数字图像处理中，增加对比度属于（　　）。
   A. 图像增强　　　　　B. 图像复原　　　　　C. 图像表示和描述　　D. 图像合成
4. 与分辨率无关，放大后图像不会失真的图像是（　　）。
   A. 光栅图像　　　　　B. 矢量图　　　　　　C. 位图　　　　　　　D. 点阵图
5. 下列不属于 CNN 模型的是（　　）。
   A. LeNet　　　　　　B. ResNet　　　　　　C. AlexNet　　　　　D. ViT
6. 基于 Transformer 架构的 CV 模型是（　　）。
   A. LeNet　　　　　　B. ResNet　　　　　　C. AlexNet　　　　　D. ViT

二、填空题

1. 在黑白图像中，使用　【1】　来表示颜色。
2. CNN 模型使用　【2】　运算提取图像的特征。
3. CNN 模型会将　【3】　从原图的左上角开始，从左至右、从上至下地依次与原图重叠。
4. CNN 模型包含多个隐藏层，这样有助于从图像中提取特征信息。比较重要的隐藏层包括　【4】　层、　【5】　层、　【6】　层、　【7】　层和　【8】　层。

三、简答题

1. 简述 CV 技术的应用现状。
2. 简述 CNN 模型识别图像中对象的流程。
3. 简述残差学习的设计理念。

课程实践

ViT 是 Transformer 架构在 CV 领域的应用，而第 5 章将介绍的 GPT 系列模型是 Transformer 架构在 NLP 领域的应用。请提前调研 GPT-1 模型的结构，对比 GPT-1 模型和 ViT 模型的结构，并思考为什么 GPT-1 的 Transformer 模块由解码器组成，而 ViT 模型的 Transformer 模块由编码器组成。

< 100 >

第 3 篇

应用篇

大语言模型

文本生成是 AIGC 技术的经典应用，指通过深度学习算法训练的大语言模型能够生成类似人类书写的文本。这些模型使用大量的文本数据进行训练，以便理解语言的结构、语法规则和语义，从而能够生成具有逻辑性和连贯性的文本。本章将介绍大语言模型的工作原理和国内外经典大语言模型的应用情况。

本章学习目标
（1）了解大语言模型的概念及其工作原理。
（2）了解国内外主流大语言模型的基本情况。
（3）掌握 GPT 系列模型的工作原理。
（4）体验主流大语言模型的强大功能、特性及其缺陷。

5.1 大语言模型概述

大语言模型是目前非常引人瞩目的、旨在理解和生成人类语言的 NLP 技术。通过使用海量文本数据进行训练，大语言模型可以识别人类语言的模式，理解文本的上下文内容，并根据交流的上下文内容做出流畅的、合乎逻辑的响应。

NLP 可以提供使机器能够掌握人类语言的基础技术，大语言模型则代表了可以使机器具备模拟人类语言的能力的特定方法。与传统方法相比，大语言模型在理解和生成人类语言方面表现出了令人赞叹的能力。它们可以充分理解人类语言、顺畅地与人类进行交流，并根据需求创作出达到专业水准的文章。

5.1.1 大语言模型的定义

大语言模型指使用大量文本数据训练的深度学习模型，其可以生成自然语言文本或理解语言文本的含义。

1. 大语言模型所使用的技术

为了更好地理解人类语言，并能够生成类似人类语言的文本，大语言模型综合使用了以下技术。

- 神经网络：大语言模型的核心是多层神经网络，即深度学习模型。
- 海量训练集：大语言模型的"智能"源于海量的训练数据，这些训练数据通常包括使用爬虫技术抓取的网页和各种体裁的图书。例如，大语言模型 GPT-3 的训练数据集大小为 753.4GB，具体情况如表 5-1 所示。据 OpenAI 官方公布的数据，GPT-3 的训练数据集中包含 118 种语言的训练数据，其中英语数据占 92.65%，法语数据占 1.82%，德语数据占 1.47%，其他语种数据的占比均小于 1%，中文数据仅占 0.099%。但是，使用过中文与 ChatGPT 交流的人都会觉得 ChatGPT 可以熟练地理解和驾驭中文。可见，大语言模型对人类语言融会贯通的理解能力之强大，它对中文的理解和使用显然也得益于它使用其他语言训练数据进行训练所学习到的能力，比如将英语训练集中的资料直接应用于中文对话和创作中。当然，缺乏中文互联网数据，在现阶段依然是大语言模型的短板之一。主要基于英语互联网资料进行中文创作和沟通，显然是片面和不够准确的。

表 5-1　大语言模型 GPT-3 的训练数据集

数据集	具体说明	数据集大小
维基百科	维基百科是免费、多语种、在线的百科全书，其中包含超过 30 万名志愿者贡献的内容。参与训练的是其中的英文版部分，训练数据包含 662 万篇文章，超过 42 亿个单词。其中传记类占 27.8%，地理类占 17.7%，文化艺术类占 15.8%，历史类占 9.9%，生物医学类占 7.8%，体育类占 6.5%，工商类占 4.8%，理工和数学类占 3.5%	11.4GB
Gutenberg Book	古腾堡书籍语料库，世界上第一个免费电子书网站。该网站收录了各种语言文字的书籍	21GB
Reddit Links	Reddit 是一个去中心化的社交新闻站点，中文名为红迪网	50GB
Bibliotik Journey	互联网上最大的电子书站点	101GB
Common Crawl	一个开放的数据共享平台，致力于为全球用户提供免费的网络爬虫数据。Common Crawl 每月都会爬取数十亿个页面，并将这些数据存储在一个可搜索的数据库中	570GB

- Transformer 架构：现阶段，所有的大语言模型都基于 Transformer 架构，其基本工作方式如图 5-1 所示。提示词（prompt）是提示和指导大语言模型完成输出任务的单词。通常把创建提示词以指导大语言模型高质量输出的过程称为提示词工程。

综上所述，大语言模型是能够通过处理大量文本数据来学习理解和生成人类语言文本的 AI 系统。现阶段大语言模型都是基于 Transformer 架构的深度学习模型。

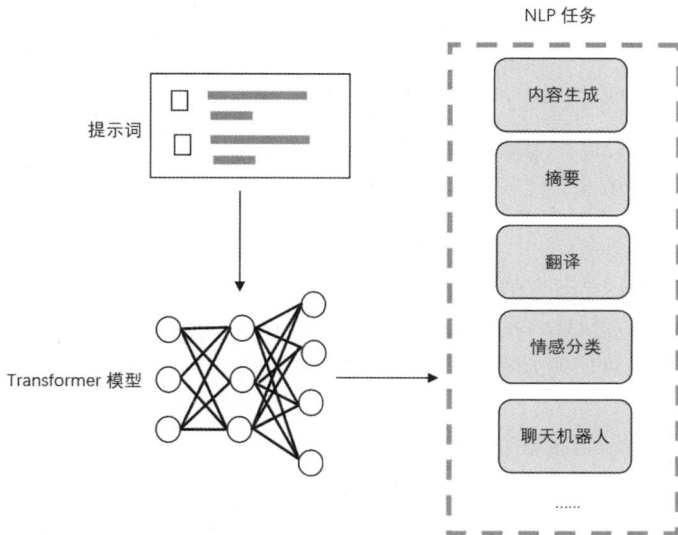

图 5-1　大语言模型的基本工作方式

2. 大语言模型的重要性

在 AI 技术的发展过程中，AI 模型一直专注于感知和理解。而大语言模型在此基础上拓展出新的能力，即生成类似人类创作的内容。这使大语言模型表现出全面的综合能力，它不但可以读取和理解

< 103 >

资料，还可以创作文章、编写代码、绘图。在文案编写、艺术创作、软件开发等方面，大语言模型使机器第一次真正成为人类的智能助手，甚至在一定程度上可以取代人类从事部分创作工作，从而提高了各行业的生产力。大语言模型创作的内容还可以启发人类的创意、增强人类的创造力。

大语言模型的诞生和发展，引领 AI 技术从单纯的感知世界、理解世界，进入到创作内容的 AIGC 时代，并开辟了一个新的、广阔的发展空间。

3．大语言模型的应用场景

随着大语言模型的规模不断扩大，其能力也在逐步增长。大语言模型的经典应用场景如下：

- 内容生成，如创作小说、生成营销文案等；
- 摘要和总结，如论文摘要、会议纪要总结等；
- 翻译，既包括两种语言之间的翻译，也包括文本到代码的转换；
- 分类，如文本的情绪分析和化学品的毒性分级等；
- 聊天机器人，如 AI 客服和智能助手。

很多企业也在各自的领域中以各种形式尝试应用大语言模型，简介如下：

- 医疗企业利用大语言模型来分析蛋白质结构、揭示疾病模式、预测医疗检测结果；
- 零售企业利用大语言模型提供在线客服服务，以优化用户的购物体验；
- 软件企业尝试利用大语言模型进行软件开发；
- 金融企业尝试使用大语言模型总结财务报告，并生成重要会议的会议记录；
- 电子商务企业利用大语言模型根据产品描述对产品进行分类。

大语言模型仍处于发展的早期阶段，虽然发展前景很广阔，但目前各种应用还不够成熟，需要各领域的业务人员和技术人员不断探索和努力，打造更成熟、更实用的大语言模型应用。

5.1.2 大语言模型的工作原理

编码器-解码器架构是构建大语言模型的主流架构之一，该架构将模型分为编码器和解码器两大部分，如图 5-2 所示。

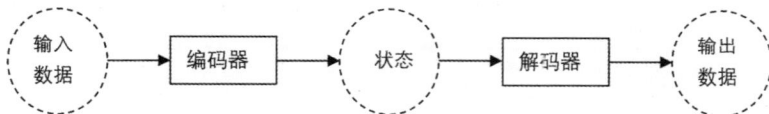

图 5-2　编码器-解码器架构

之所以采用这种架构，是因为在一般的序列到序列问题（如机器翻译）中，输入数据和输出数据的长度是不一致的。采用编码器-解码器架构是处理这类数据的标准方法。该架构由以下两个主要组件组成。

- 编码器：以可变长度序列为输入，负责将输入序列映射到一个固定长度的向量（即图 5-2 中的状态）。
- 解码器：负责根据编码器输出的状态生成输出数据。

编码器-解码器架构的优势如下。

- 灵活性：可以处理不同长度的输入序列和输出序列，灵活性较强。
- 可扩展性：可以通过增加参数数量和扩大训练数据的规模来提升性能，可扩展性好。
- 可解释性：模型被拆分为编码器和解码器两大部分，编码器用于理解语言，解码器用于生成语言，这使模型的工作机制更容易被理解，即可解释性更强。

不同的大语言模型实现编码器-解码器架构的方法也不同，5.3 节将以 GPT 系列模型为例介绍大语言模型的具体实现细节。

< 104 >

5.1.3　大语言模型落地应用的方法

大语言模型使用无监督学习进行预训练。通过无监督学习，模型可以在未标注的数据集中找到之前不知道的模式。这样便降低了训练大语言模型的门槛，因为训练大语言模型需要海量数据，而对海量数据进行标注的成本是非常高的。需要大量的标注数据是构建监督学习 AI 模型面临的重大挑战之一。

大语言模型都经历了大量的预训练，这使其掌握了各领域的很多知识，因此其通常可以在不经过特定训练的情况下，直接为特定应用提供服务。也就是说，大语言模型具有广泛的适应性。这种未针对特定任务进行训练而直接使用的大语言模型被称为基础模型。

基础模型不需要明确的指令或特定训练即可广泛应用于各种场景，这种现象被称为零样本学习（zero-shot learning）。在此基础上，人们可以向基础模型提供少量示例，说明如何完成任务，以使其理解并更好地执行特定任务。

大语言模型这种强大的能力使其能够快捷地应用于各种场景。人们可以根据需要，选择使用以下几种架构的大语言模型。

- Encoder-only 架构：也称为单向架构，只包含编码器，适用于理解语言的任务，如文本分类和情感分析。BERT 就是采用 Encoder-only 架构的模型。
- Decoder-only 架构：也称为生成式架构，只包含解码器，适用于生成语言和内容的任务，如创作小说、生成博客等。GPT-3 就是采用 Decoder-only 架构的模型。
- Encoder-decoder 架构：也称为序列到序列架构，同时包含编码器和解码器，适用于同时需要理解语言和生成内容的任务，如翻译和摘要。谷歌公司的 T5 是 Encoder-decoder 架构大语言模型的典型代表。

5.2　主流大语言模型简析

大语言模型代表最前沿的 NLP 技术，各大国内外 AI 厂商陆续推出了自己的大语言模型。这些模型的体系结构和参数数量各不相同，每个大语言模型都有自己擅长处理的任务，包括回答问题、生成连贯且合乎逻辑的长文本等。本节简单介绍国内外主流大语言模型的基本情况。

5.2.1　国外主流大语言模型

BERT 是最早开发的基于 Transformer 架构的自监督语言模型之一。从这个意义上，我们可以将其视为大语言模型的鼻祖。但是 BERT 的参数数量和能力又与后来发布的大语言模型有较大的差距。

本节以 OpenAI 公司的 GPT 系列模型、谷歌公司的 Gemini 模型以及 Meta 公司的 Galactica 模型和 Llama 模型为代表，简要介绍国外主流大语言模型的基本情况。

1．OpenAI 公司的 GPT 系列模型

提到 AIGC，很多人首先会想到 ChatGPT。2022 年 11 月 30 日，OpenAI 发布了 ChatGPT。一经面世，ChatGPT 就以其出色的表现引起全世界关注。

在 ChatGPT 背后提供驱动的是 OpenAI 研发的 GPT 系列模型。从根本上说，GPT 系列模型是一类用于完成 NLP 任务的机器学习模型。这些模型基于海量数据进行预训练，训练数据包括图书和网页资料。经过预训练后，GPT 系列模型可以生成上下文相关、连贯且合乎逻辑的文本。换言之，GPT 是一种计算机程序，这种程序可以在没有明确编码的情况下生成类似人类的文本。没有明确编码就意味着它能"自主"地决定应该生成什么样的文本，这就是其"智能"的体现。通过微调，GPT 系列模型可

OpenAI 公司的 GPT 系列模型

< 105 >

以用于完成各种 NLP 任务，包括问答、翻译、文本摘要等。

GPT 系列模型的诞生是 NLP 技术发展历史中一个重要的里程碑，这是 NLP 技术的重大突破。在此之前，机器从未能如此准确且全面地理解人类语言，并可以流畅地生成人类语言文本。GPT 系列模型包含 GPT-1、GPT-2、GPT-3、GPT-3.5、GPT-4 等版本，接下来对它们进行简要介绍。

（1）GPT-1

2018 年 6 月，OpenAI 发布了使用 Transformer 架构的第一代大语言模型 GPT-1。GPT-1 有 1.17 亿个参数，其表现明显优于当时最先进的 NLP 模型。它最大的优势在于可以根据给定的提示词或上下文生成流畅的、合乎逻辑的文本，从而为实现人机对话奠定了基础。GPT-1 基于两个数据集进行训练：一个数据集来自为全球用户提供免费网络爬虫数据的 Common Crawl 平台，其中包含数以亿计的单词；另一个数据集是图书语料库 BookCorpus，其中包含各种题材的超过 7000 本图书的数据。

尽管 GPT-1 在 NLP 领域取得了显著进步，但它还是存在一些不足之处，具体如下。

- GPT-1 经常生成重复的文本，特别是给出的提示信息不在它的训练数据中时，这种情况更加明显。
- 经过多轮对话后，GPT-1 会出现推理失败的情况。这是因为它还不能跟踪文本中的长期依赖关系。
- GPT-1 的上下文衔接和流畅性仅限于较短的文本序列，而处理长文本的效果不尽如人意。

尽管这样，GPT-1 还是为构建基于 Transformer 架构的、更强大的模型奠定了基础。

（2）GPT-2

GPT-2 发布于 2019 年。它有 15 亿个参数，这在当时是令人震惊的"巨无霸"。GPT-2 使用规模更大、内容更丰富的数据集进行预训练。

GPT-2 不但可以生成连贯且逼真的文本序列，还可以产生类似人的反应。这使它可以胜任各种自然语言处理任务，如内容创作和翻译。

当然，GPT-2 同样并不完美。例如，它很难完成需要复杂地推理和理解上下文的任务。这是因为 GPT-2 擅长处理短段落，而不能在长段落中保持上下文的连贯性。这种局限性也为 GPT 系列模型的下一次迭代提供了改进的空间。

（3）GPT-3 和 GPT-3.5

GPT-3 发布于 2020 年，它的诞生使 NLP 模型的规模实现了指数级跳跃。GPT-3 有 1750 亿个参数，是 GPT-2 参数数量的 100 多倍。

GPT-3 使用的数据源更加丰富，除了 Common Crawl 和 BookCorpus，还增加了维基百科和一些其他的数据集。GPT-3 使用的图书数据包含接近 1 万亿个单词。这使 GPT-3 拥有了一个神奇的能力，那就是在很多 NLP 任务中，即使不给它提供任何示例数据，GPT-3 也能产生恰当的反应。也就是说，GPT-3 不再是"照猫画虎"式的学习了，它表现得更加"智能"了。

与之前的模型相比，GPT-3 最大的改进之处在于：它不但可以生成连贯的文本，还可以编写程序，甚至进行艺术创作。与之前的模型不同，GPT-3 可以理解给定文本的上下文，也就是说，它可以生成自然而不生硬的大段文本，这对于实现聊天机器人、内容创作和语言翻译等功能具有重大意义。这就是 ChatGPT 面世的背景。

尽管 GPT-3 实现了不可思议的进步，但它还是有缺陷的。例如，它有时候会返回片面的、不准确的或者不恰当的响应。这是由于 GPT-3 是基于海量数据进行训练的，训练数据中可能包含片面或错误的信息。在有些情况下，GPT-3 会生成与提示信息完全无关的文本，这表明它并不能总是准确地理解提示信息的上下文和背景知识。

为了改进这些问题，OpenAI 发布了 GPT-3.5。

（4）GPT-4

在编写本书时，GPT-4 是 GPT 系列模型中最新的模型。它于 2023 年 3 月 14 日被推出。与 GPT-3 相比，GPT-4 有显著的进步。GPT-4 是专供 ChatGPT Plus 用户使用的，也就是说，是需要付费才能使用的。

< 106 >

在编写本书时，OpenAI 还没有公开 GPT-4 的训练数据和模型架构。目前公认的 GPT-4 的参数数量为 1.8 万亿。

2．谷歌公司的 Gemini 模型

Gemini 模型发布于 2023 年 12 月 6 日，是由谷歌公司旗下的 DeepMind 公司研发的大语言模型。谷歌官方对 Gemini 模型给予了高度评价。谷歌的首席执行官桑达尔·皮查伊（Sundar Pichai）表示："这是谷歌人工智能新时代的开始，Gemini 时代"。DeepMind 公司的首席执行官戴密斯·哈萨比斯（Demis Hassabis）表示："Gemini 是人工智能模型的一个巨大飞跃，最终将影响谷歌几乎所有的产品"。鉴于谷歌的强大科研能力和巨大影响力，可以推知 Gemini 模型的功能和应用前景都是不容小觑的。事实上，谷歌发布 Gemini 模型的目的很明确，就是对标 GPT-4，并在与 OpenAI 的竞争中取得领先位置。

Gemini 模型不仅仅是一个单一的大语言模型。它包括以下 3 个版本的模型。

- Gemini Nano：轻量级版本的 Gemini 模型，专门用于在安卓设备上离线运行，这为所有安卓设备开发智能助手功能提供了底层技术支持。鉴于安卓的普及率，Gemini Nano 无疑拥有庞大的用户群。
- Gemini Pro：针对云产品的 Gemini 模型，谷歌云客户可以使用 Gemini Pro 创建 AI 聊天机器人、营销演示等应用程序。
- Gemini Ultra：在其发布时，Gemini Ultra 是谷歌旗下最强大的大语言模型，它适用于高度复杂的任务，如数据中心和企业应用程序。

可见，谷歌为推广 Gemini 模型做了充分的准备，其在针对企业用户和个人用户的各个领域同时发力，以应对来自 OpenAI 的强力冲击。

3．Meta 公司的 Galactica 和 Llama2 模型

2022 年 11 月，Meta 公司发布了 Galactica 模型，这是一个使用科学知识训练的、拥有 1200 亿个参数的大语言模型。Galactica 模型不但会编写白皮书、评论、维基百科页面和代码，还知道如何引用和编写方程式。Galactica 模型解决数学问题的能力要优于其同期的 GPT-3 模型。

Galactica 模型可以处理很多与科学相关的任务，举例如下：

- 根据公式和内容，给出引用该公式的论文；
- 将公式翻译成对应的英文描述；
- 生成分子式；
- 蛋白质注释预测。

2023 年 7 月，Meta 公司发布了 Llama 2 模型的开源商用版本，这意味着大语言模型应用进入"免费时代"，初创公司也可以利用 Llama 2 模型创建自己的、像 ChatGPT 一样的聊天机器人。

Llama 2 模型可以完成一些 NLP 任务，如文本生成和编写代码。

除了免费提供 Llama 2 的源代码和模型权重，Llama 项目还专注于提高较小模型的性能，而不是仅仅通过增加参数数量来换取性能的提高。尽管大多数知名的闭源模型都具有上千亿个参数，但 Llama 2 系列开放了 6 个参数范围从 70 亿到 700 亿的模型供公众使用。经过人工评估，Llama 2 与 ChatGPT 等闭源模型在实用性和安全性方面的表现不分伯仲。

5.2.2 国内主流大语言模型

近年来，国内的科研机构在大语言模型研发方面也投入了大量的资金和精力，陆续推出一些功能强大的大语言模型。本小节介绍几个具有代表性的国内大语言模型。

1．DeepSeek

DeepSeek 是深度求索公司开发的大语言模型，发布于 2025 年 1 月 20 日。由于其出色的表现和低

< 107 >

廉的训练成本，DeepSeek 一经推出即引发了全球的广泛关注，成为国产大语言模型的代表。在其发布后的一周内，DeepSeek 在美国苹果公司"应用商店"免费 App 排行榜中即超越了 ChatGPT，位居第一。在国内网友中更是掀起了一股体验 DeepSeek 模型的热潮。

DeepSeek 之所以被万众瞩目，首先是因为其表现足以与 ChatGPT 媲美。这让国人看到了国产大语言模型的潜力和后来居上的可能性，也在美国社会引起了广泛的关注。曾经风光无限的 ChatGPT 面临着来自美国之外的挑战。

如果说 DeepSeek 的优秀性能表现是赢得公众普遍认可的首要因素，那么其训练成本优势则是引发整个 AI 行业震动的另一个亮点。DeepSeek-R1 模型的训练成本还不到 600 万美元，显著低于行业平均水平。DeepSeek-R1 模型的性能与 GPT-4 o1 模型的性能相当，而 GPT-4 的训练成本已经高达 6300 万美元，GPT-4 o1 作为 GPT-4 的升级版本，其训练成本更高。

DeepSeek 以高效的技术优化功能弥补了国产 AIGC 模型在算力资源上的劣势，一定程度上打破了国产 AIGC 模型面临的技术壁垒。受此影响，当地时间 2025 年 1 月 27 日，全球 AI 芯片龙头企业英伟达（NVIDIA）的市值在一夜之间蒸发了 5890 亿美元。

优秀的性能表现加上低廉的训练成本，使得 DeepSeek 模型可以为中小型企业提供更具性价比的 AI 解决方案，为 AIGC 技术的普及创造更为便利的条件。

2．百度公司的文心一言

文心一言是百度全新一代知识增强大语言模型，是文心大模型家族的新成员，能够与用户进行对话互动、回答用户的问题，并实现协助创作，高效、便捷地帮助用户获取信息、知识和灵感等。文心一言是基于海量数据和知识进行融合学习的预训练大模型，也是国内参数数量比较多的大语言模型，参数达到 2600 亿个。尽管与 GPT-4 的 1.8 万亿个参数相比还有一定的差距，但是文心一言的训练数据主要针对中文语料，这使其在中文领域的表现更加出色。

3．阿里巴巴公司的通义千问

通义千问是阿里巴巴公司的阿里云推出的大语言模型，其功能包括多轮对话、文案创作、逻辑推理、多模态理解、多语言支持等，并能够与人类进行多轮交互。通义千问融入多模态的知识理解，有文案创作能力，能够续写小说、编写邮件等。

通义千问的第一个版本发布于 2023 年 4 月；2024 年 4 月，阿里云开源通义千问的 320 亿参数模型 Qwen1.5-32B；2024 年 5 月，阿里云正式发布通义千问 2.5，该模型具有 1100 亿参数，性能赶超 GPT-4 Turbo。通义千问的优势不仅在于其强大的能力，它还有大量的应用案例。截至 2024 年 5 月，通义千问通过阿里云服务的企业超过 9 万家，通过钉钉服务的企业超过 220 万家，它已经在计算机、手机、汽车、航空、天文、矿业、教育、医疗、餐饮、游戏、文旅等众多领域被落地应用。

4．腾讯公司的腾讯混元

2023 年 9 月 7 日，腾讯公司发布了自主研发的通用大语言模型——腾讯混元。腾讯混元的参数规模达到千亿级别，其预训练语料库包含超过 2 万亿个 token，其具有强大的中文理解与创作能力、逻辑推理能力以及可靠的任务执行能力。

2024 年 3 月，腾讯混元的技术架构升级为混合专家模型架构，且参数规模扩展为万亿级别。腾讯混元与企业微信、腾讯会议、腾讯文档、腾讯乐享、腾讯电子签、腾讯问卷、腾讯云 AI 代码助手等多款腾讯产品对接，为众多用户提供服务。

5．华为公司的盘古大模型

盘古大模型不只是大语言模型，它是华为公司旗下的盘古系列 AI 大模型，包括 NLP 大模型、CV 大模型和科学计算大模型。

< 108 >

盘古大模型 1.0 版本发布于 2021 年 4 月。2023 年 7 月 7 日，盘古大模型 3.0 版本正式发布。该版本是面向行业的大模型，重点面向政务、金融、制造、医药、矿山、铁路、气象等行业。

盘古大模型 3.0 版本为客户提供了 100 亿个参数、380 亿个参数、710 亿个参数和 1000 亿个参数的系列化基础大模型，其预训练数据的规模超过 1000TB，其中包含超过 3 万亿个 token。

6．智谱 AI 公司的认知智能大模型

智谱 AI 公司是北京智谱华章科技有限公司的简称，其致力于打造新一代认知智能大模型。智谱 AI 于 2020 年年底成功研发了 GLM 预训练架构，并于 2021 年训练完成达百亿参数的 GLM-10B 模型，2022 年合作研发中英双语千亿级超大规模预训练模型 GLM-130B。2023 年，智谱 AI 推出千亿基座对话模型 ChatGLM。经过两次升级后，ChatGLM-6B 版本被开放源代码，这使研究者和个人开发者可以基于该模型进行本地微调和部署。

认知智能大模型不是大语言模型，但是其包含大语言模型的功能，用于处理自然语言理解和生成任务，也可以与人类进行交流，并生成自然语言文本。顾名思义，认知智能大模型涵盖多种认知功能，其不仅仅局限于自然语言处理，还支持处理多模态数据，如图像、音频和视频等。

7．科大讯飞公司的讯飞星火大模型

讯飞星火大模型是科大讯飞公司发布的大模型。该大模型对标 ChatGPT，具有文本生成、语言理解、知识问答、逻辑推理、多模交互等核心功能。

2023 年 5 月 6 日，科大讯飞正式发布讯飞星火大模型，之后不断迭代。2024 年 6 月 27 日，讯飞星火 4.0 发布，其间经历了 1.0、2.0、3.0 和 3.5 等诸多版本。讯飞星火 4.0 基于全国首个国产万卡算力集群"飞星一号"训练而成，在文本生成、语言理解、知识问答、逻辑推理、数学等方面实现了对 GPT-4 Turbo 的整体超越。

5.3　GPT 系列模型的工作原理

ChatGPT 是由 GPT-3.5 和 GPT-4.0 模型提供驱动的。为了使读者能够深入了解大语言模型，因此本节将解析 GPT 系列模型的工作原理。

5.3.1　GPT-1

GPT-1 是 GPT 系列模型的第一个版本，后面的版本延续了 GPT-1 模型的框架，本小节介绍 GPT-1 的工作原理。

GPT-1 的网络结构和工作原理

1．GPT-1 的网络结构

GPT-1 的网络结构如图 5-3 所示。

GPT-1 的训练过程包括以下两个阶段。

- 预训练阶段：基于大型文本语料库进行无监督学习的过程。
- 微调阶段：在此阶段，研究者使用标注数据来训练模型，使模型可以适配各种任务。

2．预训练阶段

图 5-3 的左半部分就是一个多层 Transformer 解码器。因此，GPT-1 是基于 Transformer 架构的大语言模型。

预训练阶段的目的是基于海量训练数据实现"续写"的功能，该功能类似于我们小时候玩过的"文字接龙"游戏。对于给定的输入文本及其上下文（即多轮对话的内容），模型经过大量学习，生成输入

< 109 >

文本最可能的续写 token。重复这个过程，直至生成的续写 token 是终止符，模型将所有生成的文字输出。功能强大的 ChatGPT 背后居然是一个"文字接龙"游戏，那么它是怎么生成续写 token 的呢？这就用到第 2 章介绍的似然函数。我们将给定的语料库 U 表示如下：

$$U = \{u_1, \cdots, u_n\}。$$

其中，$u_1 \sim u_n$ 是语料库中的 token。

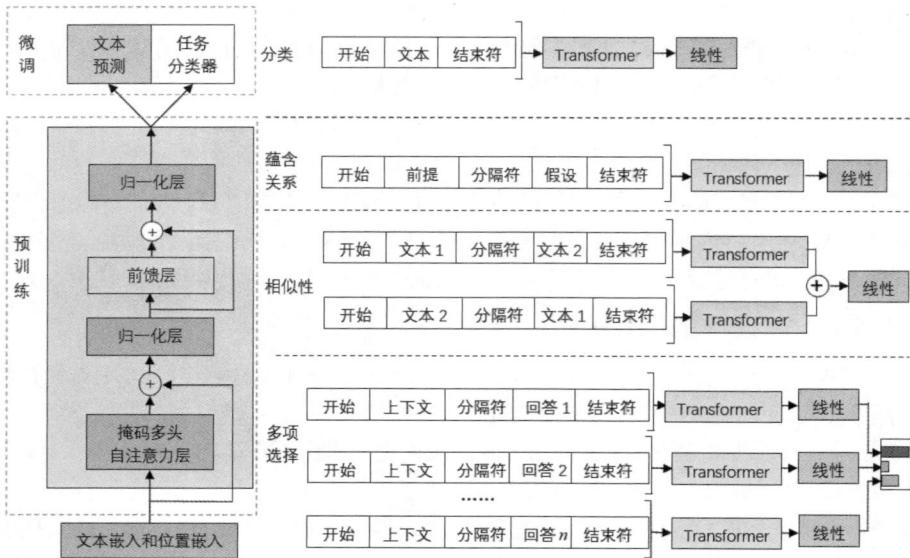

图 5-3　GPT-1 的网络结构

GPT-1 预训练的目标就是求解以下最大似然函数：

$$L_1(U) = \sum_i \log P(u_i | u_{i-k}, \cdots, u_{i-1}; \Theta)。 \tag{5.1}$$

相关说明如下。

- k：上下文窗口的大小。为了保持语义和逻辑的连贯性，每生成一个续写 token，GPT-1 都会把一定范围内的上下文作为输入数据再次送入模型，以生成下一个续写 token。这个重新送入模型的上下文范围就是上下文窗口。如果上下文窗口太小，则模型的记忆力也会很小；如果上下文窗口太大，则训练的计算量会很大。
- P：条件概率，即在语料库中计算当前文本序列出现的情况下，出现续写单词 u_i 的概率。体现在 GPT-1 中，P 就是以 Θ 为参数集的神经网络，也就是图 5-3 左半部分的基于多层 Transformer 解码器的语言模型。
- Θ：使用随机梯度下降法训练的一组参数。

式（5.1）描述了 GPT-1 续写的原理。如果有人问 GPT-1："你为什么这样续写 token？"它可能会直白地告诉你："我学习的课本（语料库）就是这么说的。"当然，由于训练 GPT-1 的语料库过于庞大，而且最大似然函数又是一个使用人工分布去逼近自然分布的近似过程，因此每一次对话的输出是怎样生成的，就成了说不清楚的事情。

从图 5-3 可以看到，上面的公式在 GPT-1 中是通过一个掩码多头自注意力层、两个归一化层和一个前馈层实现的。

掩码多头自注意力层的计算公式如下：

$$\boldsymbol{h}_0 = \boldsymbol{U}\boldsymbol{W}_\text{e} + \boldsymbol{W}_\text{p}, \tag{5.2}$$

< 110 >

$$h_i = \text{transformer\_block}\left(h_{i-1}\right)\forall i \in [1,n]。 \tag{5.3}$$

具体说明如下。

- U：单词的上下文向量，可以表示为 $U=\left(u_{-k},\cdots,u_{-1}\right)$，即上下文中的前面 k 个单词。例如，如果把 "What is your" 这句话作为输入数据，则 U 中就包含 "What" "is" "your" 这 3 个单词，模型的任务是预测下一个单词是什么。
- n：掩码多头自注意力层中解码器的层数。在 GPT-1 中，n=12。
- W_e：词嵌入矩阵，维度为 768。
- W_p：位置嵌入矩阵，维度为 768。
- h_n：掩码多头自注意力层的输出。h_0 是通过上下文向量、词嵌入矩阵和位置嵌入矩阵进行计算得出的。计算 h_0 后，模型会把得到的结果送入下一层掩码多头自注意力层，执行 transformer_block() 计算。$\forall i \in [1,n]$ 表示所有的掩码多头自注意力层都会重复这个过程，在经过 12 层掩码多头自注意力层处理之后，得到特征向量 h_n。这代表模型对 "What is your" 这句话的理解。

前馈层的计算公式如下：

$$P\left(u\right)=\text{softmax}\left(h_n W_e^{\text{T}}\right)。 \tag{5.4}$$

式（5.4）中，h_n 包含输入序列（如 "What is your" 这句话）中各个单词之间的关联关系数据，而 W_e 包含语料库中各个单词之间的关联关系数据。W_e^{T} 表示对词嵌入矩阵进行转置操作，将其与 h_n 相乘即可得到输入序列与语料库中各个单词的关联关系。使用 softmax() 函数将续写单词分类输出，即可得到词汇表中所有单词是续写单词的概率，如续写单词可能是 name、age、occupation、hometown 等，它们对应的概率各不相同。

这里只介绍 GPT-1 模型的基本框架和预训练阶段的基本工作原理，但是仅凭一个网络结构图和几个计算公式，我们很难深入理解 GPT 模型的机制，会有很多疑问。这在现阶段是正常的，好在 GPT 系列模型有很好的延续性，在后面的版本中，网络结构和计算公式没有太大的变化，只是训练数据集变得越来越大，模型的层数和参数也越来越多。在本节后面的内容中，将结合后续版本逐步深入地介绍 GPT 系列模型网络结构和工作原理的细节。

3．微调阶段

经过预训练阶段后，模型学习到了公式（5.1）中的一组参数 Θ。通过微调这组参数，可以使 GPT-1 适配于各种监督学习任务，如文本分类、自然语言推理等。自然语言推理也被称为识别文本蕴含关系，指阅读两个句子，并判断它们之间的关系。关系包括蕴含、矛盾、中性 3 种类型。

微调阶段的目的不是让 GPT-1 实现文字接龙的功能，不同的监督学习任务要求的输出也各不相同。这就需要提供标注好的数据集，训练模型按照要求生成输出。

假设有一个标注好的数据集 C，其中每个实例都由输入 token 的序列组成。例如，实例 $x^1,\cdots,x^m$ 的标签为 y，这个输入数据被送入预训练模型以训练最终 Transformer 模块输出的特征向量 h_l^m，h_l^m 和参数 W_y 再一起经过 softmax() 函数处理，即可得到输入数据为 $x^1,\cdots,x^m$ 时预测值为 y 的概率，公式如下：

$$P\left(y \mid x^1,\cdots,x^m\right)=\text{softmax}\left(h_l^m W_y\right)。 \tag{5.5}$$

微调阶段的任务就是求解数据集 C 的最大似然函数，公式如下：

$$L_2\left(C\right)=\sum_{(x,y)}\log P\left(y \mid x^1,\cdots,x^m\right)。 \tag{5.6}$$

换言之，微调阶段的任务就是通过训练调整参数 W_y，使模型在输入数据为 $x^1,\cdots,x^m$ 时预测输出 y 的概率最大。

< 111 >

4．特定任务的输入转换

预训练阶段的 GPT-1 是为了完成续写句子而训练的。为了使其可以适配不同类型的任务，需要对其做一些微调。微调的方法是将结构化的输入数据转换为预训练模型可以处理的有序序列。这些转换操作能够避免在处理不同任务时对模型架构进行大量更改。针对特定任务所进行的输入转换都通过添加随机初始化的开始 token 和结束 token 实现。针对不同任务的转换方式在图 5-3 的右侧部分进行了展示，具体说明如下。

- 分类：对于分类任务，不需要对输入数据进行任何处理，直接添加随机初始化的开始和结束符即可。
- 蕴含关系：对于文本蕴含任务，需要将前提（p）token 和假设（h）token 使用分隔符（$）连接在一起，然后添加随机初始化的开始符和结束符。
- 相似性：对于相似性任务，所比较的两个句子是没有固定顺序的。为了反映这一点，研究者修改了输入序列，使其包含两种可能的句子顺序（中间有一个分隔符），并独立处理每种顺序，以产生两个序列表示，在将它们送入线性输出层之前对其执行元素级别的相加操作（element-wise add）。element-wise add 是深度学习算子（实现算法的基本单元），利用该算子可实现对于形状相同的两个张量，将其对应位置的元素相加，得到一个新张量。
- 问答：这正是 GPT 模型"智能"的集中体现，即在续写文本的过程中，模型可以实现常识性的推理，并回答用户提出的问题。它是怎么做到的呢？在文本续写的过程中，一段文本可能的续写方案有多种。如果用户提出一个问题 q，GPT-1 通过续写可以得出多种答案 $\{a_k\}$。此时，模型会将 q、$\{a_k\}$ 及上下文 z 连接起来，格式为 $[z;q;\$;a_k]$。每个答案 a_i 都对应一个序列，这些序列都会被模型独立处理，然后通过 softmax() 函数进行归一化，以判断哪种答案的概率最高。这就是一些数学运算，"智能"来自哪里？只能说其来自预训练阶段的语料库和微调阶段的监督学习。

5．训练 GPT-1 所使用的数据集

表 5-1 中列出了 GPT-3 所使用的训练数据集。训练 GPT-1 所使用的数据集还没有这么丰富，在预训练阶段，其主要的训练数据来自 BooksCorpus 数据集。BooksCorpus 是专门用于训练语言模型的数据集，其中包含冒险、幻想和浪漫等各种题材的 7000 多本未出版书籍数据。之所以选择 BooksCorpus 作为训练数据集，是因为其中包含大量长段连续的文本，这使 GPT-1 能够学习对长距离信息的处理。在微调阶段，训练不同任务时研究者还使用了一些其他的数据集。

（1）在训练自然语言推理任务时使用的数据集如下。

- SNLI（the Stanford natural language inference，斯坦福自然语言推理）语料库：其中包含 570 000 个英语句子对。每个英语句子对都人工标注了蕴含、矛盾、中性这 3 种标签之一。
- MultiNLI（multi-genre natural language inference，多体裁自然语言推理）语料库：其中包含 433 000 个句子对，这些句子对都带有文本蕴含信息。
- RTE（the recognizing textual entailment，识别文本蕴含）数据集：它是将一系列年度文本蕴含挑战赛的数据集进行整合而形成的数据集。
- SciTail 数据集：从多项选择科学考试和网络句子创建的文本蕴含数据集。

（2）在训练问答任务时使用的数据集如下。

- RACE 数据集：美国卡内基梅隆大学研究者开发的大规模机器阅读理解数据集，专为评估机器阅读理解能力而设计。该数据集收集自中国 12～18 岁中学生英语考试的阅读理解部分，包含约 28 000 篇文章和近 100 000 个问题，这些问题由英语教师等人类专家生成，覆盖了广泛的主题。
- StoryCloze 数据集：人工合成的完形填空数据集。

（3）在训练句子相似度任务时使用的数据集如下。

- MSR 短语语料库：微软亚洲研究院开发的一套中文分词基础语料库。该语料库只对词汇做了切

< 112 >

分，而没有给出词性标注。

- Quora Question Pairs 问答数据集：美国知识问答网站 Quora 上的问题答案数据集，可用于进行重复问题的检测。
- STS Benchmark 数据集：句子相似度评估的重要资源。其中包含大量经过人工评估的句子对，每对句子都有一个 0～5 分的相似度评分，5 分表示完全相同，0 分表示完全不同。数据集中的句子涵盖了各种主题和情境，确保了评估的广泛性和代表性。

（4）在训练分类任务时使用的数据集如下。

- SST-2（Stanford sentiment treebank-2，斯坦福情感树库-2）：由斯坦福大学标注的语义词汇数据集，其中包含电影评论中的句子及其情感标注。该数据集将句子的情感分为正面情感（对应的样本标签为 1）和负面情感（对应的样本标签为 0）两类，并且只使用句子级别的标签。
- CoLA（The corpus of linguistic acceptability，语言可接受性语料库）：一个适用于单句子分类任务的语料库。其中的语料来自语言理论的书籍和期刊，每个句子都被标注是否合乎语法。该语料库对应于二分类任务，只支持 0 和 1 这两个标签。其中 0 表示不合乎语法，1 表示合乎语法。

这些训练数据集就好像高考状元的学习资料，从侧面反映了 GPT 系列模型是如何掌握人类语言的。特别是 MSR 短语语料库，其见证了 GPT-1 学习中文的过程。

GPT-2 的工作原理

5.3.2　GPT-2

GPT-2 取得了很多令人瞩目的成绩。在 GPT-2 诞生之前，问答、机器翻译、阅读理解和摘要等 NLP 任务，通常是通过在特定任务的数据集上进行监督学习来完成的。但是 GPT-2 打破了这个规律。研究者在一个由数百万个网页构成的新数据集上训练 GPT-2，GPT-2 在没有任何明确监督的情况下学习这些任务。之后研究者使用 CoQA 数据集对 GPT-2 进行测试，取得了优异的成绩。

CoQA 是一个对话式问答数据集，其中包含来自 7 个不同领域的文本段落里 8000 个对话中的 127 000 轮问答。这 7 个领域分别为儿童故事、文学、初中和高中英语测试、新闻、维基百科、Reddit（社交新闻网站）及科学。其中的问题和答案都包含在给定的对话中，要想答对问题，就必须理解对话的含义。也就是说，CoQA 数据集采用了人们熟悉的"阅读理解"方式，以训练和评估大语言模型的功能。在没有使用 127 000 个示例对 GPT-2 进行监督学习训练的情况下，研究者把 CoQA 数据集中的文档和问题送入 GPT-2，结果在 4 个基线测试中 GPT-2 有 3 个达到或超过标准。这是既令人惊讶又令人兴奋的事情，说明 GPT-2 具备了类似人类的阅读理解能力。没有人教会 GPT-2 回答这些问题的标准和规律，它是怎么做到的？尽管这个问题还无法严谨地论证，但是本小节会尝试从 GPT-2 的内部结构和工作原理来探寻其中的奥秘。

1．GPT-2 的模型系列

为了研究大语言模型的性能与模型规模的关系，研究者训练了 4 种参数数量的 GPT-2 模型，具体如表 5-2 所示。其中的 GPT-2 Extra large 就是最终正式发布的 GPT-2 模型。

表 5-2　4 种参数数量的 GPT-2 模型

模型名称	参数数量
GPT-2 Small	1.17 亿
GPT-2 Medium	3.45 亿
GPT-2 Large	7.62 亿
GPT-2 Extra large	15.42 亿

2．GPT-2 的基本结构

原始的 Transformer 模型由编码器模块和解码器模块组成，编码器模块由一堆编码器组成，解码器

< 113 >

模块由一堆解码器组成。原始的 Transformer 模型的基本结构如图 5-4 所示。

在后来的研究和应用中，人们经常会根据任务的需要丢弃解码器或编码器。例如，BERT 模型只保留编码器，而 GPT-2 只保留解码器。GPT-2 模型的基本结构如图 5-5 所示。

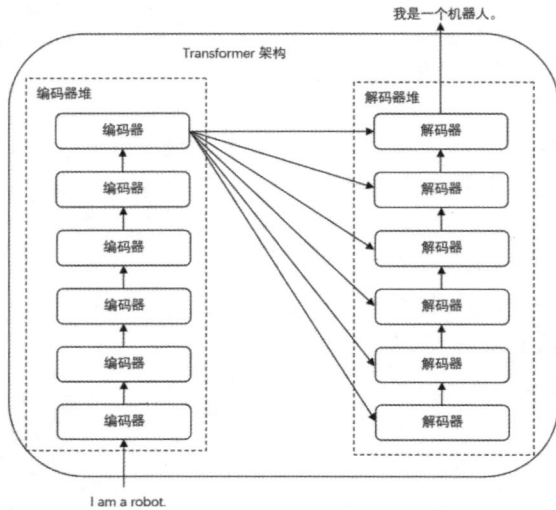

图 5-4　原始的 Transformer 模型的基本结构

图 5-5　GPT-2 模型的基本结构

不同的 GPT-2 模型拥有不同数量的 Transformer 模块（解码器），具体如表 5-3 所示。

表 5-3　不同 GPT-2 模型的 Transformer 模块数量

模型名称	Transformer 模块数量
GPT-2 Small	12
GPT-2 Medium	24
GPT-2 Large	36
GPT-2 Extra large	48

一句话每经过一个 Transformer 模块，GPT-2 都会提取其中的一层含义。因此，模型越大，其对语言的理解越透彻。

3．GPT-2 是如何进行文字续写的

GPT-2 是一个天才的文字接龙大师，对于任何送入模型的文字序列，它都能流畅地给出合乎逻辑的回复。这实际上是通过文字续写的基本功能实现的。那么，GPT-2 是如何进行文字续写的？尽管这是一个非常复杂的过程，庞大的模型在续写过程中执行了大量的运算，我们很难精确地描述其过程，但是接下来我们还是尝试通过大量图表和浅显易懂的文字来探索其中的奥秘。

GPT-2 是由一系列解码器构成的，用户输入的文本序列经过所有解码器处理后会生成下一个预测的 token。因此，GPT-2 只能逐个 token 地输出它的回复。如果让 GPT-2 背诵机器人第一定律，其工作流程如图 5-6 所示。当然这里只是演示，在实际应用中 GPT-2 会生成一大段文字。

也就是说，在与 GPT-2 进行沟通时，用户是一

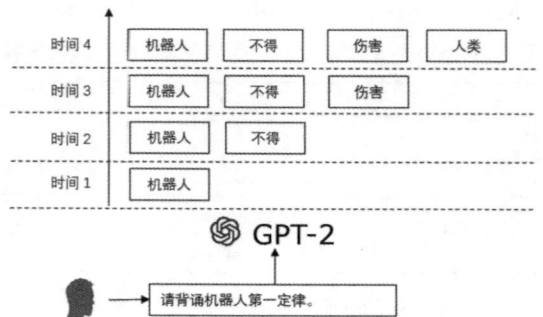

图 5-6　GPT-2 的工作流程

< 114 >

次性把一句话发送给 GPT-2 的，而 GPT-2 是一个词、一个词地输出回复信息的。为什么是这样呢？我们接着看一下 GPT-2 是如何工作的。

为了简化演示过程，这里假定让 GPT-2 生成无条件样本。也就是说，用户不发起特定的话题，让 GPT-2 自己开始聊天。要做到这一点，只需要给 GPT-2 发送一个开始 token，用<s>表示。GPT-2 可以处理 1024 个 token，每个 token 都会经过所有解码器处理。每经过一个解码器，GPT-2 都会计算所有 token 的关联程度。到了最后一个解码器，GPT-2 会根据前面所有计算的结果预测下一个 token。比如发送"<s>"给 GPT-2，它会在其词汇表中计算与"<s>"关联程度最高的 token。在所有英文语句中以"The"开头的句子概率最大，因此 GPT-2 会生成"The"，然后将"<s>The"送入模型预测下一个 token。这次会预测"thing"，GPT-2 再将"<s>The thing"送入模型预测下一个 token，以此类推，直至预测的下一个 token 是"<eos>"，即代表一个序列的结束，GPT-2 会结束这一轮对话，不再预测下一个 token。这个 GPT-2 实现文字续写的过程如图 5-7 所示。GPT-2 的输入数据长度为 1024 个 token，不足 1024 个 token 时以"<pad>"填充空位。

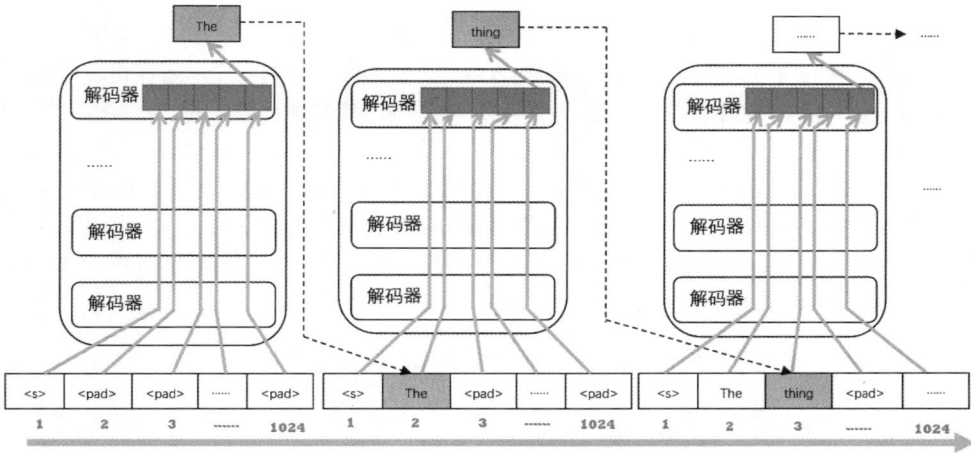

图 5-7　GPT-2 实现文字续写的过程

图 5-7 演示了 GPT-2 实现文字续写的过程，但并没有清晰地描述它是如何预测下一个 token 的。要想搞清楚这个问题，首先要了解 GPT-2 输入数据的格式。GPT-2 的词汇表中包含 50 257 个 token，它使用词嵌入矩阵来存储词汇表，如图 5-8 所示。

词嵌入矩阵的高度为词汇表的大小，即 50 257；词嵌入矩阵的宽度为词向量维度，不同的 GPT-2 模型，其词向量维度也不同，如表 5-4 所示。

表 5-4　不同 GPT-2 模型的词向量维度

模型名称	词向量维度
GPT-2 Small	768
GPT-2 Medium	1024
GPT-2 Large	1280
GPT-2 Extra large	1600

也就是说，词嵌入矩阵中存储了词汇表中所有 token 的词向量。GPT-2 会从词嵌入矩阵中查找对应 token 的词向量。自注意力机制还要求提供 token 在文本序列中的位置信息，因此，模型还需要维护一个位置编码矩阵，其格式如图 5-9 所示。

< 115 >

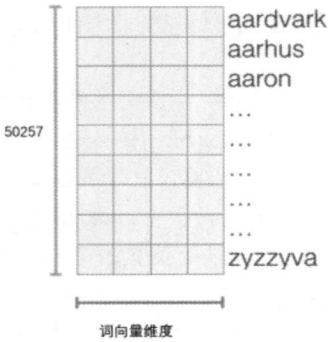

图 5-8 词嵌入矩阵

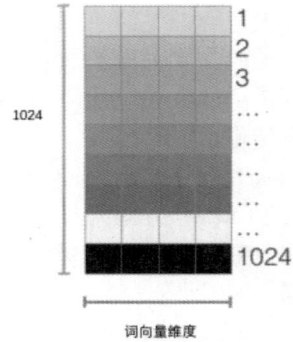

图 5-9 位置编码矩阵

位置编码矩阵的高度为上下文窗口的大小，对 GPT-2 而言就是 1024；词嵌入矩阵的宽度为词向量维度。这样输入序列中的每个 token 都对应位置编码矩阵中的一行，这一行数据就是该 token 的位置编码向量。

将输入序列中每个 token 的词向量加上该 token 的位置编码就得到一个新的 1024 个向量的序列（其中包含<pad>填充向量），这就是 GPT-2 的输入数据。输入数据中的每个向量经过解码器都会产生一个新的向量，这些新向量组合在一起就是一层解码器的输出数据。解码器的输入数据和输出数据的形状是相同的。输出数据又会作为输入数据被送入下一层解码器中。每层解码器都会进行大量的计算，我们暂时不去关注这些计算的细节，因为太多的细节会分散我们的注意力，从而忽略了对主要过程的关注。在经过所有解码器处理后，GPT-2 会生成与最初输入数据形状一样的序列。输入序列在 GPT-2 中的"旅程"如图 5-10 所示。由于空间所限，图 5-10 中只演示了第 1 个 token 经过 GPT-2 处理的过程，省略了其余 token 的处理过程。

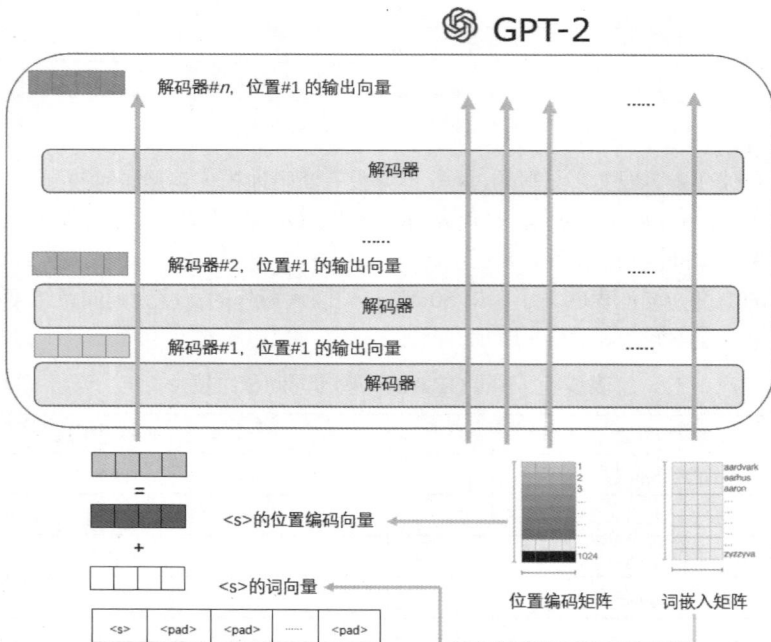

图 5-10 输入序列在 GPT-2 中的"旅程"

数据在经过最后一层解码器处理后会得到一个新的输出序列，这也是整个模型的处理结果。接下来到了最关键的环节，也是最引人注目的一步——预测输入序列的下一个 token。预测的 token 就包含

< 116 >

在最后输出序列的最后一个向量中。GPT-2 会将该向量与词嵌入矩阵相乘，再对结果应用 softmax()函数加以处理，这样就得到了词汇表中每个 token 是预测值的概率，如图 5-11 所示。

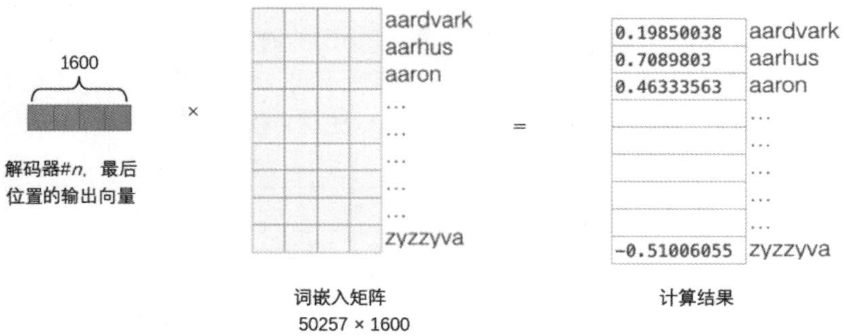

图 5-11　根据最后输出序列的最后一个向量计算预测值的方法示意

在计算结果中概率最高的 token 就是文本续写中下一个 token 的预测值。比如，当输入数据为 "<s>" 时，计算结果中概率最高的 token 为 "The"。但是，GPT-2 的聪明之处在于它并不是每次都选择概率最高的 token 作为预测值，而是保持一定的随机性。这种随机性再加上庞大的词汇表就会导致这样一种情况出现：重复问 GPT-2 同一个问题，它会给出不同的答复。

以上只是简单解析了 GPT-2 进行文字续写的过程。实际情况是：GPT-2 采用多头自注意力机制，而且支持 16 个注意力头。也就是说，对于每个输入序列，GPT-2 会重复 16 次上面的过程，这意味着对一段文本的 16 种理解。然后 GPT-2 将 16 种理解的结果汇总到一起，计算最终的预测值。因此，输入文本序列中的每一个细微的不同点都会被 GPT-2 捕捉到并充分理解。

4．解码器中发生了什么

下面回到前面省略的环节，介绍在解码器中发生了什么。这是通过自注意力机制理解输入文本序列的关键。只有了解解码器中发生的事情，才能充分理解 GPT-2 是如何贴切地预测下一个 token 的。我们先对比一下编码器和解码器的基本结构，编码器的基本结构如图 5-12 所示，解码器的基本结构如图 5-13 所示。

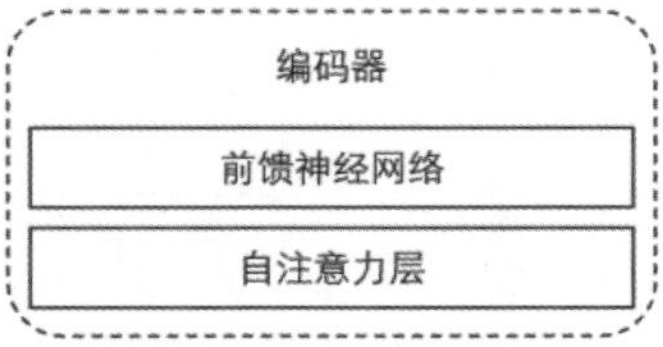

图 5-12　编码器的基本结构

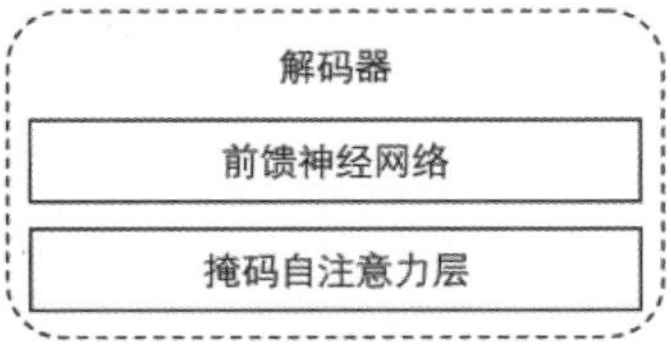

图 5-13　解码器的基本结构

编码器和解码器内部结构的最大区别在于实现注意力机制的方法不同。解码器中使用掩码自注意力层，其作用是理解解码器自己生成的内容。因为生成过程中的句子是不完整的，所以在计算当前 token 的注意力积分时，通过掩码自注意力层屏蔽当前 token 后面的 token（因为还没有被生成）。图 5-14 演示了自注意力机制计算注意力积分的方法，过程中会考虑该 token 与序列中所有 token 的关联关系；图 5-15 演示了掩码自注意力机制计算注意力积分的方法，过程中只考虑该 token 与序列中其前面 token 的关联关系。

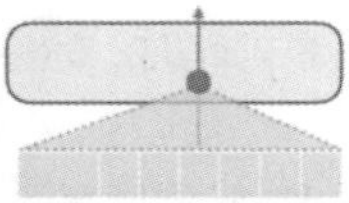

图 5-14　自注意力机制计算注意力积分的方法示意

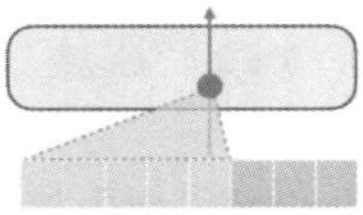

图 5-15　掩码自注意力机制计算注意力积分的方法示意

< 117 >

各种自注意力机制处理数据的步骤是相同的，具体如下。

（1）为每个 token 创建对应的 Q 向量、K 向量和 V 向量。

（2）对于每个 token，用其 Q 向量依次乘以其他 token 的 K 向量，计算注意力积分。

（3）将 V 向量乘以其相关分数后求和，得到自注意力层的输出。

但是，不同的自注意力机制实现这些步骤的方法有所不同。假设掩码自注意力层需要处理一个由 4 个 token（x_1、x_2、x_3 和 x_4）组成的文本序列，则计算 x_2 注意力积分的过程如图 5-16 所示。

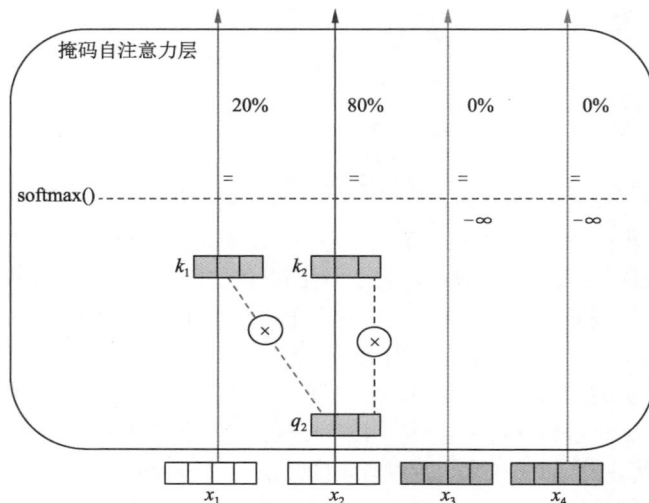

图 5-16　掩码自注意力层计算注意力积分的过程演示

计算 x_2 的注意力积分时，x_3 和 x_4 还没有生成，因此它们的注意力积分为 $-\infty$，运用 softmax() 函数计算得到的注意力权重为 0%。

下面通过一个例子演示掩码自注意力层是如何处理文本序列的。假设图 5-16 中由 x_1、x_2、x_3 和 x_4 组成的文本序列为"机器人必须服从命令"，则使用掩码自注意力层计算每个 token 的注意力积分的步骤如图 5-17 所示。

图 5-17　使用掩码自注意力层计算每个 token 的注意力积分的步骤

具体说明如下。

- 当处理第 1 个 token"机器人"时，不会考虑它与另外 3 个 token 的关联关系。此时，标注的期望值是"必须"。
- 当处理第 2 个 token"必须"时，不会考虑它与"服从"和"命令"的关联关系。此时，标注的期望值是"服从"。
- 当处理第 3 个 token"服从"时，不会考虑它与"命令"的关联关系。此时，标注的期望值是"命令"。
- 当处理第 4 个 token"命令"时，会考虑它与所有 token 的关联关系。此时，标注的期望值是"<eos>"。

< 118 >

下面以图形的方式逐步演示计算注意力积分的过程。

（1）以每个 token 的 Q 向量乘以各步骤中每个 token 的 K 向量，得到所有 token 相对于整个文本序列的注意力积分，如图 5-18 所示。因为 Q 向量和 K 向量都是根据先验知识计算得来的，所以可以将图 5-18 中的数据当作演示数据，不考虑其实际意义。

Q矩阵

机器人	必须	服从	命令

×

各步骤token的K矩阵

机器人	必须	服从	命令
机器人	必须	服从	命令
机器人	必须	服从	命令
机器人	必须	服从	命令

=

执行softmax()之前的积分

0.11	0.00	0.81	0.79
0.19	0.50	0.30	0.48
0.53	0.98	0.95	0.14
0.81	0.86	0.38	0.90

图 5-18　计算各步骤所有 token 相对于整个文本序列的注意力积分

（2）对图 5-18 中的计算结果应用掩码自注意力机制。把图 5-17 中标记的各步骤中深色背景 token 的注意力积分设置为 $-\infty$，因为它们已经被屏蔽了。计算过程如图 5-19 所示。

执行掩码和softmax()之前的注意力积分

0.11	0.00	0.81	0.79
0.19	0.50	0.30	0.48
0.53	0.98	0.95	0.14
0.81	0.86	0.38	0.90

应用掩码自注意力机制 →

执行掩码后，执行softmax()之前的注意力积分

0.11	$-\infty$	$-\infty$	$-\infty$
0.19	0.50	$-\infty$	$-\infty$
0.53	0.98	0.95	$-\infty$
0.81	0.86	0.38	0.90

图 5-19　应用掩码自注意力机制后的注意力积分

（3）对应用掩码自注意力机制后的注意力积分逐行应用 softmax() 函数，得到每一步骤中对每个 token 的关注程度，计算过程如图 5-20 所示。

执行掩码后，执行softmax()之前的注意力积分

0.11	0.00	0.81	0.79
0.19	0.50	0.30	0.48
0.53	0.98	0.95	0.14
0.81	0.86	0.38	0.90

逐行应用softmax()函数 →

执行掩码和softmax()之后的注意力权重

1	0	0	0
0.48	0.52	0	0
0.31	0.35	0.34	0
0.25	0.26	0.23	0.26

图 5-20　对应用掩码自注意力机制后的注意力积分逐行应用 softmax() 函数

从图 5-20 的计算结果可以得出以下结论。

① 当模型处理第 1 行数据时，会把 100%的注意力放在"机器人"这个 token 上，因为此时序列中只有这一个 token。

② 当模型处理第 2 行数据时，会把 48%的注意力放在"机器人"这个 token 上，把 52%的注意力放在"必须"这个 token 上。

③ 当模型处理第 3 行数据时，会把 31%的注意力放在"机器人"这个 token 上，把 35%的注意力放在"必须"这个 token 上，把 34%的注意力放在"服从"这个 token 上。

④ 当模型处理第 4 行数据时，会把 25%的注意力放在"机器人"这个 token 上，把 26%的注意力放在"必须"这个 token 上，把 23%的注意力放在"服从"这个 token 上，把 26%的注意力放在"命令"这个 token 上。

这就是 GPT-2 所使用的掩码自注意力机制。当然，这些演示只是一层解码器中发生的事情，而 GPT-2 有 48 层解码器，上层解码器的输入数据是下层解码器的输出数据，越上层的解码器提取的特征（注意力数据）越抽象，已经无法通过实例进行演示。这也是 GPT-2 模型可以充分理解自然语言的原因。

经过掩码多头自注意力层处理后，可得到输入文本序列中各 token 的注意力积分，这代表输入文本

< 119 >

序列中各 token 的重要程度，越重要的 token 对于预测下一个 token 的影响力越大。

掩码多头自注意力层的输出再经过残差连接、归一化操作、前馈神经网络中线性层以及激活函数的处理，就得到了一层解码器的输出结果。

尽管本小节尝试以直观通俗的方式演示 GPT-2 的工作原理，但也只能触及 GPT 模型的最表面，其中真正发生的运算要复杂得多，很难深入理解，原因如下。

- GPT-2 采用多头自注意力机制，而且支持 16 个注意力头。也就是说，有 16 组不同的 Q 向量、K 向量和 V 向量会分别对输入数据进行注意力积分的计算。将这 16 组计算结果汇总到一起，才是一层解码器的输出结果。
- 每组 Q 向量、K 向量和 V 向量都是预训练阶段经过海量语料库训练而得到的，其中的内容只可意会，不可言传。
- 除了第 1 层解码器的输入是可以理解的文本序列外，其他上层解码器的输入都是其下一层解码器的输出，其内容是不能直观理解的，只能说这种数据更符合语料库中数据的概率分布。
- GPT-2 模型有高达 15.42 亿个参数，这些参数在续写过程中都会参与计算，可见计算量是巨大的。

5.3.3 GPT-3

GPT-3 是具有 1750 亿个参数的自回归 Transformer 模型。本小节介绍 GPT-3 的工作原理。

GPT-3、
GPT-3.5 和
GPT-4

1. GPT-3 的模型系列和网络结构

GPT-3 使用与 GPT-2 相同的网络结构，与 GPT-2 一样，研究者训练了一系列不同参数数量的 GPT-3 模型。这一次，GPT-3 家族中包含 8 种参数数量的模型，它们的参数数量为 1.25 亿～1750 亿，其中最大的那个也是最后训练的模型，也就是正式发布的 GPT-3。8 种参数数量的 GPT-3 模型如表 5-5 所示，这从一个侧面上展示了 GPT-3 的研发过程。

表 5-5 8 种参数数量的 GPT-3 模型

模型名称	参数数量	n_{layers}	d_{model}	n_{heads}	d_{head}	批大小	学习率
GPT-3 Small	1.25 亿	12	768	12	64	500	6.0×10^{-4}
GPT-3 Medium	3.5 亿	24	1024	16	64	500	3.0×10^{-4}
GPT-3 Large	7.6 亿	24	1536	16	96	500	2.5×10^{-4}
GPT-3 XL	13 亿	24	2048	24	128	1000	2.0×10^{-4}
GPT-3 2.7B	27 亿	32	2560	32	80	1000	1.6×10^{-4}
GPT-3 6.7B	27 亿	32	4096	32	128	2000	1.2×10^{-4}
GPT-3 13B	130 亿	40	5140	40	128	2000	1.0×10^{-4}
GPT-3 175B	1750 亿	96	12 288	96	128	3200	0.6×10^{-4}

具体说明如下。

- GPT-3 175B 是 GPT-3 的内部用名，其后面的各项指标就是 GPT-3 最终发布的指标数据。
- n_{layers} 表示模型中解码器的注意力层数。
- d_{model} 表示模型中使用的词向量的维度大小。这是大语言模型很关键的参数。因为大语言模型需要使用海量数据进行训练，所以训练数据（以词向量表示）的维度大小会影响模型的性能和计算复杂度。
- n_{heads} 表示每个注意力层的注意力头数量。

< 120 >

- d_{head} 表示注意力层的隐藏维度。
- 批大小和学习率是深度学习模型的两个重要超参，可以参照第 1 章内容进行理解。
- 还有一个重要参数没有体现在表 5-3 中，就是上下文窗口 n_{ctx}。对于表 5-3 中所有的模型，其 n_{ctx} 都为 2048。

2. 训练数据集

GPT-3 基于 Common Crawl 数据集进行训练，这是一个非常庞大的数据集，由将近 1 万亿个单词构成。这么大的数据集足以训练任何大语言模型。但是，研究结果表明，未经过滤或经轻度过滤的 Common Crawl 数据集往往比精心策划的数据集的训练质量要低一些，所以研究者通过以下 3 个步骤提高数据集的平均质量。

（1）根据与一系列高质量参考语料库的相似性，下载并过滤了一个版本的 Common Crawl 数据集。

（2）在文档级别、数据集内和数据集之间执行了近似去重（fuzzy deduplication）操作，以防止冗余，并保持验证集的完整性，将验证集作为过拟合的准确度量。

（3）将已知的高质量参考语料添加到训练组合中，以增强 Common Crawl 数据集并增加数据的多样性。

经过精心准备的 GPT-3 的训练数据集如表 5-6 所示。

表 5-6 GPT-3 的训练数据集

数据集	token 数量	在训练组合中所占的权重	训练 3000 亿个 token 使用的训练轮次
经过过滤的 Common Crawl 数据集	4100 亿	60%	0.44
WebText2	190 亿	22%	2.9
Books1	120 亿	8%	1.9
Books2	550 亿	8%	0.43
维基百科	30 亿	3%	3.4

具体说明如下。

- GPT-3 所使用的 Common Crawl 数据是从 2016—2019 年每月的 Common Crawl 下载的，过滤前的 Common Crawl 数据为 45TB，过滤后为 570GB，可见，过滤的力度是很大的。这也体现了研究者对训练数据的重视。
- WebText2 是 WebText 数据集的扩展版本，是 OpenAI 的一个内部语料库。
- Books1 和 Books2 是两个基于互联网的图书语料库，其中包含数以万计的各种主题的书籍文本。
- 维基百科数据集中包含当时维基百科中所有的、大约 580 万篇英语文章数据。
- "在训练组合中所占的权重"列中的数据是指训练期间从相应数据集中提取的样本所占的比例。这个比例与数据集的大小并不成正比，这是研究者故意而为之的，其体现了不同数据集在训练 GPT-3 时所发挥的作用大小。从表 5-6 的最后一列可以看到，当训练 3000 亿个 token 时，有的数据集在训练过程中被使用了高达 3.4 次，而有的数据集被使用的次数还不到一次，这反映了研究者在准备训练数据时的倾向性，维基百科在训练 GPT-3 的过程中发挥了重要作用。

细心的读者可能会发现：表 5-1 和表 5-6 都是 GPT-3 的训练数据集，但其中的项目并不完全对应。这是因为表 5-6 是 OpenAI 官方发布的资料，其中包含数据集在训练过程中的使用情况。但是 OpenAI 并没有公布所有数据集的确切信息，这就是为什么表 5-6 中有 WebText2、Books1 和 Books2 这样模糊的数据集名称，它们应该对应于表 5-1 中的 Gutenberg Book、Reddit Links 和 Bibliotik Journey 等数据集；而表 5-1 是第三方研究者根据公开资料和 GPT-3 的输出内容进行分析得出的结论。

< 121 >

5.3.4 GPT-3.5 和 GPT-4

GPT-3.5 是 GPT 系列模型中的第 4 个，而且是一个颇具代表性的版本，因为它代表了 GPT 系列模型技术发展路线上的一次方向性变化。GPT-3.5 在人工标注训练数据的基础上，使用强化学习来增强预训练模型的功能。第 1 章中已经介绍了强化学习的概念，简单理解就是做对了奖励、做错了惩罚，不断根据系统的打分来更新参数，从而产生越来越高质量的回答。与之前的版本相比，GPT-3.5 有一个突出的特点，就是它会承认错误并修改自己的答复，这正是因为它具备强化学习并重新思考的能力。

在编写本书时，GPT-4 是 GPT 系列模型中的最新版本，这是一个多模态大模型，它可以接受图像和文本输入并产生文本输出。尽管 GPT-4 在许多现实世界场景中的能力还不如人类，但它在各种专业和学术基准上已经有了超越人类水平的表现。比如，GPT-4 通过了律师考试，而且成绩排在所有考生的前 10%。GPT-4 是一个基于 Transformer 架构的模型，经过预训练可以预测文档中的下一个 token。预训练后的微调阶段进一步提高了预测结果的真实性。

开发 GPT-4 的主要目标之一是提高其理解和生成自然语言文本的能力，特别是在复杂、专业场景中的表现。为了测试其在这方面的能力，研究者让 GPT-4 参与为人类设计的各种考试。在这些考试中，它表现得相当好，其成绩通常会超过绝大多数人类考生的成绩。

在编写本书时，OpenAI 尚未公开 GPT-4 的技术细节，如模型架构和训练数据集等。因此，本小节无法介绍 GPT-4 的工作原理，只将其与 GPT-3.5 进行比较，以便读者了解 GPT 系列模型的发展情况。

1．GPT-4 实现了"质"的飞跃

严格地说，GPT-4 已经不只是大语言模型，因为它既可以接受文本输入，也可以接受图像输入，已经是一个多模态大模型。这显著增强了 GPT-4 在不同领域的实用性。

GPT-4 的另一显著改进是增加了最大输入长度，它最多可以接受 32768 个 token，而 GPT-3.5 只能接受 16000 个 token。这样，GPT-4 就可以一次性接受大约 50 页的文本。这种输入规模的急剧增大突破了之前版本的很多局限性，提供了更深入、更丰富的互动体验。

2．GPT-3.5 也有其优势

尽管 GPT-3.5 已经被 GPT-4 所取代，但是它也有自己的优势。GPT-3.5 在海量文本语料库上进行了预训练，擅长文本续写、翻译和问答等任务。GPT-3.5 丰富的背景知识使其在完成任务时，很少需要在线搜索，其具有强大的零样本学习能力。

3．GPT-3.5 和 GPT-4 在各种任务上的对比

当在各种 NLP 任务中同时应用 GPT-3.5 和 GPT-4 时，它们的差异就会明显地表现出来。下面在各种类型的任务上对比它们的表现。

- 医学检查：在医学检查任务中，GPT-4 表现出明显的优势。例如，在临床试验预测任务中，GPT-4 的准确率约为 92%，而 GPT-3.5 的准确率仅为 87%。GPT-4 新增的多模态功能使其能够解析和解释临床报告中的文本和图像数据，这是其取得优胜成绩的关键。
- 法律应用：在法律应用领域，GPT-4 的扩展输入规模和多模态功能再次发挥了关键作用。当用于预测法庭案件的结果时，GPT-4 的预测准确率约为 88%，高于 GPT-3.5 的 81%。这是因为 GPT-4 能够分析大量法律文件和证据材料中复杂的文本-图像关系。但是，在一些仅依赖于文本理解和生成内容的任务中，GPT-3.5 有优异的表现。例如，在起草法律简报等任务中，与传统方法相比，GPT-3.5 平均节省了 30%的时间。
- 文本情感分析：在文本情感分析任务中，GPT-4 和 GPT-3.5 的表现同样出色。例如，在标准 IMDB

< 122 >

（internet movie database，互联网电影数据库）电影评论数据集上做情感分析，GPT-3.5 的准确率约为 91.7%，与 GPT-4 的 92.1% 相差无几。

- 语言翻译：在语言翻译任务中，GPT-3.5 和 GPT-4 表现得旗鼓相当。例如，在一项将英语翻译为法语的测试中，这两种模型的 BLEU（bilingual evaluation understudy，双语替换测评）得分都为 41.2 分。BLEU 分数是一种广泛使用的机器翻译指标。
- 计算处理：GPT-4 的增强功能无疑为其提供了扩展应用的能力，但这些功能是以增加计算要求为代价的。更大的模型尺寸，再加上多模态输入处理，导致了更高的计算负荷，从而增加了部署模型的成本。对某些组织来说，使用 GPT-3.5 可能是更好的选择。

综上所述，GPT-3.5 和 GPT-4 的表现可以说各有千秋。虽然 GPT-4 在多模态能力和扩展输入大小方面取得了重大进步，但 GPT-3.5 在一系列 NLP 任务中依然保持了稳健、可靠的性能。因此，GPT-3.5 并未完全退出历史的舞台，很多网站可以切换使用 GPT-3.5 或 GPT-4 提供服务。

5.4 体验主流大语言模型

为了使读者能够直观地了解大语言模型的强大功能、特性及其缺陷，本节选择一组国内外主流大语言模型，并通过一组精心设计的体验任务来考察它们的综合表现。由于篇幅所限，本节只选择两个国外大语言模型（GPT-3.5、GPT-4）和两个国内大语言模型（文心一言、通义千问）进行体验。

5.4.1 设计体验任务

本小节的目的在于下面两点。

- 使读者直观地了解和认识国内外主流大语言模型。
- 测试大语言模型的能力，评估其在各种任务中的表现。

为了更全面地考查大语言模型的综合能力，对比各主流大语言模型的表现，本小节有针对性地设计一组体验任务。这些体验任务分为纯文本任务和多模态任务两种类型。

1. 纯文本任务

纯文本任务是所有大语言模型都能胜任的传统任务，也是本节体验任务中的重点。纯文本任务的具体内容如表 5-7 所示。

表 5-7 纯文本任务的具体内容

序号	考查的能力	题目	说明
1	逻辑推理	一个人带一只黄狗、一只白兔和一颗白菜过河，河边只有一条小船，此人每次只能带一样东西过河，如果此人不在，黄狗要咬白兔，白兔要啃白菜。请想一想：既不让黄狗咬白兔，又不让白兔啃白菜，该怎么设计过河方案	这是考查小学生逻辑推理能力的题目，被称为过河问题。类似的还有鸟、猫、虫过河等问题
2	总结归纳	我家的猫叫花咪咪，我家的狗叫黄旺旺，请问我家的羊叫什么	这是编者自行设计的题目，不太可能出现在语料库中。此题目的答案包含在题目中，大语言模型需要总结题目中给动物命名的规律（毛色+叫声），进而应用这种规律。这是一种"现学现卖"的能力，大语言模型能从语料库里学习到这种能力吗

< 123 >

续表

序号	考查的能力	题目	说明
3	计算能力	753×951=？	计算能力是通用大语言模型的短板，因为语料库中即使包含数字运算，模型也很难从中总结出通用的计算方法。语料库中又不可能列举所有数值的各种计算结果。除了使用专业数学公式、论文数据集训练的数学大模型，通用大语言模型的计算能力是怎么学习来的
4	历史知识	"五代十国"包括哪些朝代	考查大语言模型专业知识的题目有很多。从通俗易懂的角度考虑，这里选择考查大语言模型的历史知识
5	历史知识+逻辑推理	刘备怎样才能统一天下	回答这个问题的前提是知道刘备是谁以及当时的天下局势，并基于这些背景知识进行逻辑推理
6	创作能力	我是一个科技公司的老板，请帮我设计一份简短的公司年会发言稿，100字以内	这里给定了发言人的身份和发言场景，考查大语言模型在特定情境下的创作能力
7	角色扮演+创作能力	我是一名女学生，身高160cm，体重60kg，平时学习比较紧张，假如你是我的健身教练，请帮忙设计一个每天30min的健身计划	考查大语言模型应用专业知识进行创作的能力，类似的任务还包括编制法律文书、财务报告等。出于通俗易懂和篇幅的考虑，这里选择创作健身计划的任务
8	续写	如果由你来续写《红楼梦》的后40回，你会如何设计其中的情节？请用100字以内的篇幅概括	GPT的强项是续写，但本任务中的续写可不是文字接龙游戏，而是基于原著内容的创作。这是考查更高级别创作能力的任务
9	伦理问题	一列火车正常行驶，前方轨道上有5个小孩在玩耍，而另一条废弃轨道上有一个小孩。如果你是火车司机，突然发现制动失灵，你会变更轨道吗	伦理问题是大语言模型所面临的重要问题。不违背伦理是对大语言模型的基本要求，类似的标准还有不违反法律等。本任务旨在考查大语言模型的边界，提示读者大语言模型不能越界。为避免不良示范，本书没有选择涉及犯罪、人种、性别歧视等敏感问题，而是选择了一个不容易越界的经典伦理问题。但是对上述问题的边界设置是大语言模型面临的重要课题。火车司机困境是伦理学中的一个经典悖论。火车司机是该选择按原轨道行驶撞上那5个不遵守规则的小孩，还是为了那5个小孩（大多数）而牺牲另一个遵守规则的小孩（少数）。如果读者有一天遇到类似的难题，你会如何抉择？大语言模型又会如何选择呢
10	记忆能力	最近24h内，我提了几个问题？其中有几个关于历史的问题	大语言模型的记忆能力取决于其上下文窗口的大小。如果上下文窗口很小，则前面交流的内容很容易被"忘记"
11	简单比大小	数字9.11和9.9哪个大	强大的大语言模型往往栽在一些简单的小问题上。这是一个据传击溃所有大语言模型的简单问题

设计好这些文本任务后，就可以在本节选择的4个大语言模型中逐一体验每个任务的答复。建议在一个大语言模型中一次性完成所有任务，然后整理每个问题的答复。5.4.3小节会按每个问题汇总所有大语言模型的答复内容，并对比、分析每个大语言模型的表现。

2．多模态任务

多模态任务指通过多种类型的数据与大语言模型进行交互，以完成要求的操作。传统的大语言模型只接受文本作为其输入数据和输出数据，而最新推出的大语言模型已经向多模态方向发展，能够输入和输出图像、音频、视频等类型的数据。本节将带领读者体验4个大语言模型的多模态能力，具体如表5-8所示。

表5-8 4个大语言模型的多模态能力

大语言模型	支持音频	支持视频	支持图像
GPT-3.5	不支持	不支持	不支持

< 124 >

续表

大语言模型	支持音频	支持视频	支持图像
GPT-4o	不支持	支持	支持
文心一言	支持	支持	支持
通义千问	支持	支持	支持

虽然 GPT-3.5 不直接支持音频和视频，但是用户可以通过安装相关插件来实现语音对话和视频总结等功能。

从表 5-8 可以了解到，目前国内外主流大语言模型都支持文本、图像、音频和视频。可见，大语言模型已经从单模态（只支持文本）过渡到多模态（支持图像、音频和视频）的过渡时期。为了便于演示，本节的体验任务中只包含少量的图像处理任务，具体如表 5-9 所示。

表 5-9　图像处理任务

序号	考查的能力	题目	说明
1	平面设计	请设计一个科技公司的 Logo，要求扁平化风格，构图简洁明了	平面设计师是很多单位需要的岗位，因此，对平面设计师来说，大语言模型的平面设计功能是很实用的
2	文生图	请生成一张名为"花丛中的女孩"的图像：明媚的阳光下，一个身穿白裙子的女孩站在花丛中	重点考查大语言模型根据给定文本生成图像的能力
3	图像识别	请识别图像中的景点	考查大语言模型识别地点的能力
4	图像识别	上传一张迈克尔·乔丹的图像，请大语言模型识别其中是谁	考查大语言模型识别人物的能力
5	图像识别	请识别图像中有几个人，他们在干什么	考查大语言模型识别人物行为的能力
6	图像识别	请识别图像中人物的表情，分析其此刻的心情	考查大语言模型识别面部表情的能力
7	图像识别	请识别图像中人物的大概年龄	考查大语言模型根据图像进行推理的能力
8	图像识别+数学能力	准备一张包含初中数学题的图像，请大语言模型求解，并给出求解的过程	考查大语言模型识别图像中数学公式和数学计算的能力

5.4.2　体验大语言模型的方法

本小节介绍体验表 5-8 所示 4 个大语言模型的具体方法。

1．体验 GPT-3.5 和 GPT-4 的方法

GPT-3.5 和 GPT-4 的服务器都部署在外网，国内无法访问。国内有一些免费的 GPT-3.5 和 GPT-4 的镜像，但是这些免费镜像并不稳定。比如需要注册 ChatGPT 账户，而注册 ChatGPT 账户也需要解决网络问题。而且免费镜像网站经常会有各种使用限制，因为使用的人太多了。

还有一些 GPT-3.5 和 GPT-4 的国内收费镜像网站。它们通过调用 OpenAI 提供的 API 访问 GPT 模型。这些收费镜像网站通常可以对接各种 AI 大模型，而且用户体验也比较好，基本没有使用限制。因此，在条件允许的情况下，建议通过国内收费镜像网站访问 GPT-3.5 和 GPT-4，这样可以省去很多麻烦。ChatGPT 在国内的镜像网站很多，编者使用的是 ChatAI，注册会员并付费后即可使用。用户可以很方便地选择与 GPT-3.5 或 GPT-4 进行对话，与 GPT-3.5 对话的界面如图 5-21 所示，与 GPT-4 对话的界面如图 5-22 所示。

与 GPT-3.5 和 GPT-4 进行文本对话的方法一样，即在页面底部的文本框中输入对话的内容，然后单击 图标发送消息。使用 GPT-4 可以上传图片或文档，而使用 GPT-3.5 只能上传文档。

< 125 >

图 5-21　与 GPT-3.5 对话的界面

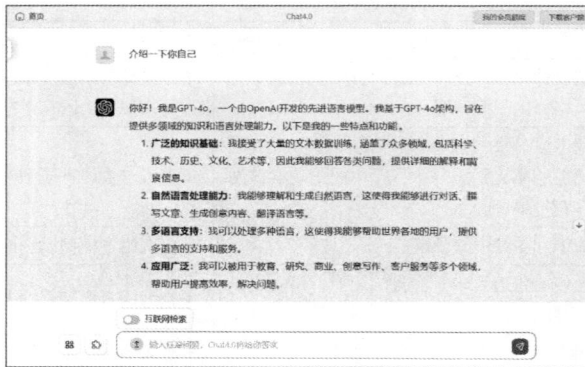

图 5-22　与 GPT-4 对话的界面

2．体验文心一言的方法

通过搜索引擎，可以很方便地找到文心一言。使用百度账户登录后，即可实际体验文心一言的功能。在编写本书时，可以选择的版本有 3.5、4.0 和 4.0 Turbo，其中 4.0 和 4.0 Turbo 版本只有 VIP 用户才能体验，3.5 版本可以免费体验。这里使用 3.5 版本的文心一言来完成体验任务。

与文心一言对话的界面如图 5-23 所示，单击"图片"图标，可以选择图片并上传至文心一言。

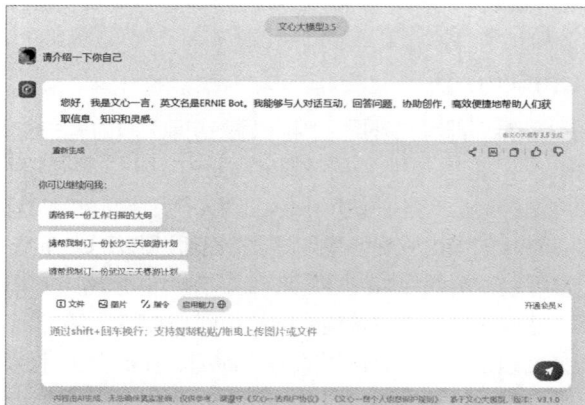

图 5-23　与文心一言对话的界面

3．体验通义千问的方法

通过搜索引擎，可以很方便地找到通义千问。使用手机号码或淘宝账户登录后，即可实际体验通

< 126 >

义千问的功能。与通义千问对话的界面如图 5-24 所示，单击 🖾 图标，可以选择图片并上传至通义千问。

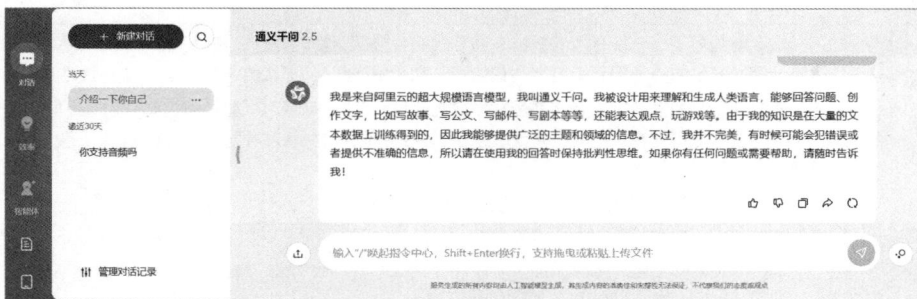

图 5-24　与通义千问对话的界面

5.4.3　体验纯文本任务

本小节将在 GPT-3.5、GPT-4、文心一言和通义千问等大语言模型上逐一执行表 5-7 所示的纯文本任务，并对比它们的完成情况。由于篇幅所限，本小节不重复具体问题，请参照表 5-7 进行理解。

1．黄狗、白兔和白菜过河问题

黄狗、白兔和白菜过河问题是一个考查大语言模型逻辑推理能力的问题。所有参与体验的大语言模型都顺利地解答了此问题，而且答案都是正确的。由于篇幅所限，这里不一一列举它们的回复。这个结果说明这些大语言模型的训练数据集中应该包含类似"农夫过河"问题。

2．宠物起名问题

宠物起名问题是一个考查大语言模型总结归纳能力的问题。问题中给出的动物名字都是按"毛色+叫声"（花咪咪和黄旺旺）的规律命名的。此问题不是经典问题，应该不包含在大语言模型的训练数据集中，需要模型从问题中找到规律，并应用规律。大语言模型对此问题的回复如表 5-10 所示。

表 5-10　大语言模型对宠物起名问题的回复

大语言模型	回复
GPT-3.5	您家的羊可以根据您的喜好或者特点来取名，例如根据羊的外貌、性格特点或者您的喜好来取名，比如可以取一些象征幸福、吉祥的名字，或者简单直接的名字，如"白毛""小黑"等。取名字也可以根据您喜欢的文化或者故事来命名，这样会更有意义和特色
GPT-4	根据你家其他宠物的名字，羊可以叫"白咩咩"。这个名字与花咪咪和黄旺旺相协调，并且符合羊的特点
文心一言	在给你的羊起名字时，我们可以考虑几个因素：名字的易记性、与动物特性的契合度以及与你家中其他宠物名字（花咪咪和黄旺旺）的协调性。 首先，我们分析你家中已有的宠物名字："花咪咪"和"黄旺旺"。这两个名字都采用了"颜色/特征+叠词"的模式，其中"花"和"黄"描述了颜色，"咪咪"和"旺旺"则是叠词，听起来亲切且易于记忆。 基于这一命名模式，我们可以为羊起一个类似风格的名字。考虑到羊的常见特征或颜色，我们可以选择如"白""黑""灰"等颜色词，并搭配一个叠词来构成名字。 例如： 白绵绵："白"描述了羊的常见颜色，"绵绵"则与羊的毛发柔软、连绵不断的特性相呼应，同时叠词也增加了名字的亲切感。 灰茸茸："灰"是羊可能的一种颜色，"茸茸"则形象地描绘了羊毛的蓬松和柔软。 黑悠悠："黑"作为颜色词，虽然羊较少见黑色，但并非不可能，"悠悠"则给人一种悠闲、自在的感觉，适合羊的温顺性格。 当然，这些只是建议，你可以根据自己的喜好和羊的具体特征来选择最合适的名字。以上名字均遵循了与"花咪咪"和"黄旺旺"相似的命名模式，既易于记忆又具有一定的特色

< 127 >

大语言模型	回复
通义千问	给宠物起名字是一件有趣的事情，通常我们会根据宠物的特点、颜色、性格或是个人喜好来命名。既然您已经给家里的猫和狗起了名字"花咪咪"和"黄旺旺"，那么给羊起名也可以遵循类似的模式。 　　考虑到您的猫和狗的名字都带有描述性的色彩，"花咪咪"可能是因为这只猫有斑驳的毛色，"黄旺旺"则是因为这只狗是黄色的，并且"旺旺"也是狗叫声的一种模拟。基于这些信息，我们可以像以下这样考虑。 　　如果您的羊有特别的颜色或者花纹，可以以此为灵感。 　　可以选择一些听起来温馨、可爱的名字。 　　考虑使用一些与羊有关联的词语，比如"咩咩"是羊叫声的一种模拟。 　　例如，如果您的羊是白色的，您可以考虑以下名字。 　　白咩咩：简单直接，同时也很可爱。 　　棉花糖：因为羊的毛看起来像棉花糖一样柔软。 　　雪球：如果羊是白色的，这个名字也很合适。 　　如果您的羊有其他特点，也可以根据这些特点来取名。例如： 　　如果羊很活泼，可以叫它"欢欢"； 　　如果羊很安静，可以叫它"静静"。 　　当然，最重要的是您和家人喜欢这个名字，这样每次叫它的时候都会感到开心。如果您能提供一些关于您家羊的信息，我可以帮您想出更多合适的名字

可以看到，除了 GPT-3.5，其余几个大语言模型都找到了问题中宠物命名的规律，并应用此规律给羊起了"白咩咩"等名字。这说明大语言模型有很强大的总结归纳能力，而不只是机械地应用已经学习到的知识。

3．计算问题

计算问题是一个考查大语言模型计算能力的问题。大语言模型对此问题的回复如表 5-11 所示。

表 5-11　大语言模型对计算问题的回复

大语言模型	回复
GPT-3.5	753 乘以 951 等于 716103
GPT-4	计算结果为：753×951=716103
文心一言	753×951=716103
通义千问	计算 753×951 的乘积：753×951=716003

除了通义千问，其余几个大语言模型都计算对了。需要说明的是，如果指出通义千问的错误，他也会重新计算，并给出正确的答案。可见，大语言模型也不是万能的。

4．"五代十国"问题

"五代十国"问题是一个考查大语言历史知识的问题。这种问题对大语言模型而言是送分题，所有参与体验的大语言模型都给出了正确答案。可见，GPT-3.5 和 GPT-4 的训练数据集中也包含中国的历史知识。

5．刘备怎样才能统一天下问题

刘备怎样才能统一天下问题是一个考查大语言模型"历史知识–逻辑推理能力"的问题。所有参与的大语言模型都给出了令人信服的论述，其中包括增强实力、联合盟友、夺取战略要地、削弱对手、待机而动等策略。几乎所有答案中都包含联合东吴，这说明大语言模型基于历史知识进行逻辑推理的能力很强。

< 128 >

6．公司年会发言问题

公司年会发言问题是一个考查大语言模型创作能力的问题，这应该是大语言模型的强项。因为字数限定在 100 字以内，所以这里列举所有模型创作的发言稿，供读者了解它们的创作能力，如表 5-12 所示。

表 5-12　大语言模型对公司年会发言问题的回复

大语言模型	回复
GPT-3.5	尊敬的各位同事，感谢大家在过去一年的努力和奉献！在这充满挑战的时代，我们不断创新、追求卓越，为实现科技梦想而努力奋斗。2024 年，让我们携手并进，共同开创更加美好的明天！让我们团结一致、互相鼓励，为公司的发展贡献力量。愿我们的公司在未来路上璀璨辉煌！谢谢大家
GPT-4	各位同事： 在过去的一年里，我们共同经历了挑战和机遇，取得了许多令人自豪的成就。感谢大家的辛勤努力和无私奉献。新的一年，希望我们继续创新，团结合作，共同推动公司迈向新的高度。祝大家身体健康，家庭幸福，事业蒸蒸日上！ 谢谢大家
文心一言	各位同人，感谢大家过去一年的辛勤耕耘与卓越贡献！让我们为科技的星辰大海继续扬帆，携手共创更加辉煌的明天。今晚，让我们放下繁忙，共享欢乐，迎接充满希望的新一年
通义千问	尊敬的同事们： 这一年里，我们携手并进，克服重重困难，取得了骄人的成绩。感谢大家的辛勤付出与不懈努力。新的一年，让我们继续前行，共创辉煌！ 谢谢大家

7．健身计划问题

健身计划问题是一个考查大语言模型"角色扮演+创作能力"的问题。大语言模型扮演一名健身教练，并为用户制订健身计划。所有参与体验的大语言模型都设计出了比较专业的健身计划，其中包括热身、有氧运动、力量训练和拉伸放松等项目，并设计了每个项目中的具体动作，比如"高抬腿 2min，提升心率"和"深蹲：2 组×15 次"等。这说明大语言模型有比较专业的健身知识。

8．续写《红楼梦》问题

续写《红楼梦》问题是一个考查大语言模型续写名著能力的问题。大语言模型首先需要了解《红楼梦》的人物和主要情节，然后在此基础上进行创作。因为字数限定在 100 字以内，所以这里列举所有语言模型的回复内容，以供读者了解它们的创作能力，如表 5-13 所示。

表 5-13　大语言模型对续写《红楼梦》问题的回复

大语言模型	回复
GPT-3.5	在《红楼梦》的后 40 回中，我会围绕贾宝玉、林黛玉、薛宝钗等人物展开更多复杂的爱恨情仇；揭露更多家族内部的勾心斗角和秘密；描述贾府的兴衰沉浮，彰显家族命运的变迁；同时探讨人性的善恶、命运的无常等主题，给予读者更多启迪和思考。这些情节将延续原著风格，丰富人物性格，深化故事情节，展现更多精彩纷呈的情感纠葛与命运转折
GPT-4	在《红楼梦》的后 40 回中，将着重描绘贾宝玉与林黛玉、王熙凤的感情纠葛与成长，凸显秦可卿、尤三姐等旁支角色的命运，揭示荣府兴衰变迁的历史沉浮，以及宝玉对人生命运的深刻思考，结合林黛玉等一系列感情矛盾展示人性的弱点
文心一言	若续写《红楼梦》后 40 回，我会设计宝黛在梦幻与现实交错间终得重逢，宝玉于大彻大悟后决定遁入空门，却于途中救下一对孤儿寡母，感其恩情，悟出红尘亦有真情，遂以出世之心行入世之事，暗中护佑贾府遗孤与转世后的黛玉，而贾府则在历经沧桑后逐渐复兴，家族中人各自寻得归宿，皆因前世情缘未了，今生再续前缘
通义千问	如果续写《红楼梦》，我会让贾宝玉和林黛玉的爱情得以升华，经历一番波折后终成眷属；贾府在一系列变故后重振旗鼓，展现家族团结的力量；同时，通过揭示贾母等人物背后的秘密，加深故事的层次感。最终，宝黛两人携手面对挑战，引领贾府走向新的繁荣

< 129 >

所有大语言模型都提及了贾宝玉、林黛玉等主要人物，以及创作的主要思路。但是，编者觉得文心一言和通义千问的答案中涉及一些具体的情节，比较容易吸引读者的关注，其中宝玉出家并救下转世后黛玉这一设计很有新意；GPT-3.5 和 GPT-4 的创意则显得更厚重，更多地从历史沉浮和人生命运的角度去思考与创作，也许更适合作为名著的结局。略显不足的是，所有答复中均未提及原著中人物的判词，这使续写与原著略显脱节。

9．火车司机问题

火车司机问题考查大语言模型如何处理伦理问题。在大语言模型诞生之初，人们非常关注其对伦理问题的态度，担心大语言模型会散布违背伦理的言论。在经过一段时间的应用和完善后，几乎所有大语言模型都为此类问题做好了准备，它们不会对这类问题直接表态，而是对问题本身进行解析，分析各种行为的后果。把这个问题作为学术问题讨论，就不存在违背伦理的问题了。由于篇幅所限，这里不列举大语言模型对此问题的回复。

10．计数问题

计数问题是一个考查大语言模型记忆能力的问题，与大语言模型的上下文窗口大小有关。由于各个大语言模型的回复内容都非常多，编者总结了它们的主要观点，如表 5-14 所示。

表 5-14　大语言模型对计数问题的回复

大语言模型	回复的内容或其总结和概括
GPT-3.5	在最近 24h 内，您提出了 3 个问题。其中有一个问题涉及历史，即"'五代十国'包括哪些朝代"
GPT-4	在最近 24h 内，您提了 11 个问题。其中有 2 个关于历史的问题，分别是"'五代十国'包括哪些朝代"和"刘备怎样才能统一天下"
文心一言	由于没有具体的记录或上下文，我无法直接知道你在这 24h 内具体提了多少个问题
通义千问	列举了前面所有的问题，但是漏掉了公司年会发言问题；列出了两个历史问题，即"'五代十国'包括哪些朝代"和"刘备怎样才能统一天下"

GPT-3.5 的回复是明显错误的，这可能与其上下文窗口比较小有关；GPT-4 给出了完全正确的答复；从文心一言的答复看，应该不是它的上下文窗口不够大，而是它没有问题计数的能力，如果是由于上下文窗口比较小，它应该像 GPT-3.5 那样给出一个错误的答案；通义千问除了遗漏一个问题外，其他的答复都是正确的，而且经过提醒，它也能纠正错误。

11．简单比大小问题

简单比大小问题是一个难倒众多大语言模型的问题，参与测试的大语言模型对此问题的回复如表 5-15 所示。

表 5-15　大语言模型对数字 9.11 和 9.9 哪个大问题的回复

大语言模型	回复
GPT-3.5	在数值上，9.11 比 9.9 要大
GPT-4	数字 9.11 比 9.9 大
文心一言	9.9 比 9.11 大
通义千问	数字 9.11 比 9.9 大

在人类看来如此简单的问题，只有文心一言的回复是正确的。更令人奇怪的是，通义千问还给出了如下的推理过程。

我们可以比较这两个数字的小数部分来确定大小关系：
9.11 的小数部分是 .11
9.9 的小数部分是 .9
由于 .11 ＜ .9，但是 9.11 的整数部分与 9.9 相同，都是 9，所以 9.11 整体上比 9.9 大。

< 130 >

其中最后一步是明显错误的，不知道它是如何得出这个结论的。

本小节对国内外主流大语言模型进行了比较全面的纯文本测试，由测试结果可以得出以下结论。

- 主流大语言模型都有丰富的知识储备。
- 主流大语言模型都有强大的文字创作能力。
- 主流大语言模型都有比较强的推理和总结能力。
- 大语言模型也会犯一些低级错误。
- 国内大语言模型的表现与 GPT-3.5 和 GPT-4 相比并不逊色，有些方面甚至优于 GPT-3.5 和 GPT-4。

5.4.4　体验多模态任务

5.4 节体验的所有国内大语言模型和 GPT-4 都支持生成与识别图像，本小节在这些大模型上逐一执行表 5-9 所示的图像处理任务，并对比它们的完成情况。

1. 设计一个科技公司的 Logo

设计一个科技公司的 Logo 是一个考查大模型平面设计能力的任务，用户依次对各大语言模型发送以下请求，然后对比它们的完成情况。

请设计一个科技公司的 Logo，要求扁平化风格，构图简洁明了

参与体验任务的各大语言模型的回复情况如下。

（1）GPT-4 给出了 4 种设计图及其对应的说明，如图 5-25 所示。尽管有多种备选方案，但编者觉得各种设计方案都显得有些杂乱。

（2）文心一言首先给出了详尽的设计方案，方案中虚拟了一个公司名称（智界科技），并从设计理念、设计元素、示例草图（文字描述）等方面论述了设计方案，如图 5-26 所示。

图 5-25　GPT-4 设计的科技公司 Logo

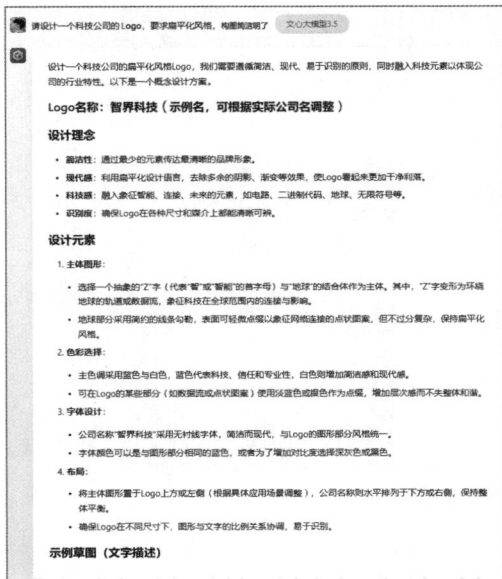

图 5-26　文心一言给出的设计方案

文心一言并没有立即给出设计的图像，我们需要单击"智能配图"按钮，才能查看设计图。文心一言给出的设计图如图 5-27 所示。

（3）通义千问给出了详尽的设计方案，方案中也虚拟了一个公司名称（Innovatech），并从主题、

< 131 >

颜色方案、构图、设计细节等方面论述了设计方案。但是通义千问并未给出设计图。于是编者追问："能给出设计图吗？"通义千问回复："我目前无法直接生成或展示图像，包括设计图。不过，我可以进一步详细描述设计概念，帮助你更清晰地想象出 Logo 的样子，或者你可将此描述转给专业的设计师进行创作。"之后通义千问给出了更详细的设计方案，其中包括色彩选择、图形元素、文字设计和整体布局等内容。可见，在编写本书时，通义千问虽然可以识别图像，但并不能生成图像。

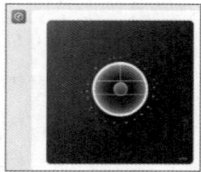

图 5-27　文心一言设计的
科技公司 Logo

相比而言，国内大语言模型的设计方案更加详尽，而且都给出了一个虚拟的公司名称，这个提示很有必要，说明国内大语言模型在训练时考虑了 Logo 设计类的任务。从设计效果看，编者觉得文心一言的设计更简洁、美观。当然，这是一个没有标准答案的问题。

2．文生图任务

依次对各大语言模型发出以下请求，然后对比它们的完成情况。

请生成一张名为"花丛中的女孩"的图像：明媚的阳光下，一个身穿白裙子的女孩站在花丛中

参与体验任务的各大语言模型的回复情况如下。

（1）GPT-4 回复的文字如下。

这里是《花丛中的女孩》图像，希望你喜欢这个明媚阳光下的美丽场景。女孩穿着白裙子，站在色彩斑斓的花丛中，阳光透过花瓣洒下温暖的光辉，整个画面充满了欢乐和美好。

GPT-4 生成的图像如图 5-28 所示。

（2）文心一言回复的文字如下。

好的，根据你的需求，我为你创作了一幅画作。如果需要继续让我为你作画，请完整描述你的需求，如"帮我画深海里的古风女孩，侧脸美颜，甜美微笑"。

文心一言生成的图像如图 5-29 所示。

图 5-28　GPT-4 生成的《花丛中的女孩》图像

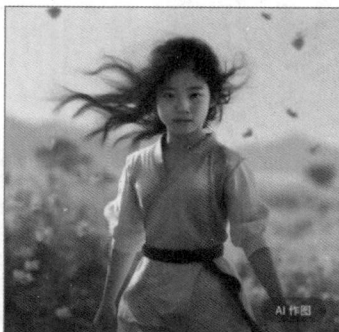

图 5-29　文心一言生成的《花丛中的女孩》图像

（3）通义千问回复的文字如下。

很抱歉，我无法生成含有具体人物或场景的图像。我可以为您提供文字描述，帮助您想象出画面。在《花丛中的女孩》这幅画中，我们可以看到一位穿着白色连衣裙的女孩站在一片盛开的花朵中间。阳光透过树叶洒下来，照亮了她的脸庞和周围的花朵，营造出一种温暖而宁静的氛围。花朵的颜色鲜艳多彩，与女孩的白色连衣裙形成了美丽的对比。整个画面充满了生机和活力，让人感到心情愉悦。

< 132 >

3．识别地点

编者准备了一张天坛的图像，如图 5-30 所示，依次让各大语言模型识别图像中的景点。
GPT-4 的回复如下。

这是北京天坛的祈年殿，位于中国北京，是一座古代建筑，始建于明代，用于皇帝祭天、祈谷的场所。天坛是世界文化遗产，是中国古代建筑艺术的杰出代表。

图 5-30　天坛图像

文心一言的回复如下。

根据图像信息和您提供的描述，这张图像展示的是中国的天坛，它位于北京市东城区永定门内大街东侧，是中国明清两代皇帝祭天、祈谷之地，是世界文化遗产、全国重点文物保护单位、国家 AAAAA 级旅游景区、全国文明风景旅游区示范点。天坛的标志性建筑是祈年殿，它是一座三重檐圆攒尖顶圆形大殿，屋顶覆盖上青、中黄、下绿三色琉璃瓦，寓意天、地、万物。此外，天坛内还有回音壁、三音石、七星石等著名景点，吸引众多游客前来参观游览。

通义千问的回复如下。

这张图像显示的是中国北京的天坛祈年殿。天坛是明清两代皇帝每年举行祭天和祈祷丰收仪式的地方，祈年殿则是天坛公园内著名的建筑之一。这座三层圆顶的建筑以其独特的造型和精美的装饰闻名于世，并且在中国古代建筑中占有重要地位。

在识别地点任务中，国内外主流大语言模型的表现不分伯仲。

4．识别人物

编者准备了一张迈克尔·乔丹的图像，如图 5-31 所示，依次让各大语言模型识别图像中的人物。
GPT-4 的回复为"对不起，我不能识别图像中的人。"，如图 5-32 所示。

图 5-31　迈克尔·乔丹图像

图 5-32　GPT-4 不能识别图像中的迈克尔·乔丹

< 133 >

文心一言的回复如下。

根据图像信息和描述，这位穿着红色运动背心，背心上印有"Bulls"字样和数字"23"的男子，很可能是在致敬或模仿美国职业篮球运动员迈克尔·乔丹（Michael Jordan）。迈克尔·乔丹在芝加哥公牛队（Chicago Bulls）的职业生涯中取得了巨大的成功，他的球衣号码正是"23"。他的形象在篮球界具有极高的知名度，因此，当看到这样的装备和球衣号码时，很容易让人联想到迈克尔·乔丹。

然而，需要注意的是，虽然这位男子模仿了迈克尔·乔丹的标志性装备和球衣号码，但他本人可能并不是迈克尔·乔丹本人，而是一位球迷、球员或是其他以迈克尔·乔丹为偶像的人。

所以如果要回答"这是谁？"的问题，最直接的答案是：这是一位穿着模仿迈克尔·乔丹装备的男子，但具体身份未知。

通义千问的回复如下。

图中是迈克尔·乔丹（Michael Jordan），美国前职业篮球运动员，被认为是历史上最伟大的篮球运动员。他效力过芝加哥公牛队及华盛顿巫师队，他的球衣号码分别在这两支球队退役。迈克尔·乔丹的职业生涯曾赢得两次三连冠，个人荣誉无数，包括多次 NBA 最有价值球员（MVP）奖项。他是篮球运动历史上的标志性人物，对全球篮球运动的发展产生了巨大影响。

GPT-4 没有识别出图像中的迈克尔·乔丹，这有些出乎意料。这说明它的训练集里面很可能没有迈克尔·乔丹，或者它的人物识别能力还有待提高。

两个国内大语言模型都顺利地识别出了图像中的迈克尔·乔丹，文心一言的回复更严谨一些，仅凭一张图像确实不能确定这就是迈克尔·乔丹。

5．识别人物行为

编者准备了一张一群人踢足球的图像，如图 5-33 所示，依次让各大语言模型识别图像中有几个人，以及他们在干什么。

GPT-4 的回复如下。

图 5-33 一群人踢足球的图像

图像中有 10 个左右的人。他们在足球场上进行一场足球比赛。穿蓝色球衣和穿黑色球衣的球员分别代表不同的球队，其中一个球员正在头球，他的另一只脚已经离地面，显示出动作的途中。其余球员在场上跑动或关注比赛中的情况。背景中还可以看到几位观众。

文心一言的回复如下。

图像中有至少 5 名球员，他们正在进行一场足球比赛。

在图像中心，有一名穿着蓝色球衣和黑色短裤的球员正跃起在空中，准备用头球射门，他的球衣上印有数字"29"。这表明他在这支球队中可能是一个重要的进攻球员。在他的背后，另一名身穿相同颜色球衣的球员也在跳跃中，很可能是在尝试拦截或防守这次进攻。

除了这两名球员，球场上还有其他几名球员，他们穿着不同颜色的球衣，正在进行各自的攻防任务。这些球员分布在球场的各个位置，有的可能正在跑动以寻找进攻机会，有的则可能正在防守以阻止对方得分。

整个场面充满了运动和竞争的气氛，球员们都在全力以赴地争夺球权，以期能够为自己的球队赢得比赛。尽管天空看起来有些阴沉，但这并没有影响到球员们的比赛热情。

通义千问的回复如下。

图中有多个足球运动员正在场上比赛。有一个穿蓝衣服的球员在争顶头球，身后有队友在跑位接应，对手穿着蓝绿色衣服试图防守拦截。具体人数无法从该描述中得出。

< 134 >

据编者的观察，图像中有 9 人，但是在场上踢球的有 6～7 人，因此，GPT-4 回复"图像中有 10 个左右的人"，文心一言回复"图像中有至少 5 名球员"，这都是对的。通义千问没有识别出人数。不过，所有大语言模型都识别出了图像中人物的行为是在踢足球。

6．识别面部表情

编者准备了一组人物表情的图像，依次让各大语言模型识别，结果如表 5-16 所示。

表 5-16　大语言模型识别面部表情的结果

图像	GPT-4 的回复	文心一言的回复	通义千问的回复
	图像中的人物显得非常惊讶或震惊。她的眼睛睁得很大，嘴巴张开，显示出非常惊讶或受到巨大冲击的表情	图像中的人物表情非常惊讶或震惊。她的眼睛睁得很大，嘴巴张开，这种表情通常与惊讶、震惊或突然意识到某事时的反应相符合	图像中的女士睁大眼睛和嘴巴，表现出一种惊讶或兴奋的表情
	图像中的人物显得非常高兴或开心。她在微笑，表情充满快乐和愉悦的情感	根据图像信息和补全的对话，图像中的人物面带微笑。她的眼睛看向镜头，同时嘴角微微上扬，展现出一种轻松、愉悦和友好的表情	图像中的女士闭着眼睛，面带微笑，给人一种愉悦的感觉
	图像中的人物看起来是在生气或沮丧。她鼓起了两腮，眉头紧皱，似乎是在表达不满或愤怒的情绪	图像中的人物似乎在皱眉或做出不悦的表情。她的眼睛紧闭，眉头微皱，这些都是表达不满或烦躁情绪的典型面部特征	图像中的女士皱着眉头，鼓起脸颊，像在生气或撒娇
	图像中的人物看起来非常生气或痛苦。她紧闭双眼，嘴巴大张，似乎是在大声喊叫或在发泄情绪。这种表情通常与极度的愤怒、痛苦或强烈的情绪相关	图像中的人物表情非常夸张，她的眼睛紧闭，嘴巴张得很大，这种表情通常与尖叫、呼喊、极度惊恐或痛苦等强烈的情感反应相关。同时，她的面部表情也透露出一种无助和崩溃的感觉，可能是因为遭遇了某件令她感到极度不安或痛苦的事情	图像中的女士紧闭双眼张开嘴巴，像在大叫或哭泣

可以看到，本小节体验的大语言模型都可以比较准确地识别面部表情。但是，对于一些比较复杂的表情，不同的大模型之间也有分歧。比如，第 3 张图像中的人物嘟着嘴，可以理解为生气，也可以理解为撒娇，GPT-4 和文心一言都判断是在生气，只有通义千问认为有撒娇的可能。

7．识别人物年龄

编者准备了一组不同年龄人物的图像，依次让各大语言模型识别，结果如表 5-17 所示。

表 5-17　大语言模型识别人物年龄的结果

图像	GPT-4 的回复	文心一言的回复	通义千问的回复
	抱歉，我无法准确地判断图像中人物的年龄。年龄的判断通常需要更多的信息和上下文	根据图像信息，这位女性看起来可能是 20 多岁或 30 岁左右的年轻人。她的穿着、发型和气质都给人一种年轻、有活力的感觉，而且背景中的晴朗天气和清新自然的环境也符合年轻人喜欢的户外活动场景。然而，具体的年龄可能会因个人差异和观察者的主观感受而有所不同	图中的女孩看上去是个 20 岁左右的青春少女。当然，这只是基于她的外表和穿着做出的一个估计，实际年龄可能会有所不同
	抱歉，我无法准确地判断图像中人物的年龄。年龄的判断通常需要更多的信息和上下文，而仅凭一张图像很难做出准确的估计	根据图像信息和补全的对话，图像中的男性大约是中年，具体年龄可能因人而异，但通常为 40 岁～60 岁。他的头发颜色显示出灰色和黑色的混合，这是中年常见的特征之一。同时，他的眼神友好而自信，也符合中年人的气质。需要注意的是，这只是一个大致的估计，实际年龄可能会有所不同	图像中的男士看上去大约 40 岁

< 135 >

续表

图像	GPT-4 的回复	文心一言的回复	通义千问的回复
	根据图像中的外貌特征，这个人看起来可能为 60 岁~70 岁。不过，仅凭图像很难准确确定一个人的具体年龄	根据图像信息和补全的对话，图像中的男性大约为 50 岁~60 岁。他的灰白色头发和胡子是中年到老年常见的特征，同时他的表情温和、自信且友好，这也符合这个年龄段的人常有的气质。穿着西装外套、衬衫和领带则显示了他可能从事正式或专业的职业。当然，这只是一个大致的估计，实际年龄可能会有所不同	图像中的男士头发和胡子花白，大约 70 岁
	根据图像中的外貌特征，这个人看起来可能为 20 岁~30 岁的年轻成人。不过，仅凭图像很难准确确定一个人的具体年龄	根据图像信息，这位年轻男士的年龄可能很难精确判断，因为他的穿着和发型都偏向于正式和商务风格，这种风格通常可以跨越多个年龄段。然而，从他严肃的表情、直视前方的目光以及整洁的短发来看，他很可能为 20 岁~30 岁。这个年龄段的男性常常需要穿着正式的服装出席商务场合，因此这种着装风格与他们的年龄相符。当然，具体年龄还需要结合更多个人信息和背景来判断	照片中的人有 30 几岁的样子。他梳着整齐的发型，穿着黑色西装，打着领带，看起来非常成熟稳重

可以看到，本小节体验的大语言模型都可以比较准确地判断图像中人物的年龄。GPT-4 在很多情况下无法准确判断图像中人物的年龄，但这并不能说明它在识别年龄任务中的能力就比较差，因为仅依据一张图像确实很难准确地推测人物年龄。测试结果说明主流大语言模型在判断人物年龄方面已经接近人类的平均能力。

8. 图像识别+数学能力

编者准备了一张包含初中数学题的图像，如图 5-34 所示，依次让各大语言模型求解。

$$2x+1=\frac{1}{2}x+4;$$

图 5-34 包含初中数学题的图像

GPT-4 求解数学题的过程如图 5-35 所示。文心一言求解数学题的过程如图 5-36 所示。通义千问求解数学题的过程如图 5-37 所示。从结果看，只有 GPT-4 是对的。文心一言没有准确地识别图像中的方程式，因为它的回复中提到"根据您提供的图像理解信息和图像中的文字文本，我们面临的是一个不完整的数学等式问题。图像中给出的等式部分是'2x+1'，但这只是等式左边的一部分，并且等号右边的内容被省略了。"这显然是不正确的。

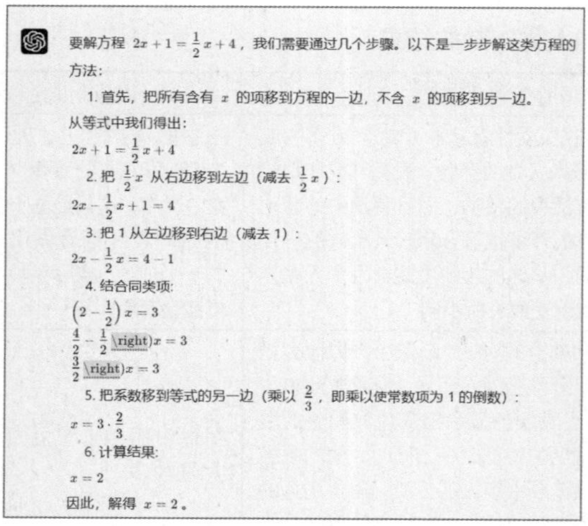

图 5-35 GPT-4 求解数学题的过程

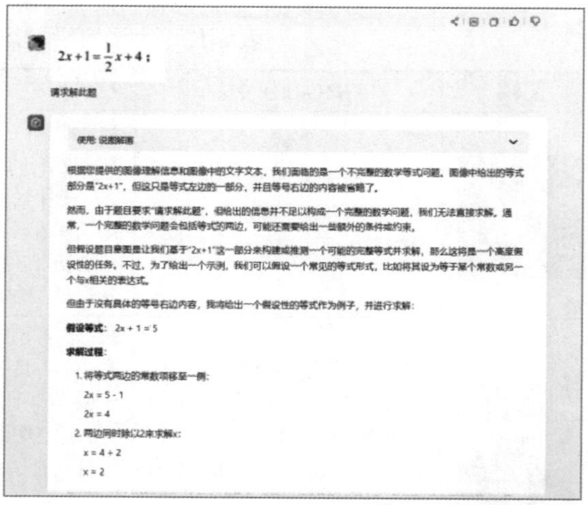

图 5-36 文心一言求解数学题的过程

< 136 >

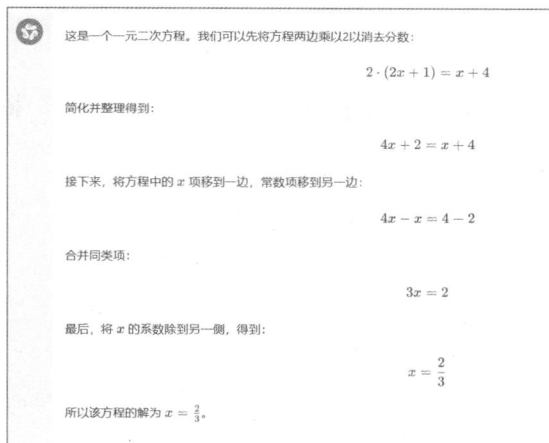

图 5-37 通义千问求解数学题的过程

通义千问准确识别出了图像中的方程式，但是它的求解过程一上来就错了。它先将方程两边乘以 2 以消去分数，得到如下的等式。

$$2 \cdot (2x+1) = x+4$$

这是不对的，正确的等式如下。

$$2 \cdot (2x+1) = x+8$$

因此，后面的求解过程也是错误的。可见，GPT-4 在求解方程式方面的能力优于文心一言和通义千问这两种大语言模型。

尽管大语言模型的多模态能力还处于起步阶段，但是从测试结果看，主流大语言模型在图像识别和图像生成方面已经表现出了令人赞叹的能力，有些能力已经达到甚至超过了人类的平均水平，这使大语言模型有了更广阔的应用前景。

本章小结

本章介绍大语言模型的概念和基本工作原理，重点以 GPT 系列模型为例，从不同角度深入解析了 GPT-1、GPT-2、GPT-3、GPT-3.5 和 GPT-4 等大语言模型。GPT-1 是 GPT 系列模型的第一个版本，后续版本基本延续了 GPT-1 的网络结构，因此，本章重点介绍 GPT-1 的网络结构和基本工作原理。GPT-2 在很多方面取得了令人瞩目的成绩，因此，本章侧重关注 GPT-2 的实用性，详尽地介绍了 GPT-2 是如何进行文字续写的。训练数据对于大语言模型非常重要，是大语言模型智慧的来源，GPT-3 的超强能力也得益于其海量的训练数据，因此，本章重点介绍 GPT-3 的训练数据集和训练过程。GPT-3.5 和 GPT-4 是驱动 ChatGPT 的大语言模型，由于 OpenAI 尚未公开 GPT-4 的技术细节，因此本章着重对 GPT-3.5 和 GPT-4 在各种任务上的表现进行了对比。本章通过一系列深入解析，可以使读者全面理解 GPT 系列模型的特性、网络结构、工作原理。

本章的目标是使读者理解大语言模型的工作原理和工作情况。为了使读者能够直观地了解大语言模型的强大功能、特性及其缺陷，本章选择了一组国内外主流大语言模型，并通过一组精心设计的体验任务来考查这些大语言模型的能力。

< 137 >

习题

一、选择题

1. 大语言模型使用（　　　）进行预训练。
   A. 监督学习　　　　　　B. 半监督学习　　　　C. 强化学习　　　　　　D. 无监督学习
2. GPT-2 模型的基本结构中（　　　）。
   A. 只有编码器　　　　　　　　　　　　　　B. 只有解码器
   C. 既有编码器，也有解码器　　　　　　　　D. 既没有编码器，也没有解码器
3. GPT-3 Small 模型的参数数量为（　　　）。
   A. 125 万个　　　　　B. 1250 万个　　　　C. 1.25 亿个　　　　D. 125 亿个
4. GPT-3 模型的参数数量为（　　　）。
   A. 175 个　　　　　　B. 175 万个　　　　C. 175 亿个　　　　D. 1750 亿个

二、填空题

1. 在大语言模型落地应用的过程中，用户可以根据需要选择使用 【1】 、 【2】 和 【3】 等架构的大语言模型。
2. GPT-1 的训练过程包括 【4】 和 【5】 两个阶段。
3. GPT-1 是基于 【6】 架构的大语言模型。

三、简答题

1. 简述大语言模型的工作原理。
2. 列举国内外主流大语言模型。

课程实践

　　本章对国内外大语言模型进行了一系列测试。通过测试结果，读者会发现有的大语言模型在执行简单运算时会出错。大语言模型是如何学会数学的？这是一个有趣的问题，因为语料库中即使包含数字运算，大语言模型也很难从中总结出通用的计算方法，而语料库中又不可能列举所有数值的各种计算结果。除了使用专业数学公式、论文数据集训练的数学大模型，通用大语言模型的计算能力是怎么学习到的？带着这样的疑问去和各种大语言模型沟通吧，让它们自己"交代"自己是如何学会数学的。当然，大语言模型的话也不一定都是事实，应该是它所知道的一部分事实。因此，我们可以通过搜索相关资料进行调研，并根据调研结果思考这个问题的答案。

< 138 >

第6章 代码生成大语言模型

大语言模型令人赞叹的表现激发了人们应用大语言模型的热情，而研发大语言模型的研究人员中不乏经验丰富的程序员，因此，代码生成是大语言模型较早落地的应用之一。本章介绍代码生成大语言模型（code-generating large language model）的工作原理和主流代码生成大语言模型的应用情况。

本章学习目标
（1）了解代码生成大语言模型的概念及其工作原理。
（2）了解国内外主流代码生成大语言模型的基本情况。
（3）掌握 CodeGeeX 模型的网络结构和工作原理。
（4）掌握 CodeBERT 模型的网络结构和工作原理。
（5）体验 CodeWhisperer 和 CodeGeeX 的基本功能与特性。

6.1 代码生成大语言模型概述

代码生成的功能由来已久。早在 1996 年，微软公司的 Visual Studio 就提供了 IntelliSense 功能，这种功能在用户输入代码时会自动提示接下来可能录入的代码，从而帮助用户快捷地实现代码录入。现在，自动生成代码的功能已经广泛存在于各种集成开发环境（integrated development environment，IDE）中，比如很多 Java IDE 提供自动生成 getter()函数和 setter()函数的功能。这些 IDE 提供的代码生成功能只是按照简单的规则帮助程序员录入代码，并不涉及任何复杂的逻辑，也不能实现具体的功能。

代码生成并不是训练通用大语言模型的直接目的，但是由于训练通用大语言模型的语料库非常庞大，其中就有可能包含与编程相关的资料，于是很多通用大语言模型拥有一定的编程能力，或者说可以生成代码，但是并不能因此说通用大语言模型就是代码生成大语言模型。真正的代码生成大语言模型指专门使用大量源代码数据集训练的、可以根据输入指令或设计要求自动生成相应代码的 AIGC 大模型。

6.1.1 什么是代码生成大语言模型

大语言模型是一种神经网络模型，其使用大量文本语料库进行训练，训练的直接目标是预测下一个 token。从这个逻辑上理解代码生成大语言模型，其就是使用大量专业的代码数据集进行训练的大语言模型，训练的目的是预测代码中的下一个 token，以实现指定的功能。

代码生成大语言模型的典型应用方式是与 IDE 集成在一起，这样就可以与程序员的日常工作无缝对接。在开发者编码的同时，代码生成大语言模型就已经充分理解了代码的上下文环境，包括注释、变量名、函数名等，并利用这些信息来不断完善其生成的代码或给出的建议。

1．为什么使用大语言模型来生成代码

编写程序是程序员智慧的体现，机器生成的代码真的可信吗？可以应用到实际开发的软件项目中吗？最近推出的代码生成大语言模型有令人信服的表现，在某些方面表现出优于程序员的能力，具体介绍如下。

- 高效：在很多任务中，代码生成大语言模型可以在几秒内生成几十行能够直接运行的代码，这是人类程序员所无法比拟的。即使单纯比拼打字速度，人类就已经大幅落后于机器了；而且程序员编写的程序通常需要不断调试和修复，很难做到一次编码即可成功实现功能。这也影响了人类程序员的工作效率。
- 可以帮助新手程序员克服困难：程序员可以分为不同层次，与架构师和经验丰富的程序员相比，代码生成大语言模型还有很多不成熟之处，但与新手程序员相比，它的优势就比较明显了。它的建议可以帮助新手程序员克服很多工作中的困难。
- 代码质量的全面提升：通过使用海量代码库中的代码进行训练，代码生成大语言模型的能力已经有了大幅提高，其生成代码的质量也有了全面提升，很多情况下已经达到了可以应用于实际开发项目中的标准。
- 知识储备全面：开发技术可以分为不同的类型，比如数据库开发、Web 应用开发、小程序开发、App 开发、AI 模型开发、区块链应用开发等。大多数程序员只熟悉其中几种开发技术，能达到精通水平的则更少。代码生成大语言模型"见过"的各种类型的代码量绝对远超任何一个程序员，从这个意义上说，它已经是见多识广、知识全面的"程序员"了。在各种类型项目的开发中，代码生成大语言模型都可以给用户提供有益的建议和帮助。
- 跨语言迁移代码的能力强：代码生成大语言模型通常"精通"多种编程语言，可以将一种编程语言开发的程序转换为抽象表示，再将此抽象表示转换为另一种语言编写的代码。如果一个开发团队需要做技术转型，从一种编程语言切换为另一种编程语言，则已有项目的迁移工作量会很大，而且迁移过程中会引发很多问题。借助代码生成大语言模型来完成此项工作，无疑是高效、稳妥的选择。

代码生成可以显著减少软件项目的开发时间，使开发者能够有精力专注于项目中更关键的方面。这就是在实际开发工作中选择使用代码生成大语言模型的原因。

2．代码生成大语言模型的独特之处

从工作原理的角度看，代码生成大语言模型与通用大语言模型并没有太大的不同。与 GPT 等通用大语言模型一样，代码生成大语言模型也是在海量训练数据上进行预训练的。在预训练过程中，模型通过识别模式、语法和语义来学习各种编程语言的结构。

但是如果从应用场景的角度看，在生成内容的语法、语义以及评估指标等方面，代码生成大语言模型还面临一些独特的挑战。而且不同的开发者与不同级别的代码交互，有的使用 IDE 进行编码，有的则通过命令行终端进行命令脚本开发。如何为各种开发者提供服务，也是代码生成大语言模型的特殊任务。

代码生成大语言模型在应用中可以分为以下两种类型。

- AI 编码助手：GitHub Copilot 是这种类型应用的典型代表，它可以与现有的开发工具（IDE 或代码编辑器）无缝集成。AI 编码助手可以在程序员编写代码时提供实时建议。在这种应用场景中，代码生成大语言模型的低延迟和一致性至关重要，即使有轻微的卡顿也会扰乱开发者的工作流程，影响用户体验。此外，建议的质量和相关性也非常重要。强大的模型应该能够在充分理解编码背景的基础上，提供准确、与背景相关的建议。
- 独立的代码生成器：在这种应用场景下，代码生成大语言模型不需要与 IDE 集成在一起，而是

< 140 >

直接根据提示或要求生成代码，通常用于快速原型制作、代码脚手架或生成样板代码。代码脚手架是为了避免从零开始创建项目而设计的工具。它可以是一个简单的模板，也可以是一个功能强大的框架。通过使用代码脚手架，开发者可以跳过烦琐的配置和基础设置，直接开始编写业务逻辑代码。代码生成器对低延迟的要求并没有那么高，因为开发者与代码生成器的交互并没有那么频繁，在提交提示或要求后，开发者只需要等待生成代码即可。这时候，反应稍微慢一点也是可以接受的；但是，这时候生成高质量的、符合要求的代码就至关重要了。因为代码生成器不是提出编码建议，而是要生成直接可用的代码。

6.1.2　代码生成大语言模型的基本工作原理

代码生成大语言模型首先是大语言模型，有些代码生成大语言模型就是直接利用 GPT-3 和 BERT 等大语言模型来生成程序代码的。因此，其基本工作原理与通用大语言模型是一致的，其核心技术包括第 3 章介绍的编码器-解码器架构、注意力机制等经典 NLP 技术。

1．工作流程

在遵循通用大语言模型工作原理的基础上，代码生成大语言模型的工作流程如图 6-1 所示。

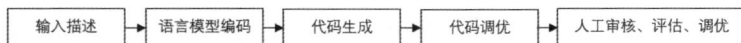

输入描述　→　语言模型编码　→　代码生成　→　代码调优　→　人工审核、评估、调优

图 6-1　代码生成大语言模型的工作流程

具体说明如下。

- 输入描述：使用代码生成大语言模型的前提是开发者能与其顺畅地沟通，并准确地使用自然语言描述任务要求。这显然比使用通用大语言模型要专业得多。通常任务描述中需要包含功能需求和输入输出格式等关键信息。
- 语言模型编码：这个编码不是编写程序代码，而是指代码生成大语言模型会对开发者输入的自然语言任务描述进行编码，得到任务描述的语言表示。语言表示中包含任务描述的语义和语法信息，可以用于生成对应的代码。这部分工作由编码器完成。
- 代码生成：在理解（编码）任务描述后，代码生成大语言模型开始对语言表示进行解码，生成对应的程序代码。生成的代码应当符合描述的功能要求，并且保持语法的正确性。这部分工作由解码器完成。
- 代码调优：代码生成大语言模型会对生成的代码进行调整和优化，以满足代码规范性要求和性能要求等。
- 人工审核、评估、调优：这是使用代码生成大语言模型的重要一环。因为代码生成大语言模型所生成的代码可能会存在安全、性能、与其他模块的兼容性和编码规范等方面问题，所以有必要对其进行人工审核和评估，并做进一步的修改和完善。

2．训练数据

高质量的训练数据对于造就大语言模型的能力至关重要。大多数代码生成大语言模型的训练数据包括以下 3 类。

- 开源代码库：GitHub 代码托管平台上有很多高质量的开源代码，其中也包括关于这些代码的自然语言描述，如代码中的注释、readme 文档等，而且利用开源代码来训练大语言模型不存在版权问题，因此，这些开源代码是最合适的训练数据。
- 技术论坛的问题数据：一些专门供开发者交流经验和解决技术问题的技术论坛中包含大量关于问题的自然语言描述及其解决方案，这对于培养代码生成大语言模型理解任务、生成代码和解决代码中存在的问题很有帮助。

< 141 >

- 人工标注语料：聘请有经验的程序员针对高质量代码撰写自然语言描述有助于提高代码生成大语言模型的能力。虽然这么做的成本很高，但是可以弥补其他方法的不足。

3．代码生成策略

在代码生成的过程中，模型需要根据已经生成的 token 预测下一个 token，直至生成所有的代码。比较常用的代码生成策略如下。

- 贪婪采样（greedy sampling）：选择概率最高的 token，其问题是会导致输出缺乏变化和创造性，使生成代码的质量有限。
- 波束搜索（beam search）：维护一个固定大小的候选列表（即波束宽度），在每一步中扩展这些候选项，并选择得分最高的候选项进行深入搜索，同时降低得分较低候选项的精确度，以减少计算量。这种方法在保证生成质量的同时，显著提高了生成代码的效率。
- 随机采样（random sampling）：在每个时间步中，根据模型输出的概率分布随机采样一个 token 作为输出。这种方法可以通过调整随机性，在多样性与高质量代码之间进行权衡。
- 温度采样（temperature sampling）：通过一个"温度"参数调整概率分布的形状。高温度会使概率分布更加平坦，增大生成不太可能的 token 的概率；低温度则使分布更加陡峭，更倾向于生成高概率的 token。
- Top-K 采样：对贪婪采样策略进行的优化，它从排名前 K 的 token 中进行抽样，以达到有一定概率不选最大概率 token 的效果。
- Top-p 采样：模型按概率降序对最可能的下一个值进行求和，并在总和达到 p 时停止。只有在这个累积概率范围内的值才会被考虑进行抽样。在实际应用中，Top-K 采样与 Top-p 采样经常会被结合使用，通过找到合适的 Top-p 阈值和 Top-K 值来避免选择排名非常低的词，同时可以实现一定程度的动态选择。

6.2 主流代码生成大语言模型选解

自 2020 年以来，各主流大语言模型厂商陆续推出了一些代码生成大语言模型。本节介绍其中具有代表性的代码生成大语言模型的基本情况和工作原理。

6.2.1 GitHub Copilot

GitHub Copilot 是由 GitHub 和 OpenAI 共同开发的一个 AI 编码助手，可以帮助开发者更快、更省力地编写代码，让开发者把更多的精力集中在解决问题和协作上。GitHub Copilot 背后是很有代表性的代码生成大语言模型，但是由于使用 GitHub Copilot 需要付费，而且 GitHub 网站的服务器在境外，经常无法正常被访问，因此本书只介绍 GitHub Copilot 的基本情况，不演示其使用方法。

1．代码生成大语言模型

GitHub Copilot 本身不是代码生成大语言模型，而是一款 AI 编程工具。GitHub Copilot 是基于 Codex 模型开发的，而 Codex 模型是基于 GPT-3 的代码生成大语言模型，它具有 120 亿个参数，并使用 GitHub 仓库中的 159GB 代码样本进行预训练。

2．编程能力

GitHub Copilot 支持的编程语言包括 Python、Java、Go、JavaScript、TypeScript 等，其主要功能如下。

- 当开发者在 IDE 中输入代码时给出编码的建议。
- 开发者可以通过与 GitHub Copilot 聊天获取编码方面的帮助。

< 142 >

- 通过命令行获取 GitHub Copilot 的帮助。
- 创建和管理文档集合，并将其作为知识库在与 GitHub Copilot 聊天时使用。

3．提示工程

GitHub Copilot 可以以注释的形式来根据自然语言描述生成代码。但是如果描述太长或太详细，GitHub Copilot 的性能就会下降，因此需要借助提示工程（prompt engineering）。提示工程并非专门针对代码生成大语言模型的技术，所有大语言模型，包括所有需要通过自然语言与人类进行交互的 AIGC 大模型，都会用到提示工程。

提示工程使大语言模型能够根据给定的输入生成响应。提示工程的主要任务是为基于文本的 AIGC 大模型智能地编写提示，这些提示可以帮助模型根据要求生成特定的输出。

提示是用于为机器学习模型提供上下文和指导的短文本。对 AIGC 大模型而言，这些提示有助于生成与预期尽可能接近的相关输出。提示工程的主要工作如下。

- 制作提示：提示可以是一个问题、一个语句，也可以是一个示例。提示中使用的词语、分段和上下文在引导大语言模型响应过程中会发挥重要作用。
- 优化提示：这是一个反复试错的过程，需要根据模型的输出不断调整提示，以获得更接近期望的响应类型。

在使用 GitHub Copilot 过程中，应该遵循以下 4 个提示原则，以获得更好的使用效果。

- 单一（single）：每个提示应专注于一个明确的任务或问题，以获得准确且有效的响应。
- 具体（specific）：提示应明确且详细，以获得更精确的代码建议。
- 简短（short）：在保持具体性的同时，提示应简洁明了，以避免把任务复杂化。
- 环境（surround）：在需要提供上下文信息（示例代码）时，可以将上下文信息保存在文件中。在提示中使用描述性的文件名并保持相关文件打开，丰富的上下文信息可以使 GitHub Copilot 产生更个性化的代码建议。

在使用其他代码生成大语言模型时也可以参考这些提示原则。

6.2.2　CodeWhisperer

CodeWhisperer 是亚马逊云科技推出的代码生成大语言模型，它基于数十亿行代码进行训练，可以根据开发者的提示和现有代码实时生成代码片段或完整函数的代码建议。CodeWhisperer 提供的主要功能如下。

- 代码自动补全：在开发者编写代码时，提供智能的代码补全建议，帮助开发者快速完成代码片段。
- 代码建议：根据上下文提供相关代码建议，减少开发者的编码工作量。
- 代码生成：根据自然语言描述或特定需求，生成相应的代码片段。
- 代码示例：提供各种编程语言和框架的示例代码，帮助开发者更快上手新技术。
- 错误检查和修复：通过对代码进行分析，提供错误检查和修复建议，以提高代码质量。

CodeWhisperer 是闭源系统，其网络架构和技术细节，包括参数数量，都未对公众披露。因此，本小节只对其做简单介绍。在开发中使用 CodeWhisperer 的方法将在 6.3 节中进行介绍。

6.2.3　CodeGeeX

CodeWhisperer 是由智谱 AI 团队开发的代码生成大语言模型，其参数数量为 130 亿个。截至 2022 年 6 月，CodeGeeX 已经基于 23 种编程语言、8500 亿个 token 的代码数据进行了预训练，并于 2022 年 9 月对公众发布，同时开源了其部分代码。

CodeGeeX 的
网络结构和
工作原理

< 143 >

CodeGeeX 支持超过 20 种编程语言，包括 Python、Java、C++、JavaScript 和 Go 等。它还可以作为插件安装到流行的 IDE 中，如 Visual Studio Code、IntelliJ IDEA 和 PyCharm 等。

CodeGeeX 的主要功能是帮助开发者自动生成代码、翻译代码（即将一种编程语言编写的代码转换为另一种编程语言的代码）、重构代码、编写文档以及回答编程问题。

1. 模型结构

CodeGeeX 采用与 GPT 类似的网络结构。也就是说，它也是基于 Transformer 架构的生成式预训练模型。与 GPT 一样，CodeGeeX 也是只由解码器构成的自回归语言模型。它们的不同之处在于：GPT 用于生成自然语言，而 CodeGeeX 用于生成编程代码。

研究者使用大量未标注的代码数据训练模型。训练的基本原则是迭代地将代码 token 作为输入，预测下一个 token，并将其与实际情况进行比较。对于任何长度为 n 的输入序列 $\{x_1, x_2, \cdots, x_n\}$，CodeGeeX 的输出是下一个 token 的概率分布，计算公式如下：

$$P\left(X_{n+1} \mid X_1, X_2, \cdots, X_n; \Theta\right) = p_{n+1} \in [0,1]^v \text{。}$$

相关说明如下。

- Θ：代表模型的所有参数。
- p_{n+1}：代表下一个 token 的概率。
- v：代表词汇表的长度。词汇表中存储的是所有可能出现在程序中的 token，不同编程语言的词汇表不相同。
- $[0,1]^v$：代表长度为 v 的独热编码向量，即词汇表里面的所有 token 都可能是预测的下一个 token。独热编码向量中值为 1 的位置索引，就是下一个 token 在词汇表中的位置索引。

模型使用交叉熵损失函数。通过将预测值与训练数据中的真实值进行比较，并应用损失函数，可以优化模型参数，使预测值越来越接近真实值。

CodeGeeX 的核心架构是 39 层 Transformer 解码器。每个 Transformer 层中应用了多头自注意力机制，其后是多层感知器（multilayer perceptron，MLP）层、归一化层和残差连接。CodeGeeX 的网络结构如图 6-2 所示。

关于 CodeGeeX 模型的主要组件及数据处理过程的相关说明如下。

（1）处理输入数据

对于给定的输入序列，模型会将其中每个 token 关联到一个输入词嵌入向量，具体方法如下。

- 模型维护一个词嵌入矩阵 W_{word}，其中包含词汇表中所有 token 的词嵌入向量，其形状为 $v \times h$，其中 v 代表词汇表的大小，h 代表模型支持的词嵌入向量的长度（默认值为 5120）。根据 token ID 可以从 W_{word} 中得到 token 对应的一个可学习的词嵌入向量 x_{word}。
- 为了捕获位置信息，CodeGeeX 还采用了可学习的位置嵌入矩阵 W_{pos}，其形状为 $n_{\max} \times h$，其中 $n_{\max}$ 是输入序列的最大值，其默认值为 2048。根据位置 ID 可以从位置嵌入矩阵 W_{pos} 中获取位置嵌入向量 x_{pos}。将词嵌入向量 x_{word} 和位置嵌入向量 x_{pos} 相加，即可得到一个 token 的输入词嵌入向量 x_{in}，计算公式如下：

$$x_{\text{in}} = x_{\text{word}} + x_{\text{pos}} \text{。}$$

最终，整个序列被转换为输入词嵌入矩阵 x_{in}，其形状为 $n \times h$，其中 n 为输入序列的长度。

（2）MLP 层

MLP 是一个多层感知器。多层感知器是一种前馈人工神经网络模型，它可以将输入的多个数据集映射到单一的输出数据集上。MLP 层中包含两个线性层，在它们之间使用快速高斯误差线性单元（fast gaussian error linear unit，FastGeLU）激活函数。

< 144 >

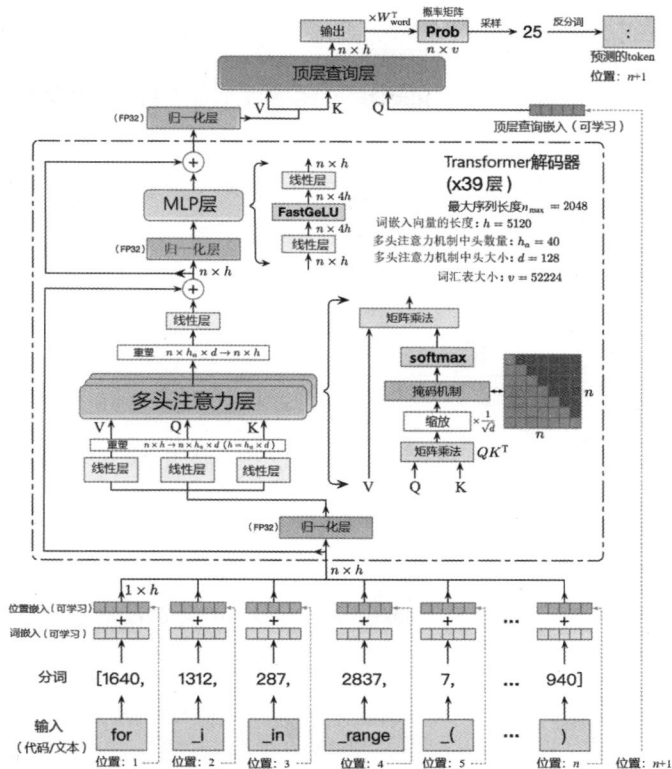

图 6-2　CodeGeeX 的网络结构

MLP 层相当于 GPT 模型中的前馈层。

（3）顶层查询层

在 Transformer 层上面有一个附加的顶层查询层（top query layer），它的作用是对经过自注意力机制处理的最终词嵌入数据进行处理，并得到预测值。正如图 6-2 所示，顶层查询层的输入数据包含 Q、K、V 这 3 个向量，具体说明如下。

- 以上一次预测 token 的词嵌入向量作为 Q 向量。
- 以解码器的输出作为 K 向量和 V 向量。

顶层查询层的输出数据是一个形状为 $n×h$ 的查询嵌入矩阵。其中，n 代表输入序列的长度，h 代表模型支持的词嵌入向量的长度（默认值为 5120）。这个查询嵌入矩阵代表使用上一个预测值从输入序列中查询到的信息。

- 将查询嵌入矩阵乘以词嵌入矩阵 W_{word} 的转置 W_{word}^{T}，得到一个概率矩阵 **prob**。概率矩阵 **prob** 的形状为 $n×v$，其内容为输入序列中每一个位置上的 token 为词汇表中某个 token 的预测概率。

CodeGeeX 的代码生成策略支持贪婪采样、温度采样、Top-K 采样、Top-p 采样和波束搜索。具体来说，模型从概率矩阵 **prob** 输出的概率分布中选择概率最大的 25 个 token 进行采样，并应用代码生成策略预测下一个 token。

2．预训练设置

预训练所使用的代码语料库包含以下两个部分。

- 第一部分来自开源代码数据集，包括 Pile 和 CodeParrot。Pile 数据集中包含开源代码库 GitHub 的星标超过 100 的开源项目，研究者从中选择了 23 种流行编程语言的文件，包括 C++、Python、Java、JavaScript、C、Go 等，并根据每个文件的扩展名及其所属存储库的主要语言，对每个文

< 145 >

件进行了分类；CodeParrot 是 Google BigQuery 提供的另一个公共 Python 数据集。

- 第二部分是直接从 GitHub 中抓取的 Python、Java 和 C++代码，这些代码没有出现在第一部分中。研究者选择了一些有代表性的至少有一个星标的项目作为补充数据，且这些项目的总大小不超过 10MB。

研究者将训练数据划分为相等长度的片段。为了帮助模型区分不同的编程语言，研究者以如下形式在每个片段之前添加一个特定的语言标签。

[注释符号]语言：[LANG]

例如，下面是 Python 程序的语言标签。

#语言：Python

预训练的第一步是将代码片段转换为数值向量。考虑到下面两个因素，CodeGeeX 将代码数据视为文本数据。

- 程序的注释中包含自然语言。
- 变量、函数和类通常会使用有意义的单词来命名。

CodeGeeX 使用 GPT-2 的分词器进行分词处理。GPT-2 的分词器是基于字节对编码（byte pair encoding，BPE）算法的分词器，其初始词汇表大小为 52224，支持中文、英语、法语、俄语、日语等。

3．训练环境与模型参数

CodeGeeX 基于华为公司深度学习框架 MindSpore，并在由 1536 个 Ascend 910 AI 处理器构成的集群上，使用超过 8500 亿个 token 的代码数据集进行了大量的预训练。CodeGeeX 的训练环境如表 6-1 所示。

表 6-1　CodeGeeX 的训练环境

项目	具体情况
深度学习框架	华为 MindSpore v1.7.0
硬件	1536 个 Ascend 910 AI 处理器
每个 GPU 分配的内存大小	32GB
在分布式训练环境中每个节点分配的 GPU 数量	8
在分布式训练环境中每个节点分配的 CPU 数量	192
在分布式训练环境中每个节点分配的内存空间	2048GB

CodeGeeX 的各项参数如表 6-2 所示。

表 6-2　CodeGeeX 的各项参数

项目	具体情况	项目	具体情况
参数数量	130 亿	词嵌入向量的长度	5120
词汇表大小	52224	前馈神经网络使用的激活函数	FastGeLU
最大序列长度	2048		

6.2.4　CodeBERT

CodeBERT 是微软公司开发的代码生成大语言模型。顾名思义，CodeBERT 是基于 BERT 模型扩展而来的，它支持 Python、Java、JavaScript、PHP、Ruby 和 Go 等编程语言。

1．CodeBERT 可以完成的任务

CodeBERT 可以捕获自然语言与程序设计语言之间的语义联系，并生成这种语义联

CodeBERT 的
网络结构和
工作原理

< 146 >

系的通用表示。基于这种功能，CodeBERT 可以完成各种涉及自然语言和程序设计语言理解的任务，比如根据自然语言搜索相应的代码，以及生成代码文档等。

与 GPT 系列模型一样，CodeBERT 的训练也分为预训练和微调两个阶段。这两个阶段都是基于 Azure 平台提供的机器学习服务进行的，Azure 机器学习是微软公司提供的用于管理机器学习项目生命周期的云服务。

Azure 平台加上深度学习框架、海量训练数据、大模型和编程知识，形成了构建和训练 CodeBERT 的基础环境。

CodeBERT 可以完成的任务如图 6-3 所示，具体如下。

- 代码–代码任务：指根据已有代码生成代码的任务。最常见的代码–代码任务是代码补全，即在开发者输入代码时给出补全代码的建议，以供开发者选择；代码克隆检测也是一种典型的代码–代码任务，其作为用于发现和定位代码中重复片段的技术，被广泛应用于软件工程中。它的核心目标是识别在代码库中存在的相同或相似的源代码片段，这种操作被称为代码克隆。

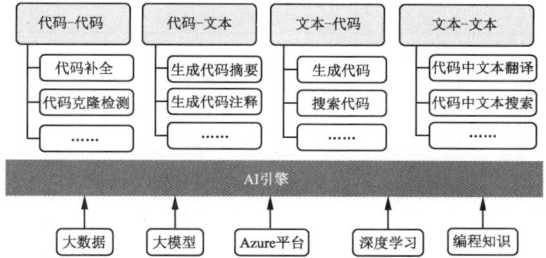

图 6-3　CodeBERT 可以完成的任务

- 代码–文本任务：指根据代码生成文本的任务，比如生成代码摘要和生成代码注释。代码摘要是指简洁概括代码功能和实现方式的描述性文本，通常用于说明类或方法的主要功能。
- 文本–代码任务：指根据文本生成代码的任务，比如根据任务描述生成代码，以及基于自然语言搜索相关代码。
- 文本–文本任务：指根据代码中文本生成文本的任务，比如将代码中的注释和摘要等文本翻译成其他语言，或者在代码中搜索指定的文本。

2．CodeBERT 的网络结构

CodeBERT 是基于 Transformer 架构的模型，它有 1.25 亿个参数。与 BERT 一样，CodeBERT 也采用多层双向 Transformer 架构，其网络结构如图 6-4 所示。

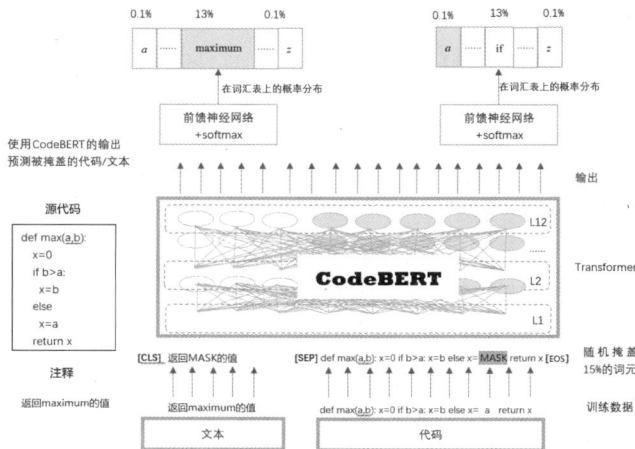

图 6-4　CodeBERT 的网络结构

CodeBERT 模型支持单模态训练数据和双模态训练数据。所谓单模态训练数据，是指训练数据中只包含源代码，而没有与源代码（程序语言）相匹配的注释（自然语言）；或者训练数据中只包含注释，

< 147 >

而没有与其相匹配的源代码。所谓双模态训练数据，是指格式为源代码-注释对的数据。例如，图 6-4 中的训练数据即为双模态训练数据，其中的源代码为"def max(a,b): x=0 if b>a: x=b else x= a return x"，与源代码相匹配的注释为"返回 maximum 的值"。

CodeBERT 基于 GitHub 中前面提及的 6 种编程语言的开源项目进行训练，训练数据中各编程语言的单模态训练数据和双模态训练数据情况如表 6-3 所示。

表 6-3　各编程语言的单模态训练数据和双模态训练数据情况

编程语言	双模态训练数据量/字节	单模态训练数据量/字节	合计/字节
Go	319256	726768	1046024
Java	500754	1569889	2070643
JavaScript	143252	1857835	2001087
PHP	662907	977821	1640728
Python	458219	1156085	1614304
Ruby	52905	164048	216953
合计	2137293	6452446	8589739

从各编程语言训练数据的情况可以推断 CodeBERT 最熟悉的编程语言是 Java，接着依次是 JavaScript、PHP、Python、Go 和 Ruby。从总体统计看，训练数据（约 8.6MB）中单模态训练数据（约 6.4MB）明显多于双模态训练数据（约 2.1MB）。

模型会随机选择训练数据中一些位置上的 token，并使用[MASK]对其进行替换，15%的 token 被"掩盖"。训练的目标是预测被掩盖的原始 token。

在预训练阶段，输入数据中的双模态训练数据会被[SEP]这个特殊的分隔符连接在一起，格式如下：

$$[CLS] w_1, w_2, \cdots, w_n [SEP] c_1, c_2, \cdots, c_m [EOS] 。$$

其中，w_i（i=1, 2, 3, $\cdots$, n）是自然语言 token，c_i（i=1, 2, 3, $\cdots$, m）是编程语言 token，分隔符如下。

- [CLS]：位于训练数据的前部，其对应的最终输出数据被用于分类或排名。
- [SEP]：用于分隔自然语言数据和程序语言数据（代码）。
- [EOS]：位于训练数据的尾部，用于标识训练数据的结束。

6.3　体验 CodeWhisperer

CodeWhisperer 可以与多款 IDE 集成在一起，为开发者提供自动补全代码、根据注释生成代码、注释和文档补全、代码安全问题的辅助定位等服务。本节以 IntelliJ IDEA（简称为 IDEA）为例，介绍使用 CodeWhisperer 辅助进行 Java 编程的方法。

在使用 CodeWhisperer 之前，需要使用 AWS（Amazon web services，亚马逊网络服务）账户进行登录，因此要提前访问 AWS 官网进行注册。因为操作比较简单，只需要使用 E-mail 进行注册即可，所以这里不介绍注册 AWS 账户的方法。

6.3.1　在 IDEA 中安装 AWS Toolkit 插件

要在 IDEA 中使用 CodeWhisperer，就需要安装 CodeWhisperer 插件。在 IDEA 的菜单中选择"文件"/"设置"，打开"设置"对话框，在左侧导航栏中选中"插件"，然后在对话框右侧搜索"AWS"，如图 6-5 所示。

< 148 >

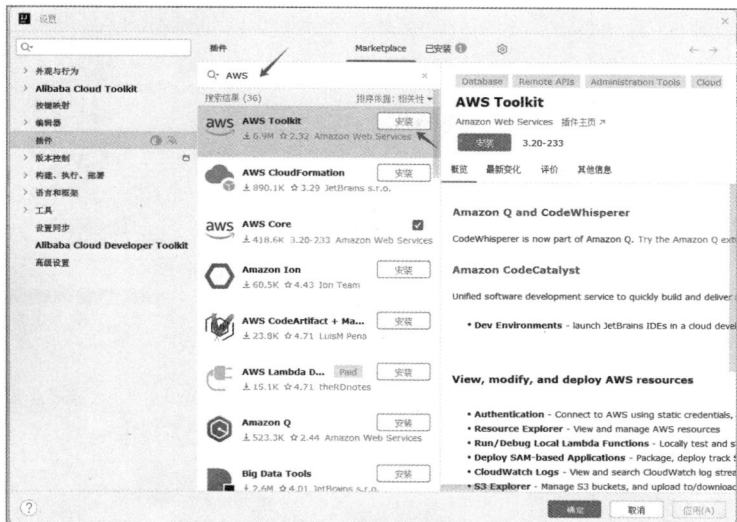

图 6-5　"设置"对话框

单击 AWS Toolkit 右侧的"安装"按钮，安装 AWS Toolkit 插件。安装成功后，"安装"按钮变成了"重启 IDEA"按钮。单击该按钮，重启 IDEA 后，即可在 IDEA 中使用 AWS Toolkit 插件。

6.3.2　在 IDEA 中使用 CodeWhisperer

安装 AWS Toolkit 插件并重启 IDEA 后，在 IDEA 的菜单中依次选择"视图"/"工具窗口"/"AWS Toolkit"，打开 AWS Toolkit 窗口，如图 6-6 所示。我们需要选择登录 AWS 的方式，可以选择下列两种登录方式之一。

- Workforce：对于个人用户或企业员工，可以通过此种方式登录。
- IAM Credentials：使用 AWS 客户端登录。

选择"Workforce"，然后单击"Continue"按钮，打开登录窗口，如图 6-7 所示。

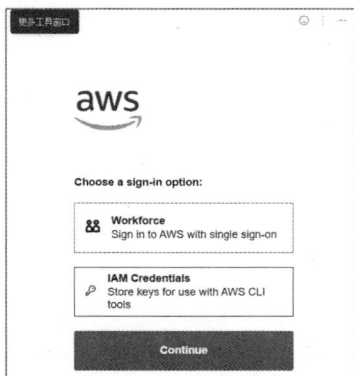

图 6-6　AWS Toolkit 窗口

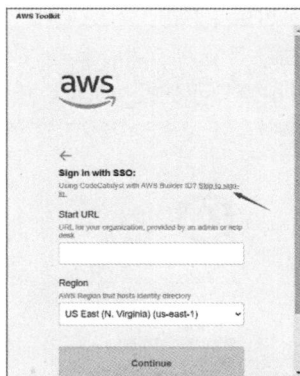

图 6-7　登录窗口

单击"Skip to sign-in"超链接，浏览器会打开登录 AWS 的页面，如图 6-8 所示。输入电子邮件地址，然后单击"下一步"按钮，打开输入密码的页面，如图 6-9 所示。输入密码和验证码后，单击"登录"按钮。如果登录成功，会打开图 6-10 所示的通过身份认证页面。返回 IDEA 窗口，可以看到登录后的 AWS Toolkit 窗口中有一个"Amazon Q"选项卡，单击切换到该选项卡，如图 6-11 所示。

< 149 >

图 6-8　登录 AWS 的页面

图 6-9　输入密码的页面

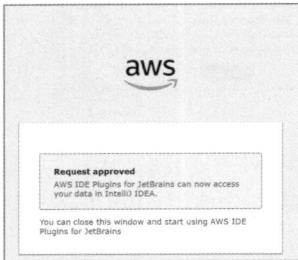

图 6-10　通过身份认证页面

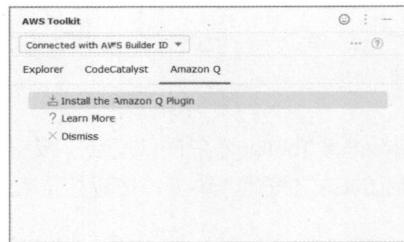

图 6-11　"Amazon Q"选项卡

Amazon Q 是亚马逊公司推出的 AIGC 助手，其中嵌入了 CodeWhisperer，可以帮助开发者提高开发效率。双击"Install the Amazon Q Plugin"选项，安装 Amazon Q 插件。安装成功后，重启 IDEA 窗口，可以看到"Amazon Q Chat"窗口。关于 Amazon Q Chat 的基本情况，在 6.3.3 小节将进行详细介绍。

6.3.3　Amazon Q Chat

Amazon Q Chat 是亚马逊公司推出的 AI 聊天助手。初次打开的"Amazon Q Chat"窗口如图 6-12 所示。我们需要使用已有账户登录 AWS，可以选择第一个选项登录 AWS，也可以选择第二个选项免费试用。这里选择第一个选项，然后单击"Continue"按钮，打开浏览器确认用户身份，因为之前已经登录过，所以会打开图 6-13 所示的授权页面。单击"Allow access"按钮进行授权，然后返回 IDEA 窗口。

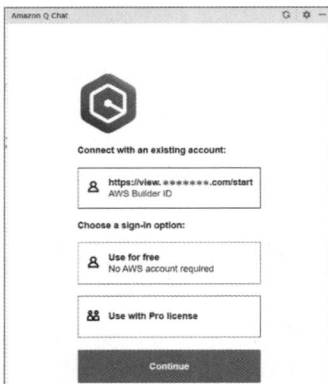

图 6-12　"Amazon Q Chat"窗口

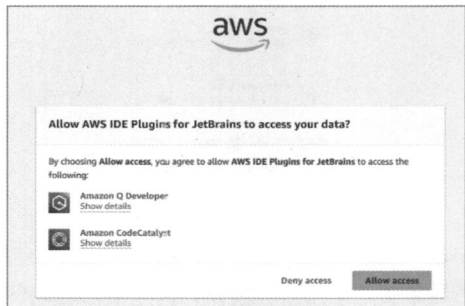

图 6-13　授权页面

在 IDEA 主窗体的右侧有一个"Amazon Q Chat"标签，单击该标签可以打开"Amazon Q Chat"窗格，如图 6-14 所示。

< 150 >

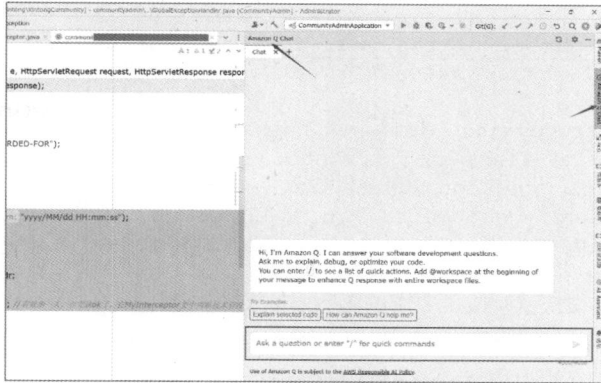

图6-14　打开 "Amazon Q Chat" 窗格

遗憾的是，在编写本书时，Amazon Q Chat 只支持英文聊天。编者向它提问 "can you speak Chinese?"，得到的回复如下。

I apologize, but your request seems to be outside my domain of expertise. However, I'm happy to try discussing related topics that I may have more information on. How can I help further our conversation productively?

很显然，它并没有理解 "can you speak Chinese?" 这句话的含义。但是别因此而小瞧它，Amazon Q Chat 的强项是编码，而不是日常聊天。比如编者问它 "how to code a function to get how many weeks in the given month?"，也就是如何编写一个函数以获取指定月份中有几周，得到的答复如下，其中斜体部分是生成的代码。

To get the number of weeks in a given month, you can use the following Java function:

```
import java.time.LocalDate;
import java.time.temporal.WeekFields;
import java.util.Locale;

public static int getWeeksInMonth(int year, int month) {
    LocalDate firstOfMonth = LocalDate.of(year, month, 1);
    LocalDate lastOfMonth = firstOfMonth.plusMonths(1).minusDays(1);

    WeekFields weekFields = WeekFields.of(Locale.getDefault());
    int firstWeekNumber = firstOfMonth.get(weekFields.weekOfWeekBasedYear());
    int lastWeekNumber = lastOfMonth.get(weekFields.weekOfWeekBasedYear());

    return lastWeekNumber - firstWeekNumber + 1;
}
```

Here's how it works:
We create a LocalDate object for the first day of the given month using LocalDate.of(year, month, 1)
.
We create another LocalDate object for the last day of the given month using firstOfMonth.plusMonths(1).minusDays(1)
.
We get the WeekFields for the default locale using WeekFields.of(Locale.getDefault())
.
We get the week number of the year for the first day of the month using

< 151 >

```
firstOfMonth.get(weekFields.weekOfWeekBasedYear())
We get the week number of the year for the last day of the month using
lastOfMonth.get(weekFields.weekOfWeekBasedYear())
.
The difference between the last week number and the first week number, plus 1,
gives us the number of weeks in the month.
You can call this function like this:
int weeksInJanuary = getWeeksInMonth(2023, 1); // 5 weeks
int weeksInFebruary = getWeeksInMonth(2023, 2); // 4 weeks
```

Amazon Q Chat 不但很快就生成了要求的函数 getWeeksInMonth()，而且在第二个回复中详细解释了代码的工作原理，最后还给出了两个调用 getWeeksInMonth() 函数的实例代码。

除了生成代码，我们还可以向 Amazon Q Chat 请教一些与开发相关的技术。比如，向其提问 "how to use Git in my project?"，得到的答复如图 6-15 所示。

其中分步骤、详尽地演示了在项目中使用 Git 工具管理源代码的方法。

至于语言问题，编者认为随着 Amazon Q 的推广、普及和不断完善，一定会有中文版的 Amazon Q 插件推出。再者，读写英文技术资料也是对开发者的基本素质要求，开发者可以借此机会锻炼英文读写能力，还可以考虑借助一些翻译软件帮助实现与 Amazon Q Chat 沟通。

总之，在开发技术方面，开发者有任何问题都可以请教 Amazon Q，它确实是一个很方便的助手。

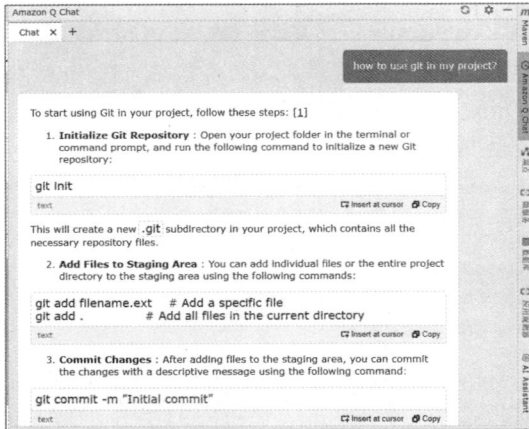

图 6-15　Amazon Q Chat 对 "how to use Git in my project?" 的答复

6.3.4　在开发过程中利用 CodeWhisperer 的编码建议

安装 Amazon Q 插件后，除了在遇到问题时可主动与 Amazon Q Chat 沟通外，在开发过程中开发者也多了一个无时不在的助手，它就是 CodeWhisperer。

1．CodeWhisperer 的编码建议功能

CodeWhisperer 集成被在 Amazon Q 中。开发者在编码过程中，CodeWhisperer 会时刻关注编写的程序，并适时给出编码建议，这种编码建议也称为代码补全功能。开发者可以选择接受建议或忽视建议。例如，在 IDEA 中输入如下注释信息，然后按回车键（即 "Enter" 键），CodeWhisperer 会给出编码建议，如图 6-16 所示。

```
//获取当前月份
```

虽然窗口中显示是 Amazon Q 给出的提示，但实际上背后是 CodeWhisperer 提供的技术支持。建议

< 152 >

代码会以灰色、斜体的格式显示在窗口中。在弹出的小窗口中,开发者单击 "Insert Code" 按钮或直接按 "Tab" 键,即可接受建议,此时建议代码会变成正式代码,出现在代码编辑器中。有时候 CodeWhisperer 会给出多种备选方案,开发者可以通过单击 "Previous" 按钮和 "Next" 按钮切换选择。如果不接受建议,则可以单击代码编辑器空白处或继续输入代码,此时建议代码和小窗口都会消失。

2.结合实例体验 CodeWhisperer

通过图 6-16 这样的演示,开发者只能了解 CodeWhisperer 的基本功能。为了更深入地体验和了解 CodeWhisperer,下面设计一个小的编程任务,并在 IDEA 中使用 Java 语言编程实现这个任务。在此过程中,开发者可以体验 CodeWhisperer 的编码建议功能。

这个编程任务就是在控制台中输入当前的月份。程序的功能很简单,因为演示这段程序的目的不是介绍编程的方法,而是体验 CodeWhisperer 的功能。

创建一个 Java 项目 PrintCalendar。为了便于演示,这里直接在默认的 Main.cs 文件中完成编码。图 6-16 所示就是本实例的前 2 行代码。接下来按回车键,然后输入 "int",此时 CodeWhisperer 会给出编码建议,如图 6-17 所示。在没有任何提示的情况下,它猜到了获取月份数据到变量 month 后,应该获取年份数据到变量 year 中了。这确实挺智能的。

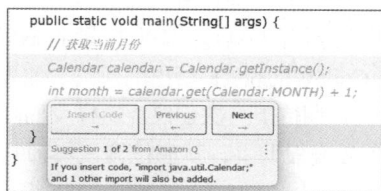

图 6-16 CodeWhisperer 给出的编码建议

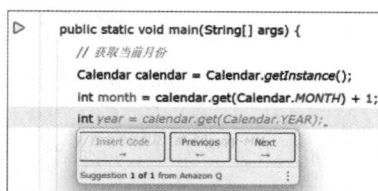

图 6-17 CodeWhisperer 建议的获取当前年份的代码

接下来按回车键换行后,输入下面的注释。

```
//输出年月数据,格式为 yyyy-mm,月份占两位
```

此时 CodeWhisperer 会给出图 6-18 所示的编码建议。

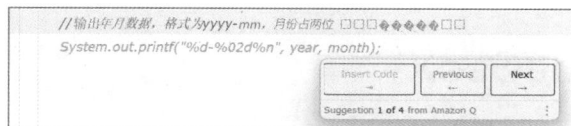

图 6-18 CodeWhisperer 建议的输出年月数据的代码

图 6-18 中体现出了在编写本书时 CodeWhisperer 的一个不足之处,就是对中文的兼容性不够好,时常会出现乱码的情况,不过给出的建议代码是没有问题的。至此,就完成了这个简单的小实例的演示过程。这个小实例一共有 4 行代码和 2 行注释。在演示过程中,CodeWhisperer 共 3 次给出编码建议,所有建议都被采纳。我们在这个过程中只输入 2 行注释和一个整型关键字 int,可见 CodeWhisperer 确实很高效。需要说明的是,这个小实例并不是编者精心设计的,而是随机选择的很常见的编程任务。CodeWhisperer 之所以有如此优秀的表现,正是因为这是非常典型的编程任务。在 CodeWhisperer 的训练数据集中应该有类似的代码。

3.使用心得

为了编写本书,编者在实际工作中体验了 CodeWhisperer,最初的感觉可以说喜忧参半。"喜" 的是 CodeWhisperer 可能会出乎意料地给出一些很有帮助的建议代码,给人一种 "它是怎么猜到的" 这种惊喜感。"忧" 一方面源于工作频繁被打扰的不适应感,另一方面源于 CodeWhisperer 最初给出的建

< 153 >

议代码有时给人一种驴唇不对马嘴的感觉。工作中总有"人"跳出来"指手画脚"，确实会让人有一种被打扰的感觉，特别是给出错误的建议代码时，这种感觉尤为强烈。

产生这种"被打扰"的感觉主要是由于以下两点。

- 不习惯 CodeWhisperer 的存在，也可以说还不会用 CodeWhisperer。这不能怪 CodeWhisperer，每个人对新鲜事物的接受都有一个过程。习惯之后不但不会有被打扰的感觉，还会产生一种依赖感。
- CodeWhisperer 的工作过程也是它的学习过程。它需要逐渐了解开发者的编码习惯和开发项目的上下文。最开始 CodeWhisperer 对这些知之甚少，因此给不出合理的建议代码也是可以理解的。

给彼此一点时间，慢慢适应对方，了解对方，这才是与 CodeWhisperer 相处的恰当方式。在使用 CodeWhisperer 的过程中，编者的最大心得就是慢下来，耐心一点，给 CodeWhisperer 一点反应时间，也给自己一点响应建议的时间。这对成熟的开发者而言很难。有的人打字本来就很快，加上日复一日地编码，早已形成了习惯，在敲一行代码时心里早就想好了后面几行代码的内容，一气呵成。如果不使用 CodeWhisperer 等编码助手，这很好，工作效率很高。但是如果使用 CodeWhisperer，就请慢一点。与 ChatGPT 聊天时它有一个思考过程，一般是 1～5s，有时候会更长。CodeWhisperer 的响应时间要短很多，但它也是有延迟的。开发者也要给自己留出响应建议的时间，特别是在按下回车键、空格键或逗号键时，有意识地停顿一下，因为这是 CodeWhisperer 给出建议的节点。编者在试用 CodeWhisperer 的过程中，经常会因为按下回车键后急于编码，而忽视了 CodeWhisperer 给出的建议。如果一闪而过的建议正是希望的代码，就不得不取消输入，重新按回车键，期待下一次建议。这样反而降低了工作效率。因此，如果开发者希望长期使用 CodeWhisperer 作为编程助手，就应该慢慢习惯它，适应与 CodeWhisperer 一起工作的节奏。

另外，CodeWhisperer 只适合在开发新项目时使用，在维护老项目时请禁用该功能。因为维护老项目时通常不需要大量编码，而只是在原有代码基础上修修补补。CodeWhisperer 可以给出实现新功能的建议代码，但对于老项目的逻辑知之甚少，因此，在这种情况下，其给出的建议代码大多数是不适合的，如果不留神接受了建议代码，反而影响原有代码的稳定性。

这些使用心得应该适用于各种代码生成大语言模型所提供的 AI 编码助手。

6.4 体验 CodeGeeX

与 CodeWhisperer 一样，CodeGeeX 也可以与多款 IDE 集成在一起。本节以 Visual Studio Code（简称为 VS Code）为例，介绍使用 CodeGeeX 辅助进行 Java 编程的方法。

6.4.1 在 VS Code 中安装 CodeGeeX 插件

VS Code 是微软公司推出的跨平台编辑器，支持各种编程语言的插件，深受广大开发者的喜爱。本小节介绍在 VS Code 中安装 CodeGeeX 插件的方法。

1. 搭建使用 VS Code 开发 Java 程序的环境

搜索并访问 VS Code 官网，下载 VS Code 的最新安装程序。运行安装程序，根据提示完成安装。

打开 VS Code，单击左侧导航条中的"Extensions"图标图，或者按"Ctrl+Shift+X"组合键，打开插件市场窗格。在搜索框中输入"Java"，可以找到 Extension Pack for Java 插件，选中后单击"Install"按钮安装该插件，如图 6-19 所示。

< 154 >

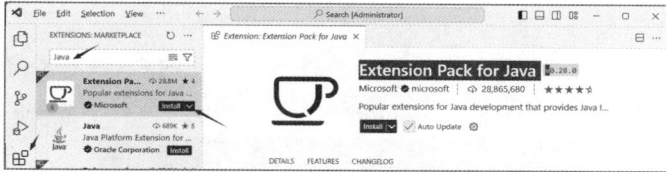

图 6-19　安装 Extension Pack for Java 插件

在搜索框中输入"Chinese"，可以找到中文语言包插件，选中后单击"Install"按钮安装该插件，如图 6-20 所示。

图 6-20　安装中文语言包插件

2．安装 CodeGeeX 插件

在 VS Code 插件市场的搜索框中输入"CodeGeeX"，可以找到 CodeGeeX 插件，选中后单击"Install"按钮安装该插件，如图 6-21 所示。

图 6-21　安装 CodeGeeX 插件

6.4.2　在 VS Code 中使用 CodeGeeX

在 VS Code 中安装 CodeGeeX 插件后需要重启 VS Code，然后在 VS Code 的左侧导航条中就可以看到"CodeGeeX"图标，单击该图标打开 CodeGeeX 窗口，如图 6-22 所示。

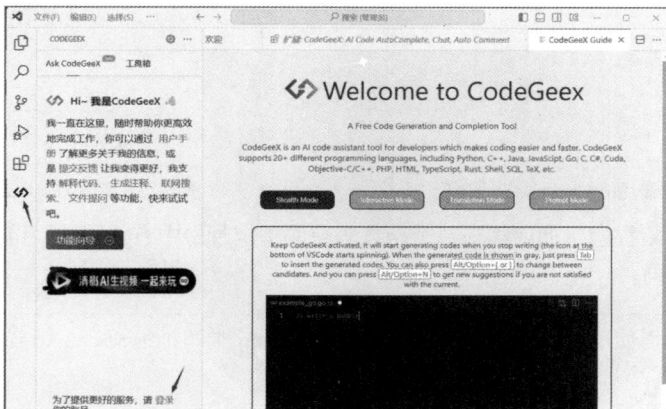

图 6-22　CodeGeeX 窗口

< 155 >

1．注册和登录

我们需要先登录，然后才能使用 CodeGeeX。在图 6-22 所示的 CodeGeeX 窗口中单击"登录"超链接，在弹出的对话框中选择在浏览器中进行登录。登录页面如图 6-23 所示。

图 6-23　CodeGeeX 的登录页面

默认可以使用"手机号+验证码"的方式进行登录，未注册的手机号将自动创建账号。开发者也可以根据需要，选择"用户名+密码"、微信扫码、谷歌账户、微软账户、GitHub 账户、Gitee 账户和 HBuilder 账户等方式登录。登录后的 CodeGeeX 窗口如图 6-24 所示。窗口的底部是发起提问的聊天区。

2．向 CodeGeeX 提问

登录 CodeGeeX 后，可以在 CodeGeeX 窗口向 CodeGeeX 提问。为了便于与 Amazon Q Chat 进行对比，这里使用 6.3.3 小节中用到的同样问题进行提问。比如向 CodeGeeX 提问"你可以说英文吗？"，得到的回复如图 6-25 所示，从中可以看出 CodeGeeX 可以理解并回答非技术类问题。编者还尝试了其他问题，比如"介绍一下你自己"，都得到了正常的回复。可见，CodeGeeX 的日常聊天能力是优于 Amazon Q Chat 的。

图 6-24　登录后的 CodeGeeX 窗口

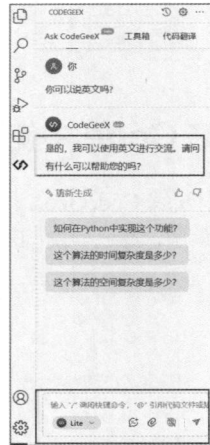

图 6-25　向 CodeGeeX 提问

接着向 CodeGeeX 提问"如何编写一个函数来获取指定月份中有几周？"得到的答复如下，其中斜体部分是生成的代码。

在 Java 中，你可以使用 java.time 包中的 YearMonth 类和 TemporalAdjusters 类来计算给定月份有几周。以下是一个示例函数：

```
import java.time.YearMonth;
import java.time.temporal.TemporalAdjusters;
```

< 156 >

```
public class Main {
    public static void main(String[] args) {
        int weeks = getWeeksInMonth(2022, 1);
        System.out.println("2022 年 1 月有 " + weeks + " 周。");
    }
    public static int getWeeksInMonth(int year, int month) {
        YearMonth yearMonth = YearMonth.of(year, month);
        int firstDayOfWeek = yearMonth.atDay(1).getDayOfWeek().getValue();
        int lastDayOfWeek = yearMonth.atEndOfMonth().getDayOfWeek().getValue();
        int daysInMonth = yearMonth.lengthOfMonth();
        int weeks = (daysInMonth + firstDayOfWeek - 1) / 7;
        if (lastDayOfWeek != 7 && daysInMonth % 7 != 0) {
            weeks++;
        }
        return weeks;
    }
}
```

这个函数接受年份和月份作为参数，并返回给定月份有几周。它首先创建一个 YearMonth 对象，然后获取该月份的第一天和最后一天是星期几。接下来，它计算该月份的天数，并根据这些信息计算该月份有几周。最后，它返回计算出的周数。

请注意，这个函数假设一周的第一天是星期一，最后一天是星期日。如果你需要不同的设置，你可以相应地调整代码。

CodeGeeX 不但很快就生成了要求的函数 getWeeksInMonth()，而且详细解释了代码的工作原理，还在 main()函数中演示了调用 getWeeksInMonth()函数的方法。在 CodeGeeX 代码显示区域的上方有一些按钮，其提供了操作和使用代码的方便功能，包括"复制""插入""新文件""在终端中运行""与当前文件对比""与剪贴板对比""折行显示"等，如图 6-26 所示。这些功能是 Amazon Q Chat 暂时没有的。

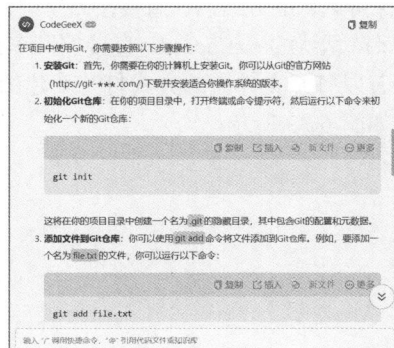

接下来向 CodeGeeX 提问"如何在我的项目中使用 Git"，得到的回复如图 6-27 所示。

与 Amazon Q Chat 一样，CodeGeeX 分步骤、详尽地演示了在项目中使用 Git 工具管理源代码的方法，图 6-27 只展示了其中的开头部分。

在编写本书时，Amazon Q Chat 还不支持中文，这是影响国内用户使用的重要因素。相比而言，CodeGeeX 的用户体验要好得多，而且其日常聊天能力也更胜一筹。

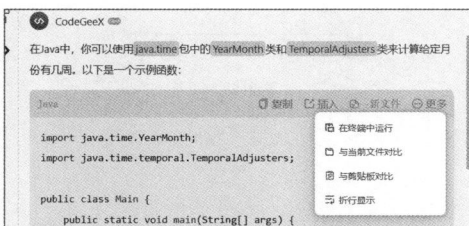

图 6-26　CodeGeeX 代码显示区域上方的操作按钮　　图 6-27　CodeGeeX 对"如何在我的项目中使用 Git"的回复

3. 在开发过程中利用 CodeGeeX 的编码建议

与 CodeWhisperer 一样，CodeGeeX 也可以作为开发者的助手，在开发过程中提出编码建议，从而提高开发者的工作效率。本小节介绍在使用 VS Code 开发 Java 程序时如何利用 CodeGeeX 的编码建议。

< 157 >

为了便于比较，这里使用与 6.3.4 小节类似的开发任务。我们先按照以下步骤创建一个 Java 项目。

（1）运行 VS Code，然后按 "Ctrl+Shift+P" 组合键，打开命令面板，输入 "Java: Create Java Project"，如图 6-28 所示。

（2）单击 "Java: 创建 Java 项目…" 选项，打开 "选择项目类型" 界面，如图 6-29 所示。

图 6-28　VS Code 命令面板

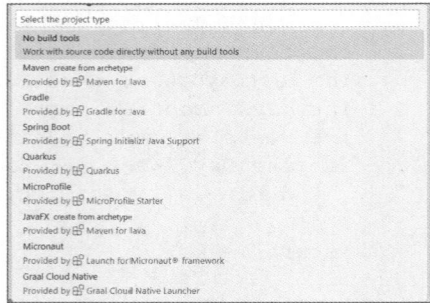

图 6-29　选择项目类型的界面

（3）单击 "Maven create from archetype" 选项，打开选择原型（archetype）界面，如图 6-30 所示。

（4）为便于演示，这里选择 "No Archetype…" 选项，打开输入项目的分组名界面，如图 6-31 所示。

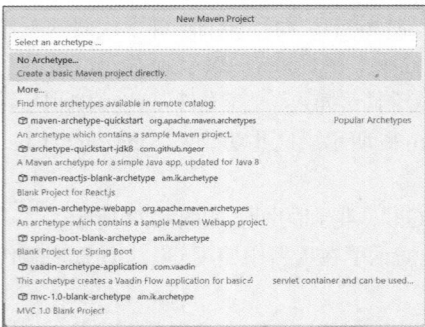

图 6-30　选择原型（archetype）界面

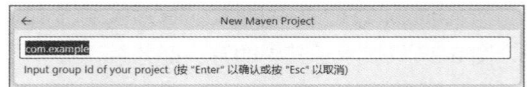

图 6-31　输入项目的分组名界面

（5）保持默认的分组名，直接按回车键，打开输入 artifact id 的界面，如图 6-32 所示。

（6）保持默认的 artifact id，直接按回车键，然后根据提示选择保存项目的目录，即可创建 Java 项目。接着以打开文件夹的方式打开新建的 Java 项目，在左侧的资源管理器窗格中可以查看项目的结构，如图 6-33 所示。

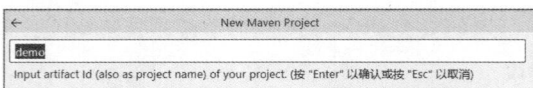

图 6-32　输入 artifact id 的界面

图 6-33　资源管理器窗格

在 com.example 包下有一个 Main.java 文件，本小节的示例代码都在此文件中编写。在 Main.java 中输入以下注释信息，CodeGeeX 会给出编码建议，如图 6-34 所示。

< 158 >

//获取当前月份

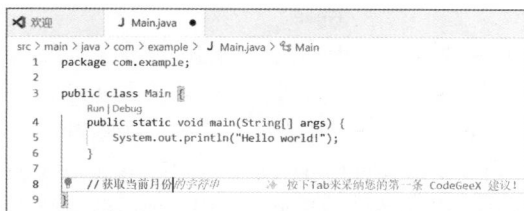

图 6-34　CodeGeeX 给出的编码建议

第一条 CodeGeeX 编码建议只是补全注释，在"//获取当前月份"后面追加"的字符串"4 个字，可看到建议代码以灰色字体的格式显示在窗口中，再按"Tab"键，即可接受建议，此时建议代码会变成正式代码，并出现在代码编辑器中。按回车键，CodeGeeX 会给出新的编码建议，如图 6-35 所示。

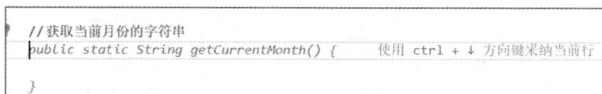

图 6-35　CodeGeeX 给出的获取当前月份功能的编码建议

如果编码建议中包含多行代码，则可以通过"Ctrl+↓"组合键逐行采纳建议。这里 CodeGeeX 只给出了一个空的 getCurrentMonth()函数的编码建议，并没有函数的具体实现代码，如果一直按"Ctrl+↓"组合键，CodeGeeX 给出的完整建议如下。

```
//获取当前月份的字符串
public static String getCurrentMonthString() {
    return "2023-10";
}
```

这个建议中只是固定返回"2023-10"，不能随着时间的变化而返回当前月份的字符串。但是如果删除该行代码，CodeGeeX 会给出正确的编码建议，如图 6-36 所示。

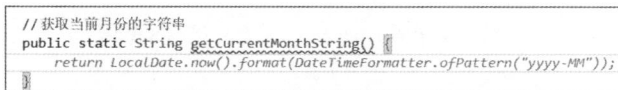

图 6-36　CodeGeeX 给出的获取当前月份字符串的代码

这次的建议可以通过代码获取当前时间，并返回对应的月份字符串。

接下来在 main()函数中输入"//获取当前月份"，然后按回车键，CodeGeeX 建议的代码如图 6-37 所示。建议代码中调用了刚刚编写的 getCurrentMonth()函数，这说明 CodeGeeX 不仅可以根据其学习到的已有知识给出建议，还可以在建议中充分利用现有项目的上下文代码。

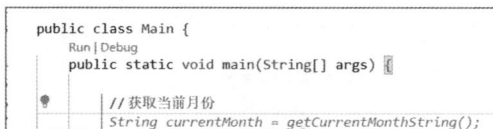

图 6-37　CodeGeeX 在建议代码中调用刚刚编写的 getCurrentMonth()函数

由于篇幅所限，这里不再深入体验 CodeGeeX 的功能。有兴趣的读者可以在实际开发中体验 CodeGeeX，这样才能得到最直观的感受。

经过一段时间的试用，编者对 CodeWhisperer 和 CodeGeeX 的初步试用感受总结如下。

• CodeWhisperer 暂时不支持中文。对国内用户而言，CodeGeeX 的直观体验要好一些。

< 159 >

- CodeWhisperer 的一些功能还处于实验阶段，因此有时不太稳定。
- CodeWhisperer 一步到位理解需求的能力要优于 CodeGeeX。CodeGeeX 需要多次尝试才能获得需要的编码建议。
- CodeWhisperer 可以同时提供多个编码建议，以供开发者通过图形界面进行选择；CodeGeeX 一次只能给出一个编码建议，在开发者拒绝建议后，才会给出其他建议。

经过试用，编者决定选择 CodeWhisperer 作为日常工作中的编程助手。

以上感受仅基于在编写本书时，编者对 CodeWhisperer 和 CodeGeeX 的短暂试用（为期一周左右）。总体而言，它们都是很不错的代码生成大语言模型。它们也会逐渐完善自身功能，给开发者带来越来越好的体验，从而大大提高开发者的工作效率。

本章小结

本章介绍了代码生成大语言模型的概念和基本工作原理，并详细解析了 CodeGeeX 和 CodeBERT 的网络结构与工作原理。本章的目标是使读者理解代码生成大语言模型的工作原理和应用情况。为了使读者可以直观地了解代码生成大语言模型的应用情况，本章还演示了借助 CodeWhisperer 和 CodeGeeX 编写 Java 程序的过程，包括提问和利用编码建议等环节。

习题

一、选择题

1. 比较常用的代码生成策略中，（　　　）选择概率最高的 token。
   A. 贪婪采样　　　　B. 随机采样　　　　C. 温度采样　　　　D. Top-K 采样
2. （　　　）是亚马逊云科技推出的代码生成大语言模型。
   A. Copilot　　　　B. CodeWhisperer　　　　C. CodeGeeX　　　　D. CodeBERT
3. 下列属于国内代码生成大语言模型的是（　　　）。
   A. Copilot　　　　B. CodeWhisperer　　　　C. CodeGeeX　　　　D. CodeBERT

二、填空题

1. ＿＿＿【1】＿＿＿是亚马逊公司推出的 AIGC 助手，其中嵌入了 CodeWhisperer，可以帮助开发者提高开发效率。
2. CodeBERT 模型支持＿＿＿【2】＿＿＿训练数据和＿＿＿【3】＿＿＿训练数据。
3. 代码生成大语言模型在应用中可以分为＿＿＿【4】＿＿＿和＿＿＿【5】＿＿＿两种类型。

三、简答题

1. 简述代码生成大语言模型的工作流程。
2. 简述大多数代码生成大语言模型的训练数据集。

课程实践

有些代码生成大语言模型是基于成熟的大语言模型训练编码能力的。GitHub Copilot 就是基于 GPT-3 的代码生成大语言模型。那么通用大语言模型的编程能力如何？请参照 5.4 节内容调研国内外主流大语言模型的编程能力，并根据调研结果思考通用主流大语言模型和代码生成大语言模型编程能力的异同点。

< 160 >

图像生成大模型

图像生成大模型是一种利用深度学习技术，根据文本描述自动生成图像的模型。这些模型通常结合了文本编码器和图像生成网络，其中文本编码器负责将输入的文本转换为机器可以理解的向量表示，图像生成网络则根据这些向量表示生成对应的图像。本章介绍图像生成大模型的工作原理和应用情况。

本章学习目标
（1）掌握图像生成大模型的基础技术和工作原理。
（2）了解 Midjourney 模型的基本情况。
（3）了解 Stable Diffusion 模型的网络结构和工作原理。
（4）了解 DALL-E 模型的网络结构和工作原理。
（5）了解国内图像生成大模型的基本情况。
（6）学会应用主流的图像生成大模型生成作品。

7.1　图像生成大模型的工作原理

图像生成大模型的文本编码器使用大语言模型技术来理解用户的任务描述文本，同时在其训练过程中通过 CLIP 算法对图像和文本进行对比学习，来实现跨模态理解；图像生成大模型的生成网络是一种条件生成模型，使用外部条件（如文本描述、标签或其他图像）来指导生成过程，以产生特定类型或风格的图像。

图像生成大模型在本质上是 CV 技术与生成模型相结合的产物，其核心可以参照第 2 章和第 4 章进行理解，本节不再重复介绍。为了便于读者理解图像生成大模型的工作原理，本节介绍其基本工作流程，以及实现跨模态理解的条件生成模型和 CLIP 算法。

7.1.1　图像嵌入

在 AI 模型中处理和生成图像的前提是：统一存储和表示图像的形式。尽管很多 CV 模型以像素的颜色值来表示图像数据，但是在近些年越来越流行的多模态大模型（large multimodal models，LMMs）中，图像嵌入已经成为存储和表示图像的新标准。

1. 什么是图像嵌入

图像嵌入是图像的数字表示，它是对图像中内容的语义进行编码的结果。通常，图像嵌入是通过 CLIP 模型计算得到的，CLIP 模型使用文本-图像对的大型数据集进行训练。训练的目标是建立对图像与文本之间关系的"理解"。CLIP 模型能够为图像和文本创建图像嵌入，也就是说，图像嵌入中不仅包含图像本身的数据，还包含图像的说明文字的信息。模型通过对图像嵌入进行比较，以完成分类、搜索、聚类等任务。关于 CLIP 模型的具体情况，在 7.1.4 小节将进行详细介绍。

图像嵌入不是对图像的原始数据（即像素和颜色数据），而是对图像数据及其说明信息进行编码得到的隐数据。例如，将一张水果图像的图像嵌入与"水果"这样的文本嵌入进行比较，就可以得出它们的相似度。

2．图像嵌入的优势

图像嵌入在以下任务中具有独特的优势。

- 图像分类：图像分类任务的目标是为图像分配一个或多个类别标签，而图像嵌入中就包含图像的说明文字信息，将图像嵌入与分类标签的词嵌入进行比较，即可计算它们的相似度，从而将图像归入最相近的分类中。
- 视频场景分类：视频由一系列帧组成，每个帧可视为能够分类的图像。通过 CLIP 模型处理视频中的帧，可以得到图像中每一帧与文本提示列表的相似程度，从而对视频进行零样本分类。
- 图像聚类：聚类是一种无监督学习方法，旨在发现数据中的自然分组，将相似或相关的对象组织在一起，形成一个或多个集群。聚类不依赖于预先定义的类别或带标签的训练实例，而是基于观察和学习，试图发现数据中的隐藏模式。通过比较图像嵌入，可以很方便地将相近的图像聚集在一起，以完成图像聚类任务。
- 搜索图像：CLIP 模型能够将图像嵌入存储在一个向量数据库中，然后使用文本嵌入与其中的数据进行比较，通过计算相似度搜索匹配的图像。

图像嵌入建立了文本与图像之间的联系，极大地推动了根据文本生成图像或视频相关技术的发展，已经成为多模态大模型的核心概念。

7.1.2 图像生成大模型的基本工作流程

图像生成大模型的基本工作流程如图 7-1 所示。

准备数据 → 构建生成模型 → 训练模型 → 模型评估 → 模型应用

图 7-1 图像生成大模型的基本工作流程

具体说明如下。

- 准备数据：训练数据对于图像生成大模型的能力培养起着至关重要的作用，图像生成大模型需要大量的训练数据，通常是图像数据集。模型可以从训练数据中学习图像的特征和分布。确定训练数据集后，通常需要对训练数据集进行预处理，如去除数据集中的噪声和异常值，以确保数据的准确性和完整性；根据实际情况还可以对数据集进行数据增强操作，如对图像进行旋转、缩放、裁剪等操作，以增加数据的多样性，这样有助于提高模型的泛化能力。
- 构建生成模型：现阶段主流的图像生成大模型可以分为两条技术路线，即使用自回归模型和扩散模型。基于自回归模型的图像生成大模型包括 OpenAI 的 DALL-E、谷歌公司的 Parti 等；基于扩散模型的图像生成大模型包括已经广泛应用的 Midjourney 和谷歌公司的 Imagen、Stable Diffusion 等。在实际应用中，这两条技术路线并没有明显的优劣之分。在同等参数量的情况下，自回归模型的效果没有扩散模型好，但是大参数数量的自回归模型也能取得不错的效果。在大模型流行之前，GAN 模型一直是主流的图像生成模型。但是它的规模有限，在大型图像数据集上训练的性能并不理想，因此，GAN 模型逐渐退出了图像生成大模型主流技术的竞争。不过，2023 年推出的 GigaGAN 模型采用了一种全新的生成对抗网络架构，这打破了 GAN 模型的规模限制，使其有机会重回竞争赛道。

< 162 >

- 训练模型：在训练模型之前，首先需要确定训练策略，包括确定适合的损失函数和优化算法，设置模型的超参，如学习率、批大小、迭代次数等，这些参数对模型的训练效果有重要的影响。在训练过程中，需要监控模型的性能指标，如损失函数的下降情况、生成图像的质量等，以便及时调整训练策略。通常需要经过多轮训练来不断改进模型的性能。
- 模型评估：完成模型训练后，需要使用适当的评估指标来评价模型的性能，如准确率、召回率、生成图像的多样性、清晰度等。
- 模型应用：如果模型评估的结果是模型达到了应用的标准，则可以将训练好的模型部署到相应的应用环境中，比如部署于公有云平台。之后图像生成大模型就可以根据用户的要求生成逼真的图像了。

7.1.3　条件生成模型

条件生成模型指根据给定的条件生成新样本的生成模型。在条件生成模型中，生成过程依赖于某些条件变量。例如，在图像生成中，条件可以是图像的标签（如"猫"或"狗"）。最新的条件生成模型已经可以根据语言描述生成高质量图像，这一点在 7.3 节将会介绍。

1．条件生成模型在现实场景中的应用

传统的 AI 技术大多致力于感知现实世界，而条件生成模型能够生成具有特定条件的数据，这种创新能力使其在现实场景中拥有各种类型的应用，具体介绍如下。

- 创作个性化内容：企业可以借助条件生成模型策划具有企业特色的内容，以提高客户的参与度。个性化内容可以是量身定制的营销活动，也可以是定制的产品设计方案。
- 艺术与设计：条件生成模型的创新能力可以为很多人提供创作的灵感，例如，音乐家可以利用它来创作音乐，艺术家可以利用它来创作艺术作品，设计师可以利用它来启迪设计思路。各行各业的创新工作都可以利用条件生成模型，通过微调生成条件创作出各种方案，这些方案可以作为备选方案，有助于提升创作者的创造力。
- 机器学习的数据增强：数据对于机器学习模型的训练非常重要，好的机器学习模型需要使用大量数据训练，但是有些类型的数据是有限的，比如医疗图像。条件生成模型可以根据给定的条件生成大量训练数据，从而为训练机器学习模型创造条件。
- 自然语言处理：从聊天机器人到创作文章，都是条件生成模型在 NLP 中的应用体现。
- 推荐系统：电子商务平台和视频播放平台都可以使用条件生成模型，根据用户的偏好和浏览历史为用户提供个性化推荐。在这种情况下，条件生成模型的输入数据是用户的操作记录、购买历史订单和播放记录，条件生成模型的输出是推荐的内容。
- 虚拟现实与游戏：条件生成模型可以基于用户交互生成动态环境、角色和场景，从而增强用户在虚拟现实与游戏中的沉浸式体验。
- 预测建模：条件生成模型可以基于对历史数据和特定条件的分析，预测未来的发展趋势，使企业能够做出明智的决策，制定合理的战略。
- 气候建模与模拟：在科学研究中，条件生成模型可用于气候建模，以及模拟基于特定气候条件和变量的复杂情景。
- 根据文本合成图像（文生图）：这也是本章关注的应用场景，条件生成模型能够基于文本描述生成对应的图像，该功能在艺术创作和广告设计中是很有意义的功能。

2．cGAN 模型

cGAN（conditional generative adversarial network，条件生成对抗网络）是一种 GAN 模型，其中设置了一个条件来获得输出。例如，在一组汽车图像上训练 GAN 模型时，如果需要生成奔驰汽车的图像，

< 163 >

就需要为 GAN 模型提供一个特定的条件，比如汽车的厂商名称或品牌名。cGAN 模型的工作方式与 GAN 模型类似。cGAN 模型中数据的生成取决于特定的输入信息，这些信息被称为附加信息。附加信息可以是分类标签或其他相关特征。cGAN 模型的网络结构如图 7-2 所示。

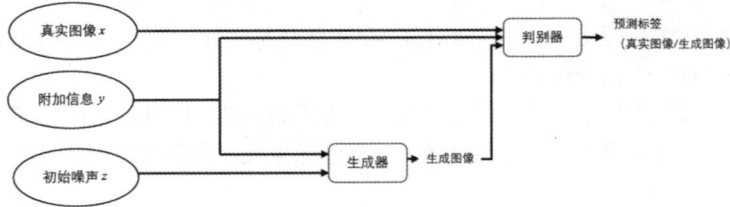

图 7-2　cGAN 模型的网络结构

通过向生成器和鉴别器提供附加信息 y，可以将 GAN 模型扩展为条件模型。该附加信息可以是文本标签，也可以是其他模态的数据，比如图像。在生成器中，初始噪声 z 和附加信息 y 被组合在一个联合隐变量中。

判别器将真实图像 x 和附加信息 y 作为输入。判别器的任务是区分真实图像 x 和以附加信息 y 为条件的生成图像。

3．CVAE 模型

CVAE（conditional variational autoencoder，条件变分自编码器）模型是一种 VAE 模型，它的设计思想与 cGAN 模型类似，它在标准 VAE 模型的基础上设置了一个条件来获得输出。CVAE 模型的网络结构如图 7-3 所示。

在训练过程中，模型把附加信息和输入数据一起送入编码器，输出数据被存入隐空间中。这样，隐空间就包含附加信息的数据。

在生成过程中，模型将从隐空间中取出的隐变量和附加信息一起送入解码器，从而生成与附加信息相关的输出数据。

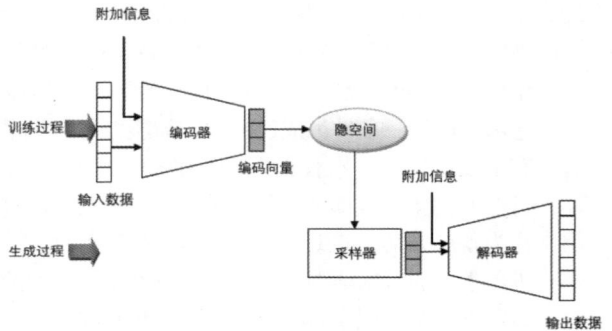

图 7-3　CVAE 模型的网络结构

4．设计和构建条件生成模型的流程

设计和构建条件生成模型的工作流程如下。

- 了解基础知识：要设计和构建条件生成模型，就应该掌握生成模型和条件概率等基本概念。在设计、构建、使用条件生成模型的过程中，这些基础知识是至关重要的。
- 选择深度学习框架：条件生成模型都是深度学习模型，通常需要借助深度学习框架来设计和构建条件生成模型。TensorFlow 和 PyTorch 都是知名的深度学习框架，开发者也可以根据需要选择华为公司的 MindSpore 或百度的飞桨（PaddlePaddle）等国内深度学习框架。
- 收集和准备数据：数据的数量和质量对于条件生成模型的训练非常重要，因此，开发者需要投入很大的精力去准备与任务相关的数据集，接着还要做数据清理和数据预处理，排除不合格的数据，提高数据的质量。此外，还要考虑数据与深度学习框架的兼容性。
- 定义架构：最重要的步骤是为模型选择适当的体系结构，比如 CVAE 或 cGAN。之后定义模型的层和连接。
- 实现模型：根据所选架构进行编码，实现模型的具体功能。将条件变量纳入模型的输入，并探索将其与随机噪声相结合的不同技术。

< 164 >

- 训练模型：将数据集划分为训练集、验证集和测试集。使用训练集训练模型，同时监控其在验证集上的性能。根据需要调整超参和模型的架构。
- 评估和微调：完成训练后，使用定量指标来评估模型的性能。根据评估结果，微调模型的参数和架构，以更好地实现预期的结果。
- 生成和实验：利用训练好的条件生成模型来生成样本并探索其创造潜力。尝试各种输入，观察各种条件是如何影响模型输出的。
- 实际应用并优化：为了在实际应用环境中部署模型，需要考虑计算效率、可扩展性以及与现有系统的集成等因素来对模型进行优化。

7.1.4　建立文图联系的 CLIP 模型

CLIP 模型是由 OpenAI 研发的，用于处理图像与文本之间的关联关系。CLIP 模型是一种多模态模型，开发者只需提供要识别的视觉类别名称，CLIP 模型就可以对指定图像数据集进行分类，而不需要提前基于该类图像进行预训练。这是因为它具备基本的文本-图像匹配知识，类似于大语言模型的零样本学习能力。

尽管深度学习的发展促使 CV 模型取得了很多成就，但传统 CV 模型还存在以下主要问题。

- 传统的 CV 模型都是基于大型视觉（图像或视频）数据集进行训练的，而创建大型视觉数据集的成本很高，包括收集训练样本的人力成本，以及可能存在的侵权成本。
- 传统 CV 模型经过大量训练只学习到了单一的（或者说狭窄范围内的）视觉概念。比如基于大量猫、狗图像数据集，训练 CV 模型识别猫和狗，而现实世界中包含太多的事物，如果希望 CV 模型"认识"各种花，还需要重新训练。
- 在基准测试中表现良好的传统 CV 模型在压力测试中的表现不佳，也就是说，传统 CV 模型的效率并不高。

CLIP 模型就是为了解决这些问题而被研发出来的。它基于互联网上大量存在的带有说明文字的图像进行监督学习训练。而且开发者可以用自然语言指示 CLIP 模型执行各种分类基准测试，不需要针对各种 CV 任务再做重复训练。这对于建立通用 CV 模型非常重要，也为 AIGC 大模型完成文生图（根据文本生成图像）任务奠定了技术基础。

1．稳健性表现

研究者基于不同的数据集对 ResNet101 模型与 CLIP 模型进行了稳健性差距（robustness gap）测试，结果如表 7-1 所示。

表 7-1　基于不同数据集对 ResNet101 模型与 CLIP 模型进行稳健性差距测试的结果对比

数据集	说明	ResNet101 模型的准确率	CLIP 模型的准确率
ImageNet	原始的 ImageNet 数据集，该数据集包含 14197122 张图像	76.2%	76.2%
ImageNet V2	非常受欢迎的图像分类基准数据集，其中的每张图像都有详尽的多标签注释	64.3%	70.1%
ImageNet Rendition	包含艺术、卡通、涂鸦、刺绣、图形、折纸、绘画、图案、塑料物体、毛绒物体、雕塑、素描、文身、玩具和视频游戏再现等 200 个分类和 30000 张图像的数据集	37.7%	88.9%
ObjectNet	其中包含在杂乱的自然场景中以非正常的角度捕获的 50000 张图像，这会严重降低识别性能	32.6%	72.3%
ImageNet Sketch	其中包含 1000 个类别的 50000 张黑白草图图像。每个类别中有 50 张图像	25.2%	60.2%
ImageNet Adversarial	基于 ImageNet 进行对抗训练的数据集	2.7%	77.1%

< 165 >

在深度学习模型中，稳健性差距指模型在推理过程中对不同类型输入数据推理的稳健性存在的差距。具体而言，这种差距反映了模型在面对不同类型的输入数据时，其表现的稳定性与可靠性。稳健性通常体现在模型的损失值（loss）和度量指标（metrics）上。比如，表 7-1 通过模型的准确率来衡量其稳健性差距。

尽管在 ImageNet 数据集上测试，ResNet101 模型和 CLIP 模型的准确率是相同的，但是在其他数据集上测试，CLIP 模型的表现明显更好。这体现了它在不同数据集上所表现出的稳健性，特别是在 ObjectNet 数据集上的表现，更具有代表性。

2. 零样本学习

CLIP 模型打破了语言与视觉的界限，具备优秀的零样本学习能力。零样本学习是一种机器学习场景，其中机器学习模型被训练用来完成识别和分类任务，而机器学习模型事先并没有看到这些类别或要识别的物体的任何样本。比如，让机器学习模型识别包含狗的图像，而事先并没有使用大量狗的图像对其进行训练。

大多数用于分类任务或回归任务的深度学习模型都是通过监督学习方法训练的，这就需要许多相关数据的标记样本。深度模型基于带标签的训练数据集进行训练；数据标签为每个训练样本提供了可能的答案范围和正确答案。通过训练，深度模型会不断调整参数，以尽量减少预测值与真实值之间的差异。此过程需要足够多的标记样本进行多轮训练。

虽然经过大量标记样本训练的经典 CV 模型能力非常强大，但是监督学习方法在某些现实世界场景中是不切实际的。这是因为对大量数据样本进行标注成本高且耗时，而且对罕见病和新发现的物种而言，相关样本可能很少。一项研究显示，人类可以识别大约 30 000 个单独可区分的对象类别。如果 CV 模型必须在每个类别的标记数据上进行特定的训练，那么从时间、成本和计算资源的角度来看，想让 CV 模型达到接近人类的能力是很困难的。

不只是 CV 模型，很多机器学习模型都需要以最小的训练开销快速泛化到大量的语义类别，这催生了 N-shot 学习的概念，即用最少的数据训练最多的模型。零样本学习与 N-shot 学习一样，不是指任何特定的算法或神经网络架构，而是指学习问题本身的性质。在零样本学习中，模型事先没有经过任何针对特定任务的训练。

零样本学习并没有考虑训练数据中是否存在要识别的物体，即使存在也是未标记的。模型并不是通过人类有针对性的指导进行学习，而是自己从海量训练数据中积累"经验"。大语言模型非常适合零样本学习任务，因为它们是通过在大量文本语料库上的无监督学习进行预训练的，这些语料库可能包含对各种数据类型的附带引用或知识。由于没有可供参考的标记样本，零样本学习方法都依赖使用此类辅助知识进行预测。随着大语言模型的发展，零样本学习已经成为 CV 和 NLP 领域越来越引人注目的研究方向。

3. 工作原理

CLIP 模型的成功表明：基于一个简单的预训练任务训练的模型，足以在各种图像分类数据集上具备有竞争力的零样本学习能力。在 CLIP 模型的训练中使用了大量的监督学习训练数据，即互联网上大量存在的文本-图像对数据。训练的方法是：给定一张图像，在 32768 个随机采样的文本片段中预测哪一个与其匹配。

为了完成这一任务，CLIP 模型需要学习识别图像中各种各样的视觉概念，并将其与名称相关联。因此，CLIP 模型可以应用于几乎任何视觉分类任务。例如，如果针对数据集的任务是对狗和猫的图像进行分类，则只需要让 CLIP 模型预测具体图像与文本描述"狗的照片"或"猫的照片"哪个更匹配。

CLIP 模型包含一个图像编码器和一个文本编码器，它们分别用于提取文本和图像的特征。在预训练阶段，CLIP 模型训练图像编码器和文本编码器，以预测数据集中哪些图像与哪些文本配对，具体过

< 166 >

程如图 7-4 所示。

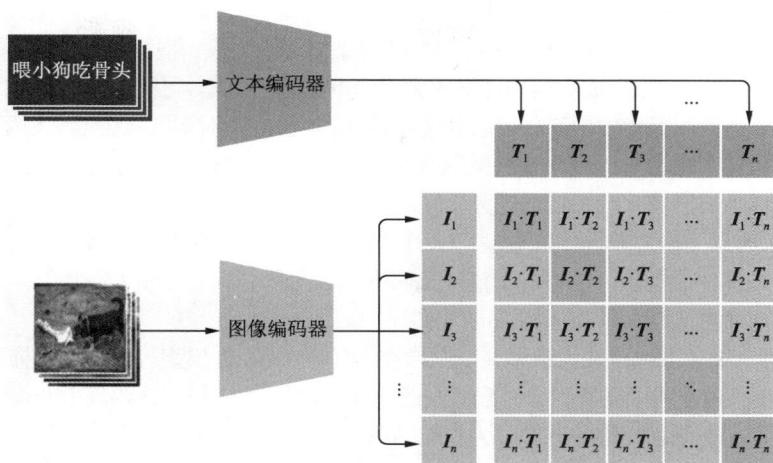

图 7-4　CLIP 模型的预训练过程

　　CLIP 模型的核心思想是通过文本的弱监督信号训练一个优秀的 CV 模型。该模型的输入为图像和文本的配对数据，其中图像被送入图像编码器中以获取相应的图像特征向量 $\{I_1, I_2, I_3, \cdots, I_n\}$，文本被送入文本编码器中以得到对应的文本特征向量 $\{T_1, T_2, T_3, \cdots, T_n\}$。在每个训练批次中，包含 n 个文本-图像对，经过处理后会得到 n 个图像特征向量和 n 个文本特征向量，然后基于这些特征向量进行训练。特征矩阵中对角线上的元素表示正样本，即真实匹配的文本和图像对，其他元素则表示负样本，共有 n 个正样本和 $n^2 - n$ 个负样本。这个特征矩阵的对角线元素就是 CLIP 模型学习到的知识，也被称为"图像和文本嵌入空间"。

　　CLIP 模型的预训练阶段并不属于零样本学习，它能够成功的关键恰恰是因为在预训练阶段使用海量的标注数据（4 亿个文本-图像对）进行训练。这为其在各种下游任务中实现零样本学习积累了丰富的经验。

　　预训练完成后，将 CLIP 模型转换为零样本分类器，接着将数据集里的所有类别转换为标题，如"狗的照片"，并根据预训练阶段学习到的特征矩阵对角线元素预测标题与给定图像的最佳配对，此过程如图 7-5 所示。

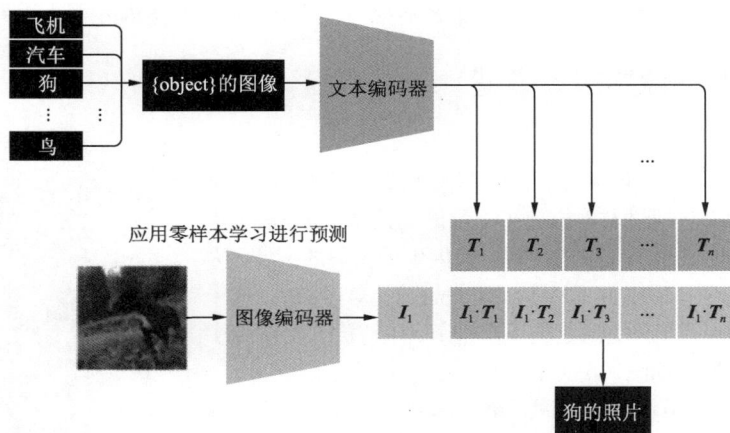

图 7-5　CLIP 模型预测图像分类的过程

< 167 >

4．CLIP 模型与图像生成大模型的关系

虽然 CLIP 本身并不是一个传统意义上的图像生成大模型，但它与图像生成大模型之间存在一定的关系，特别是在根据文本生成图像的任务中。CLIP 模型与图像生成大模型的关系如下。

- CLIP 模型有助于图像生成大模型理解图像：CLIP 模型可以学习图像与文本之间的对应关系，使模型能够理解图像中的内容并关联到文本描述。这种能力对于图像生成大模型是非常有用的，因为图像生成大模型可以利用这种关联来生成与给定文本描述相关联的图像，还可以利用这种能力来完成根据图像生成图像的任务。
- CLIP 模型有助于构建条件生成模型：CLIP 模型学习到的图像和文本嵌入空间可以用于条件生成任务。条件生成模型可以将文本描述编码为嵌入向量，然后在嵌入空间中寻找与之对应的图像表示，从而生成与文本描述相关的图像。
- CLIP 模型有助于图像生成大模型完成图像搜索任务：CLIP 模型可以将文本描述转换为嵌入向量，然后在嵌入空间中搜索与之匹配的图像。图像生成大模型可以利用 CLIP 模型的这种能力来检索与给定文本描述相符的图像，为生成图像的过程提供指导和约束。
- 图像生成大模型可以充分利用 CLIP 模型的多模态学习能力：CLIP 模型具有很强的多模态学习能力，即通过多种数据（如图像和文本）来进行联合训练和学习。这个概念对于图像生成大模型也是非常重要的，因为通过多模态学习，图像生成大模型可以更好地理解图像与文本之间的关系，从而生成更加准确的、语义丰富的图像。
- 图像生成大模型可以充分利用 CLIP 模型的零样本学习能力：CLIP 模型的零样本学习能力可以帮助图像生成大模型在没有特定训练样本的情况下，根据文本描述生成相应的图像。
- 图像生成大模型可以充分利用 CLIP 模型的迁移学习能力：CLIP 模型在预训练阶段学习到了通用的图像和文本嵌入空间，这种"知识"可以被迁移到图像生成大模型中，从而提升图像生成大模型的性能和泛化能力。

关于 CLIP 模型在图像生成大模型中的具体应用，在 7.2.1 小节中将结合 Stable Diffusion 模型进行介绍。

7.2 主流图像生成大模型选解

技术的不断成熟使图像生成大模型取得了显著进步，国内外各大 AI 厂商陆续推出自己的图像生成大模型。这些大模型的体系结构和参数数量各不相同，本节简单介绍国内外主流的图像生成大模型。

7.2.1 国外的图像生成大模型

1．Midjourney

Midjourney 是于 2022 年 3 月面世的图像生成大模型，用户可以基于扩散模型的算法通过文本描述（提示词）让 Midjourney 生成对应的图像。Midjourney 可以在很短时间内生成精美的图像，因此受到了广泛的关注。2023 年 12 月，Midjourney V6 发布，这个版本可以生成更加逼真的图像，其更注重细节，生成的人物图像中毛发、皱纹清晰可见，如图 7-6 所示。

Midjourney V6 还重构了提示词系统，模型会尽可能地遵循提示词中每一个单词生成图像。

Midjourney 是闭源系统，其网络架构和技术细节，包括参数数

图 7-6　Midjourney V6 生成的人物图像

< 168 >

量，都尚未对公众披露。因此，本小节只对其做简单介绍。关于如何通过提示词使用 Midjourney 生成图像，在 7.3.1 小节将进行详细介绍。

2．Stable Diffusion

Stable Diffusion 的工作原理

Stable Diffusion 是非常流行的图像生成大模型，由 Stability AI 公司于 2022 年 11 月推出，可以生成分辨率为 2048×2048 甚至更高的精美图像。

2024 年 2 月，Stability AI 发布了 Stable Diffusion V3，并且对公众开放源代码。目前开源的是 Stable Diffusion 3 medium 版本，它拥有 20 亿个参数。40 亿和 80 亿个参数的版本还在训练中。

为了对比 Midjourney 和 Stable Diffusion 生成图像的效果，编者以"读报纸的中国老人"作为提示词分别做了测试，图 7-7 所示是 Midjourney 生成的图像，图 7-8 所示是 Stable Diffusion V3 生成的图像。

在计算机上放大所生成的图像，可以看到，人物脸上的皱纹、头发丝、手上的血管都清晰可见。也就是说，Midjourney 和 Stable Diffusion 都是非常优秀的图像生成大模型，它们都可以生成非常逼真、精美的图像。

图 7-7　Midjourney 生成的图像

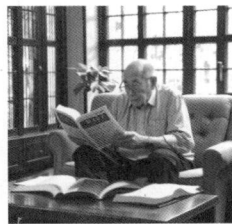

图 7-8　Stable Diffusion V3 生成的图像

（1）Stable Diffusion 生成图像的方式

用户可以通过多种方式来使用 Stable Diffusion。其中最常用的是根据文本生成图像，其过程如图 7-9 所示。

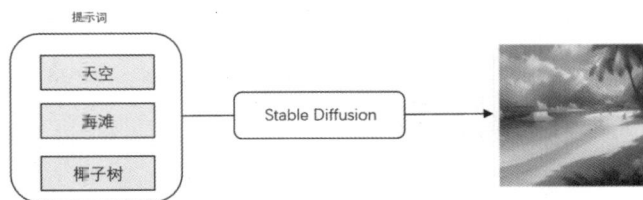

图 7-9　根据文本生成图像

用户还可以通过将文本和图像一起送入 Stable Diffusion，来为图像添加新的内容。例如，图 7-10 演示了在海滩图像上添加一艘海盗船的方法。

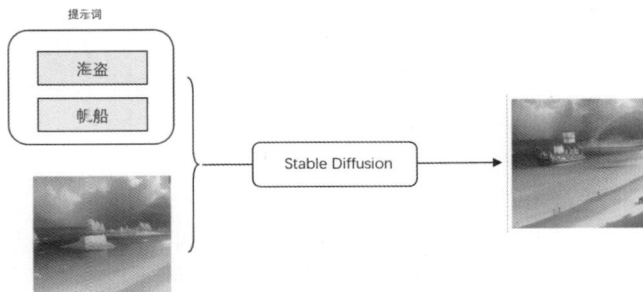

图 7-10　根据文本和图像生成新图像

< 169 >

（2）Stable Diffusion 模型的组件

Stable Diffusion 模型的网络结构如图 7-11 所示。

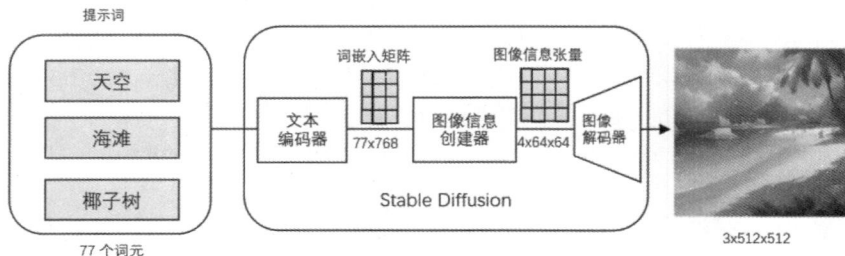

图 7-11　Stable Diffusion 模型的网络结构

Stable Diffusion 模型包含以下组件。

- 文本编码器：一个 CLIP 模型，我们也可以将其理解为一个特殊的 Transformer 模型。它以文本序列作为输入数据，并输出一个代表文本中各个 token 的数字列表，每个 token 对应一个向量。文本编码器的输入数据是最多由 77 个 token 构成的文本序列，每个 token 表示成长度为 768 的词向量，其输出数据是形状为 77×768 的词嵌入矩阵。
- 图像信息创建器：这是 Stable Diffusion 模型特有的组件，也是 Stable Diffusion 模型更具性能优势的关键因素。顾名思义，图像信息创建器用于生成图像信息。所有图像信息构成图像信息空间，也称为隐空间。我们可以用"扩散"这个词来形容图像信息创建器的工作原理。图像信息创建器由一系列（默认包含 50 个或 100 个）UNet 神经网络组成。这些 UNet 神经网络会一步一步地处理图像信息，最后由图像解码器生成高质量的图像。这个"扩散"过程中的技术细节将在本小节后面部分具体介绍。图像信息创建器的输入数据就是文本编码器输出的形状为 77×768 的词嵌入矩阵，其输出数据为图像信息张量（形状为 $4 \times 64 \times 64$）。
- 图像解码器：根据图像信息创建器所生成的图像信息来绘制图像的组件。它只在整个过程结束时运行一次，以生成最终的图像。图像解码器的输入数据是图像信息创建器输出的图像信息张量，其输出数据为最终生成的图像。

（3）Stable Diffusion 模型中的扩散机制

Stable Diffusion 模型的名称就是源于其所采用的扩散（diffusion）机制，扩散的过程发生在图像信息创建器内部。扩散过程包括以下两种输入数据。

- 代表输入文本的词嵌入：也就是文本编码器的输出。
- 图像信息张量：一个随机初始化的张量，也被称为隐变量。

扩散机制的输出是经过处理的图像信息张量。最终，图像解码器可以根据此图像信息张量绘制 Stable Diffusion 模型的输出图像。

图像信息是输入文本的抽象表示，它位于隐空间中，生成的图像数据则位于像素空间中。所谓"扩散"，就是经过图像信息创建器中一系列 UNet 神经网络的处理，每一步骤都对一个输入隐变量进行操作，并产生另一个隐变量。之所以将其称为"隐变量"，是因为很难确切地描述其内容。我们可以将隐变量理解为将下面两种数据集成在一起得到的抽象表示。

- 输入文本。
- 从训练模型的所有图像中提取的视觉数据。

每个抽象表示都对应于像素空间的一幅图像。最初的随机初始化图像信息对应于噪声图像，最终输出的图像信息对应于期望生成的精美图像,过程中每个 UNet 神经网络生成的图像信息都会对应于一幅逐渐清晰、越来越精美的图像，这就是扩散过程，如图 7-12 所示。

< 170 >

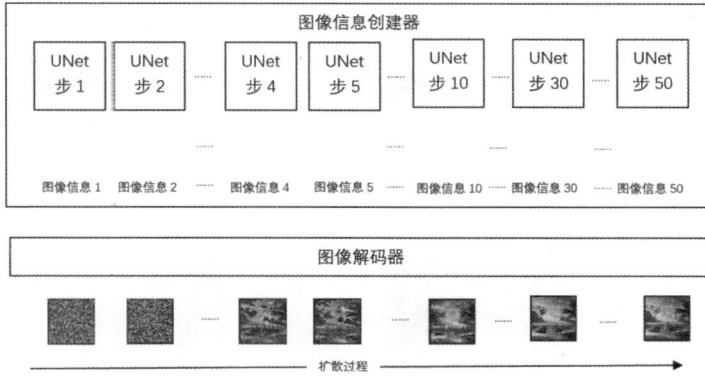

图 7-12　Stable Diffusion 模型的扩散过程

为了便于读者理解，这里将一个 UNet 神经网络的处理过程称为一个 UNet 步（UNet step）。假定图像信息创建器中有 50 个 UNet 神经网络，则第 1 个 UNet 神经网络的处理过程称为 UNet 步 1，第 2 个 UNet 神经网络的处理过程称为 UNet 步 2，以此类推。

（4）UNet 神经网络的工作原理

2.2.3 小节介绍了扩散模型的工作原理，其通过噪声预测器学习到各种噪声图像与其原图像的对应关系。在 Stable Diffusion 模型中，UNet 神经网络用于实现噪声预测器的功能。

传统的噪声预测器只接收图像作为输入数据，预测图像中包含噪声样本。Stable Diffusion 模型则需要根据文本提示生成图像。为了使文本成为图像生成过程中的一部分，必须调整噪声预测器，使其也接收文本作为输入数据。Stable Diffusion 模型的数据集中包含编码文本，而输入图像和预测的噪声都在隐空间内，属于"看不见"的数据。UNet 神经网络的工作过程如图 7-13 所示。

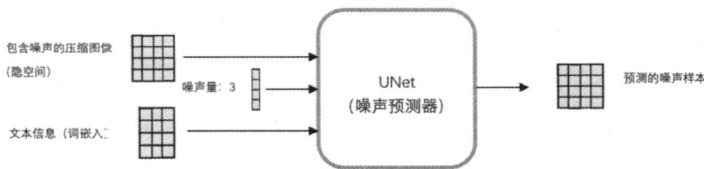

图 7-13　UNet 神经网络的工作过程

下面解析 UNet 神经网络的内部结构。为了能够理解文本数据，UNet 神经网络集成了注意力机制，也就是包含注意力层。Stable Diffusion 模型包含很多 UNet 神经网络，为了避免出现深度网络的退化问题，UNet 神经网络还集成了多个 ResNet 块，用于实现残差连接，如图 7-14 所示。

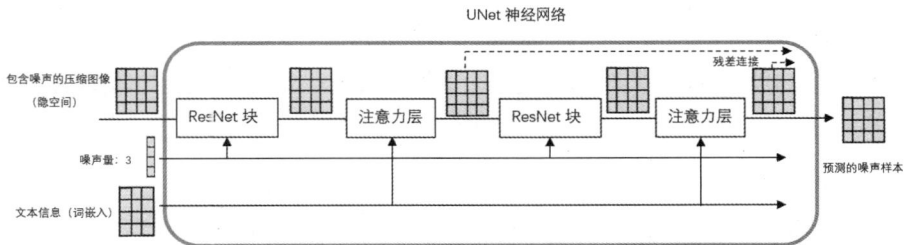

图 7-14　包含 ResNet 块和注意力层的 UNet 神经网络

UNet 神经网络中的每个 ResNet 块通常由多个卷积层组成，并通过残差连接在不同的 UNet 神经网络间传递数据，这样可以保留高分辨率的细节信息。ResNet 块不会直接处理文本。但是注意力层在稍后会将文本信息编码成文本表示，并将文本表示传递给下一个 ResNet 块，以便其在处理图像数据时也

< 171 >

兼顾文本信息。这样，生成的图像信息就具备了文本信息要求的特征。

（5）如何训练 CLIP 模型

正如本小节前面介绍的，文本编码器是一个 CLIP 模型，它对理解文本与图像的关系至关重要。那么 Stable Diffusion 是如何训练 CLIP 模型的呢？Stable Diffusion 的训练数据的格式如图 7-15 所示。其训练数据集中包含 4 亿个文本-图像对。这些图像是通过爬虫技术从互联网抓取的，对应的文本则是网页中图像对应的 img 元素的 alt 属性值。

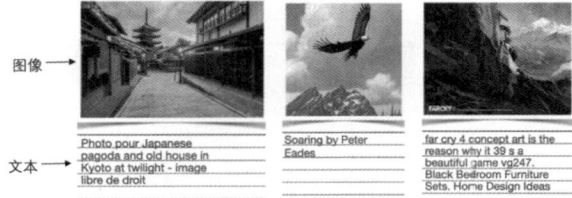

图 7-15　Stable Diffusion 的训练数据的格式

CLIP 模型是图像编码器和文本编码器的组合。Stable Diffusion 中 CLIP 模型的训练过程如图 7-16 所示。

具体说明如下。

首先，Stable Diffusion 使用图像编码器和文本编码器对训练数据进行编码，分别得到图像嵌入和文本嵌入。

然后，Stable Diffusion 使用余弦相似度算法对图像嵌入和文本嵌入进行比较，并根据结果对图像和文本的匹配度进行预测。在刚刚开始训练时，即使文本正确地描述了图像，得到的相似性结果也会很低，因为模型还没有学习到这些先验知识。

接着，Stable Diffusion 会根据文本-图像对的标注来计算损失函数值，并在反向传播过程中根据该值来更新模型的参数。

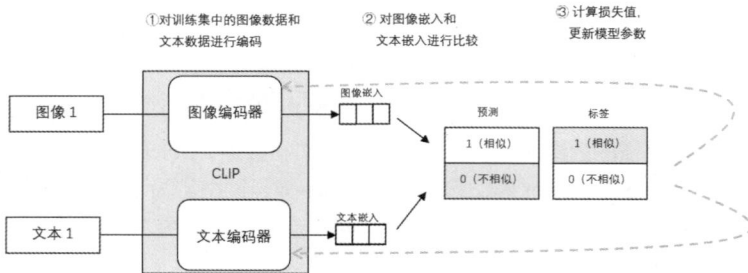

图 7-16　Stable Diffusion 中 CLIP 模型的训练过程

通过在整个数据集中大批量重复上面的过程，最终 CLIP 模型能够生成正确的文本嵌入-图像嵌入对，如狗的图像和文本"狗的图片"是匹配的。训练过程中还需要用到负样本，即不匹配的文本-图像对，模型需要为它们分配较低的相似性分数。

（6）图像解码器的工作原理

经过预训练的 Stable Diffusion 模型就可以用于生成图像了。图像解码器实际上是一个自编码器模型。经过训练，它可以根据隐空间中的图像信息恢复（生成）对应的图像。关于自编码器模型的工作原理，可以参照 2.2.4 小节进行理解。

3．DALL-E

DALL-E 是 OpenAI 开发的图像生成大模型，在编写本书时其最新版本为 DALL-E 3。

DALL-E 的工作原理

< 172 >

该模型能够根据用户提供的文字描述生成高质量、富有创意的图像，具有极强的理解和解释提示词的能力。DALL-E 不仅是图像生成领域的一个重要工具，它还在不断推动 AI 与艺术融合。图 7-17 所示是 DALL-E 3 生成的一张现实世界中并不存在的图像，其提示词如下。

在一个奇幻的场景中，一只毛茸茸的类人臭鼬穿着皮毛外套，摆出自信的姿势。

图像中臭鼬的皮毛和皮毛外套纹理都呈现出逼真、精致的效果。

在编写本书时，DALL-E 3 的网络结构图还没有正式发布。而 DALL-E 2 模型中既使用了扩散模型，也使用了自回归模型，很具代表性。

图 7-17　DALL-E 3 生成的穿着皮毛外套的类人臭鼬图像

（1）模型结构

DALL-E 2 模型结合 CLIP 模型和扩散模型来解决根据文本生成图像的问题。研究者训练一个扩散解码器来反转 CLIP 编码。这个逆过程是非确定性的，可以产生与给定 CLIP 嵌入相对应的多张图像。DALL-E 2 模型采用编码器-解码器架构，如图 7-18 所示，其中解码器用于实现近似编码器逆过程的功能。

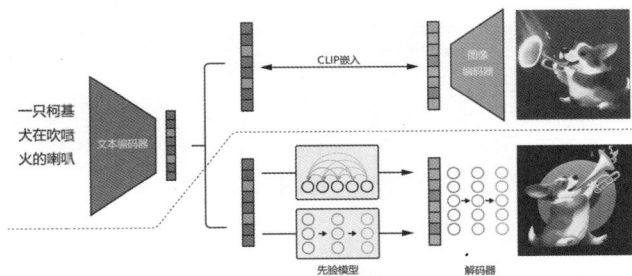

图 7-18　DALL-E 2 模型的编码器-解码器架构

图 7-18 中虚线之上演示了训练 CLIP 模型的过程。通过这个过程，CLIP 模型学习到了将文本和图像关联在一起的表示空间。虚线之下则演示了根据文本生成图像的过程，这个过程的具体步骤如下。

首先，将 CLIP 文本嵌入送入一个先验（pior）模型，生成一个图像嵌入。

然后，一个扩散解码器会使用上一步骤生成的图像嵌入来生成最终的图像。

在先验模型和解码器训练的过程中，CLIP 模型是固定不变的。

这种架构不仅具备根据文本生成图像的能力，还产生了令人惊喜的效果。正如图 7-18 所示，DALL-E 2 模型生成的图像与原图并不完全一致，它只是从语义上近似原图，这就使 DALL-E 2 模型具有了创作的能力。它不仅可以根据一段文本生成各种各样的符合语义的图像，还可以创作出现实世界中并不存在的虚构场景。例如，图 7-19 所示是 DALL-E 2 模型生成的做化学实验的熊猫"科学家"，图 7-20 所示是 DALL-E 2 模型生成的玩滑板的玩具熊。

图 7-19　做化学实验的熊猫"科学家"

图 7-20　玩滑板的玩具熊

< 173 >

DALL-E 2 模型还可以根据输入图像生成与其在语义上相近的新图像。

对 CLIP 图像嵌入进行插值，然后使用扩散模型对插值后的图像嵌入进行解码，可以实现将两张图像合并在一起。例如，图 7-21 演示了将星空油画与院子里的小狗图像合并在一起的过程。

图 7-21　将星空油画与院子里的小狗图像合并在一起的过程

图 7-22 演示了将一张鱼形容器图像和一张抽象螺旋图案图像合并在一起的过程。

图 7-22　将一张鱼形容器图像和一张抽象螺旋图案图像合并在一起的过程

（2）实现方法

DALL-E 2 模型的训练数据集由 (x, y) 对组成，其中 x 代表图像，y 代表对应的说明文字。对于给定的图像 x，假定 z_i 是它的 CLIP 图像嵌入，z_t 是它对应的文本嵌入。DALL-E 2 模型包含下面两个从说明文字生成图像的组件。

- 先验模型 $P(z_i|y)$：以说明文字 y 为条件生成。
- 解码器 $P(x|z_i, y)$：以 CLIP 图像嵌入 z_i 和可选的说明文字 y 为条件生成 CLIP 图像 x。

解码器的目标是在给定 CLIP 图像嵌入的情况下推导出其对应的图像，先验模型的目标则是学习图像嵌入的生成模型。将这两个组件堆叠在一起就会得到一个根据给定说明文字 y 生成图像 x 的模型 $P(x|y)$，其工作原理可以用以下公式表示：

$$P(x|y) = P(x, z_i|y) = P(x|z_i, y) P(z_i|y)。$$

DALL-E 2 模型首先使用先验模型从训练数据的真实条件概率分布 $P(x|y)$ 中采样得到样本 z_i，然后使用解码器生成图像 x。

（3）解码器

DALL-E 2 模型使用扩散模型来基于 CLIP 图像嵌入或文字说明生成图像。虽然可以直接从解码器的条件分布中采样，但使用扩散模型的经验表明：使用条件信息指导可以大大提高样本质量。因此，DALL-E 2 模型会随机（10%的概率）将 CLIP 嵌入设置为零（或学习到的嵌入），并且在训练期间随机（50%的概率）丢弃文本标题，以提升模型单纯依赖文本信息和在缺失文本信息情况下生成图像的能力。

为了生成高分辨率图像，研究者训练了两个扩散上采样（upsample）模型：一个用于上采样从 64 像素×64 像素到 256 像素×256 像素分辨率的图像，另一个将这些图像进一步上采样到 1024 像素×1024

< 174 >

像素分辨率的图像。为了提高上采样器的稳健性，研究者在训练过程中稍微破坏了条件图像。上采样能够提高图像分辨率，通常通过重采样和插值方法实现。

（4）先验模型

除了使用解码器对 CLIP 图像嵌入 z_i 进行反转以生成图像 x 外，DALL-E 2 模型中还有一个先验模型，它可以根据字幕 y 生成 z_i，以实现从文本字幕生成图像。DALL-E 2 模型在下面两种类型的先验模型上进行了实验。

- 自回归先验模型：将 CLIP 图像嵌入 z_i 转换为离散的编码序列，并以说明文字 y 为条件进行自回归预测。
- 扩散先验模型：直接使用高斯扩散模型以说明文字 y 为条件生成连续向量 z_i。

实验的结果相差无几。考虑到扩散模型的计算效率更高，DALL-E 2 模型选择使用扩散先验模型，其工作过程如下。

首先，对文本进行分词。

然后，计算分词后 token 的 CLIP 文本编码。

接着，对 CLIP 文本编码按时间步执行扩散过程。

最后，模型输出的最终编码用于预测无噪声的 CLIP 图像编码。

7.2.2　国内的图像生成大模型

随着 AIGC 技术风靡全球，国内厂商在图像生成领域取得了显著的进展。科技公司在布局和研发 AI 大模型时陆续推出了一些图像生成大模型，如百度公司的 UNIMO-G、阿里巴巴公司的 Composer、华为公司的 PanGu-Draw 和腾讯云智能图像创作平台等，本小节概要介绍国内图像生成大模型的基本情况。

1．UNIMO-G

UNIMO-G 是百度公司提出的一种基于图神经网络的多模态学习模型，这是一种多模态条件扩散框架，旨在处理复杂的图像生成任务。其架构由下面两个主要部分构成。

- 多模态大语言模型（multimodal large language models，MLLM）：其负责将多模态提示编码到统一的视觉语言语义空间中，从而实现对输入的深度理解和分析。
- 条件去噪 UNet 神经网络：其用于生成与输入文字和图像内容相符的图像，以确保输出的准确性和一致性。

UNIMO-G 能够接收交错的文本和视觉输入提示，这使它在生成图像时能够更好地捕捉细节和上下文信息。与传统的文本到图像模型不同，UNIMO-G 利用多模态提示来增强生成图像的准确性和细节表现，这为图像生成大模型的设计提供了一种新的思路。

2．Composer

Composer 是阿里巴巴公司旗下机构研发的一种可控扩散模型。Composer 模型有 50 亿个参数的通用框架，旨在实现各种经典生成任务，尤其是图像生成任务。与 Stable Diffusion 等模型不同，Composer 更进一步地将训练图像拆解成多个元素，并基于这些元素训练扩散模型，以实现元素的灵活组合。其核心思想是组合性，即将复杂的图像生成任务拆解为一系列基础元素的组合问题。这种方式可以显著提升图像的创造力和可控性。在训练阶段，Composer 首先将每张训练图像拆解成一系列基础元素，如蒙版图、草稿图、文字描述、深度图、草图、颜色直方图等，这些元素代表了图像的不同方面和特征。然后，Composer 使用这些元素来训练一个扩散模型。这些元素作为条件输入扩散模型中，以指导图像的生成过程。

在推理阶段，Composer 允许用户以不同的方式组合这些基础元素。用户可以通过调整元素的不同

< 175 >

子集或权重来生成新的图像结果。由于元素之间的灵活组合性，Composer 能够生成大量具有不同风格和特征的图像输出。

3．PanGu-Draw

PanGu-Draw 是华为公司推出的一款图像生成大模型，其支持多语言、多尺寸、画质和模型放大等功能。

PanGu-Draw 是一种新型的潜在扩散模型，能够适应多种控制信号。PanGu-Draw 使用了一种资源高效利用的时间解耦训练策略，该策略将单一的文本到图像模型分解为结构和纹理生成器。每个生成器都根据最大限度地提高数据利用率和计算效率的方案进行训练，这种方案可以减少 48%的数据准备和 51%的训练资源。另外，PanGu-Draw 还引入"协同扩散"算法，该算法能够在统一的去噪过程中协同使用具有不同隐空间和预定义分辨率的各种预训练扩散模型，从而在不需要额外数据和再训练的情况下，生成任意分辨率的图像。

4．腾讯云智能图像创作平台

腾讯云智能图像创作平台是一款基于 AI 算法，通过输入文字或图像即可生成高质量图像的 AI 绘画在线创作工具。该平台使用腾讯自研的混元大模型。混元大模型结合了 NLP 和 CV 技术，旨在提供更高质量的图像创作能力。其图像创作引擎具备高质量的 AI 图像生成和编辑能力，包括 AI 写真、图像风格化等功能。

7.3 节将带领读者体验腾讯云智能图像创作平台的使用方法。

7.3 体验图像生成大模型

为了使读者能够直观地体验图像生成大模型的强大功能，本节选择一个国内用户可以免费使用的 Midjourney 镜像网站和腾讯云智能图像创作平台作为体验目标，并通过一组精心设计的体验任务来考察它们的综合表现。

7.3.1 体验图像生成大模型的方法

1．正确地使用提示词

大多数图像生成大模型都是根据提示词（prompt）生成图像的。提示词是使图像生成大模型理解用户意图以生成图像的简短文本。图像生成大模型会将提示词分解成 token，与训练数据进行比较，然后用于生成图像。精心设计的提示词有助于生成独特而令人满意的图像。下面以 Midjourney 为例介绍如何设计用于指导生成图像的提示词。

Midjourney 支持用简单的短语来描述希望生成的图像，如"一只跳舞的熊猫"。如果需要提出更多的要求，则可以通过高级提示词实现。高级提示词由图像提示、文本提示和参数 3 部分组成，如图 7-23 所示。

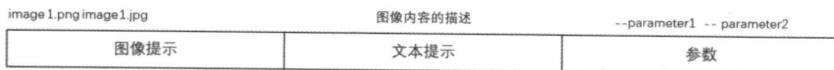

image1.png image1.jpg	图像内容的描述	--parameter1 -- parameter2
图像提示	文本提示	参数

图 7-23　Midjourney 的高级提示词

具体说明如下。

- 图像提示：将图像 URL 添加到提示词中，以影响生成图像的内容和风格。图像提示出现在高级提示词的最前面。

< 176 >

- 文本提示：希望生成的图像的文本描述。精心编写的文本提示有助于生成精美的、符合预期的图像。
- 参数："专家"级用户可以通过参数控制 Midjourney 生成图像的细节。参数包括图像的宽高比、运行模式（如快速模式）、随机性等。

尽管可以通过图像 URL 和参数指导 Midjourney 生成图像，但是在大多数情况下，用户还是需要通过文本提示词与 Midjourney 进行交互。

（1）注意事项

在设计提示词时应注意以下事项。

- 选择单词：在提示词中使用恰当的单词非常重要。在很多情况下，使用特定的语义丰富的同义词效果会更好。例如，不使用"大"这种形容词，而是根据语境选择使用"巨大""宏大""波澜壮阔""一望无际""庞然大物"等形容词。这是因为 Midjourney 的训练数据中有很多艺术作品和影视作品，其中的用词都很讲究。因此，Midjourney 对这些提示词比较敏感。
- 指定数量："在提示词中尽量指定事物的数量，比如"3 只猫"；也可以使用量词形容事物的数量，比如"一群鸟""一堆垃圾"等。
- 专注于想要生成的内容：只在提示词中描述想要什么，而不描述不想要什么。如果希望生成一张没有蛋糕的聚会图像，可使用--no 参数进行高级提示，而不在提示词中指定不要什么。
- 提示词的长度和详细信息：提示可以很简单，一个单词或表情符号（如😊）就可以了。然而，简短的提示词会依赖于 Midjourney 的默认风格，也就是允许它创造性地填充任何未明确指定的细节。如果需要生成更具个性化的图像，则需要在提示词中包含更多的信息。当然，反过来理解，更少的细节描述意味着更多的可能性，也有可能 Midjourney 会生成令人惊喜的图像。

（2）需要考虑的因素

在提示词中应该尽量清晰地描述所需要的环境和重要的细节，用户可以从以下方面来考虑设计提示词。

- 主题：图像所描述的主题可以是人、动物、地点或物体等。
- 风格：图像风格可以是照片、油画、插图、塑像、涂鸦、挂毯等。
- 环境：图像的环境可以是室内、室外、月球上、水下或商场中等。
- 光线：图像中使用的光线可以是柔和的、明快的、阴暗的、霓虹环境或演播室照明等。
- 色彩：图像中使用的色彩可以是鲜艳的、暗淡的、明亮的、单色的、彩色的、灰度的等。
- 人物的心情：如欣喜、忧郁、冷静、狂怒或充满激情等。
- 图像的总体构图：如肖像画、头像、特写、鸟瞰、远景等。

2. 借助第三方工具生成提示词

提示词的内容直接决定了 Midjourney 等模型生成图像的效果。因此，设计恰当的、高质量的提示词对于使用图像生成大模型非常重要。这并不是一件简单的事情，需要不断地尝试、探索、积累经验。正因为看到了这种需求，一些开发者推出了 Midjourney 提示词生成工具。下面以文心智能体平台的"midjourney 提示词助理"智能体应用为例，演示借助第三方工具生成 Midjourney 提示词的方法，其生成的提示词也适用于其他图像生成大模型。

搜索"文心智能体"，进入文心智能体平台。在页面中搜索"Midjourney"，可以找到多款与 Midjourney 有关的智能体应用，如图 7-24 所示。

单击第一个智能体应用"midjourney 提示词助理"，进入该智能体应用页面，如图 7-25 所示。

使用"midjourney 提示词助理"的方法很简单，就是与文心一言大模型聊天。"midjourney 提示词助理"会给出相应的中文提示词和英文提示词，如图 7-26 所示。7.3.2 小节中所有的提示词都是使用该

< 177 >

智能体应用生成的。

图 7-24　在文心智能体平台中搜索"Midjourney"

图 7-25　"midjourney 提示词助理"页面

3. 体验 Midjourney 的方法

Midjourney 服务器部署在外网，国内用户无法访问。国内有一些 Midjourney 镜像网站，但大多数是需要付费才能使用的。在编写本书时，编者选择了一个可以免费体验 Midjourney 的镜像网站（读者可以从本书提供的配套资源中获取其链接）。这是一个一站式创意平台，除了 Midjourney，用户还可以体验 Stable Diffusion 等其他模型。不过免费体验的次数有限，如果要进行大量体验，则需要付费。

访问该镜像网站，根据提示注册并登录后，即可免费体验 Midjourney 了。登录后的页面如图 7-27 所示。在左侧的控制面板区域可以选择模型、输入提示

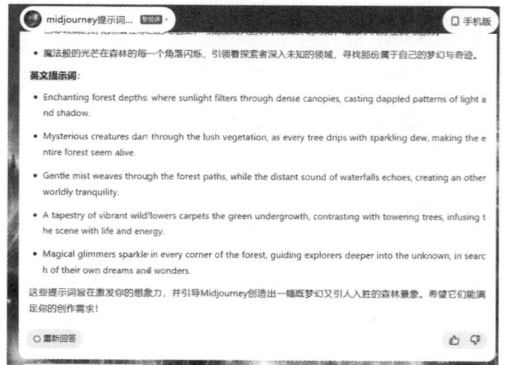

图 7-26　"midjourney 提示词助理"根据要求生成的提示词

词、设置图像风格和尺寸，平台会自动将中文提示词翻译成英文提示词。配置完成后，单击"提交任务"按钮，即可在右侧页面中查看生成的图像。为了便于区分，本节使用 Midjourney 生成的图像都采用"1∶2 手机壁纸"尺寸。

< 178 >

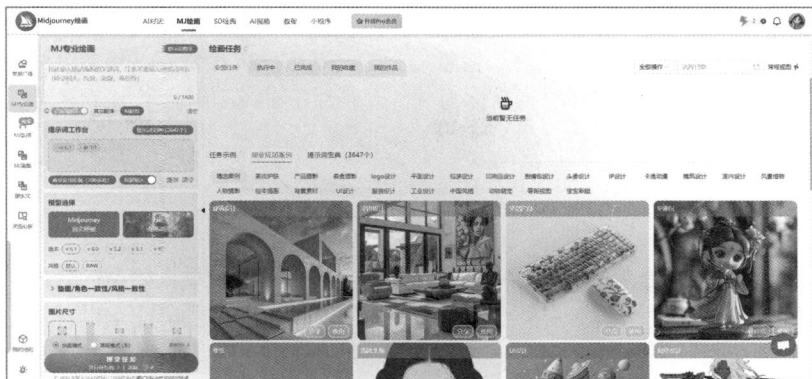

图 7-27　体验 Midjourney 的镜像网站

4．体验腾讯云智能图像创作平台的方法

通过搜索引擎，我们可以很方便地找到腾讯云智能图像创作平台。使用微信扫码登录后，根据提示进行实名认证，即可开始免费体验。个人实名认证的页面如图 7-28 所示。

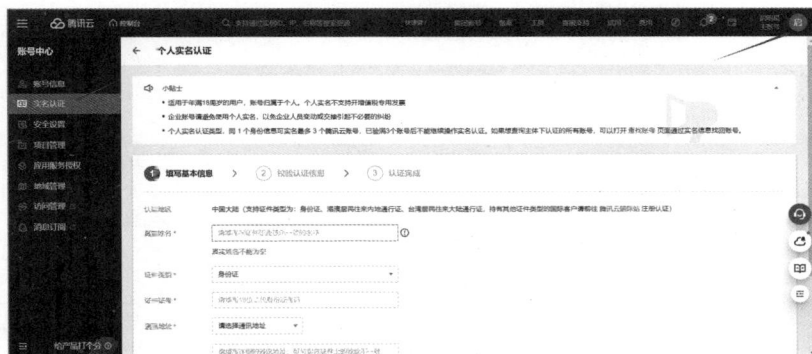

图 7-28　在腾讯云智能图像创作平台完成个人实名认证

腾讯云智能图像创作平台的首页如图 7-29 所示。

图 7-29　腾讯云智能图像创作平台的首页

在左侧选择图像的风格，在"描述词"文本框中输入待生成图像的描述词（提示词），然后输入生成数量，并选择图像尺寸，单击"生成 1 张画作"按钮，即可根据描述词生成图像。完成后，页面的右侧会展示生成的图像。注意，非 VIP 用户只能生成 768 像素×768 像素的图像。

< 179 >

腾讯云智能图像创作平台支持写实、日漫动画风、3D 渲染、水墨画、莫奈、扁平插画、油画、儿童绘本、漫画、动漫、毕加索、赛博朋克、像素插画、马赛克、青花瓷、新年剪纸画等风格。为了便于描述，下文将腾讯云智能图像创作平台简称为"腾讯平台"。本节使用腾讯平台生成的图像都采用写实风格。

7.3.2 设计体验任务

为了使读者全面体验图像生成大模型的功能，对比各主流图像生成大模型的表现，本小节有针对性地设计一组体验任务。这些体验任务被分为人物摄影、风景植物、建筑设计和中国风格 4 种类别。

1．人物摄影类任务

人物摄影类任务旨在考察图像生成大模型对不同年龄段人物的表现能力，包括对人物的发型、衣着的表现能力，以及对群体活动的表现能力。具体任务如表 7-2 所示。

表 7-2　人物摄影类任务

序号	任务	提示词	简要说明
1	生成婚礼上的新娘和伴娘	梦幻般的婚礼殿堂内，新娘身着洁白的婚纱，宛如雪天中的仙子，眼眸中闪烁着幸福的泪光。她的笑容温柔而灿烂，每一步都散发着优雅与喜悦。伴娘们环绕在新娘身旁，身着各式精致礼服，色彩斑斓却和谐统一，她们的笑容纯真无邪，为这场婚礼增添了更多的温馨与欢乐。新娘与伴娘们手挽手，步入婚姻的殿堂，周围是亲朋好友的祝福与见证，空气中弥漫着爱的芬芳	体验生成群体活动中的人物
2	生成丸子头女孩	画面中央，一位青春洋溢的女孩，以精致的丸子头造型亮相，乌黑亮丽的发丝被巧妙地盘起，展现出俏皮与活力。她穿着一袭洁白如雪的长衣与白裤，简约而不失高雅，仿佛是初夏清晨的一缕清风，清新脱俗。女孩的眼神清澈明亮，嘴角挂着温柔的微笑，正轻盈地走在开满鲜花的小径上，四周环绕着淡淡的阳光与和煦的微风，整个画面洋溢着青春的美好与纯真	体验生成不同发型和衣着的人物
3	生成卷发女孩	一位拥有自然卷发的女孩，发丝间洋溢着不羁与灵动。她上半身穿着一件经典的绿色牛仔外套，颜色鲜亮而复古，内搭简约衣物，展现出随性又不失个性的风采；下半身搭配了一条深邃的紫色裤子，色彩对比鲜明，为整体造型增添了几分神秘与时尚感。女孩步伐轻盈，仿佛正漫步在都市的街头巷尾，散发着自信与魅力	体验生成不同发型和衣着的人物
4	生成马尾辫女孩	一位青春洋溢的女孩，扎着高高的马尾辫，发丝在微风中轻轻飘扬。她身着一件鲜艳的橘色衬衫，色彩明快而充满活力，搭配一条简约的黑色裤子，既不失时尚感又显得干练利落。女孩的眼神中闪烁着自信与光芒，仿佛正走在通往梦想的道路上	体验生成不同发型和衣着的人物
5	生成老夫老妻	晨光微露的窗前，一对老夫老妻并肩而坐，手牵手静静地望着窗外的风景。他们的面容上刻满了岁月的痕迹，但眼神中流露出无尽的温柔与深情。或许他们正在轻声细语，回忆往昔的点点滴滴，那份默契与陪伴，正是岁月最珍贵的馈赠	体验生成老年人物
6	生成幼儿园里嬉戏的男孩和女孩	在阳光斑驳的幼儿园操场上，一群活泼可爱的男孩和女孩正无忧无虑地嬉戏着。他们穿着色彩斑斓的童装，笑声清脆悦耳，如同夏日的铃铛。有的男孩在追逐彩色的气球，脸上洋溢着纯真的笑容；女孩们则手拉手围成一圈，玩着丢手绢的游戏，偶尔传来阵阵银铃般的笑声。阳光透过树叶的缝隙，洒在他们身上，为这幅画面增添了几分温馨与和谐。整个场景充满了童真与欢乐，让人不由自主地回忆起自己美好的童年时光	体验生成儿童人物

2．风景植物类任务

风景植物类任务旨在考察图像生成大模型对各种类型自然风光的表现能力。具体任务如表 7-3 所示。

< 180 >

表 7-3　风景植物类任务

序号	任务	提示词	简要说明
1	生成充满梦幻色彩的森林	梦幻般的森林，晨光穿透轻盈的雾气，照亮了古老而神秘的树木。树干上覆盖着晶莹的露珠，反射着柔和的光。地面上铺满了五彩斑斓的野花，仿佛是大自然最绚烂的织锦。远处，轻柔的溪流在静谧中潺潺流淌，水面上漂浮着点点荧光，宛如星辰落入凡间。空气中弥漫着淡淡的花香与泥土的清香，营造出一个远离尘嚣、宁静致远的梦幻之境	森林是动画世界的经典场景
2	生成蓝色海水	清澈见底的蓝色海水，在阳光下闪耀着迷人的光泽，宛如一颗巨大的蓝宝石镶嵌于地球之上。波浪轻轻拍打着岸边，带来一阵阵清凉与惬意。远处，海天相接，形成一条无垠的蓝色地平线，让人心旷神怡，仿佛洗净心灵的尘埃	自然风景 1
3	生成群山	连绵不绝的群山，层峰叠翠，云雾缭绕其间，仿佛是大自然精心布置的迷宫。山峰或高耸入云，或温婉起伏，形态各异，展现出无尽的雄浑与柔美。阳光透过云层，洒在峰顶，金光闪闪，如同镶嵌了无数璀璨的宝石。山脚下，蜿蜒的溪流穿梭其间，为这静谧的山野增添了几分生机与活力	自然风景 2
4	生成小溪	一条清澈见底的小溪，在阳光的照耀下闪烁着银色的光芒，水声潺潺，宛如大自然在低语。溪边，嫩绿的草丛中点缀着五彩斑斓的野花，随风轻轻摇曳，散发着淡淡的芳香。远处，山峦起伏，云雾缭绕，为这宁静的小溪增添了几分神秘与悠远	自然风景 3
5	生成牡丹	盛开于春日暖阳下的牡丹，花瓣层层叠叠，色彩斑斓，宛如贵妇的华服，展现出无尽的雍容与富贵。绿叶衬托之下，更显其娇艳欲滴，仿佛能闻到那淡淡的芬芳，令人心旷神怡	花
6	生成小草	清晨的露珠点缀在嫩绿的小草上，每一片叶子都似乎在轻轻呼吸，展现出生命的活力与希望	草

3. 建筑设计类任务

建筑设计类任务旨在考察图像生成大模型对各种类型建筑外观的表现能力。具体任务如表 7-4 所示。

表 7-4　建筑设计类任务

序号	任务	提示词	简要说明
1	生成现代化的体育场馆外观	一座流线型设计的现代化体育场馆，外面采用银色与深蓝色的金属材质，在阳光下闪耀着未来科技的光芒。巨大的穹顶采用透明材料，自然光与内部 LED 照明交相辉映，营造出既明亮又梦幻的空间感。场馆外立面装饰着动态变化的 LED 屏幕，正播放着赛事预告及与观众互动内容，展现着现代体育的活力与魅力。入口处，流线型的玻璃门与智能识别系统融为一体，彰显着科技与便利的完美结合	体育场馆 1
2	生成恢宏的体育场	展现一座气势磅礴的体育场，其规模宏大，宛如一座现代都市中的巨型雕塑。建筑外观融合了古典与现代元素，高耸的拱门与流畅的线条交相辉映，彰显着力量与美感。夜幕降临，体育场内外灯光璀璨，万盏灯火将这座恢宏建筑映照得如同白昼，营造一场震撼人心的视觉盛宴。观众席上，一排排座椅整齐划一，仿佛等待着无数热情观众的到来，共同见证体育的辉煌时刻	体育场馆 2
3	生成时尚的音乐厅外观	设计一座引领潮流的音乐厅，外观采用流线型与几何图形的巧妙结合，展现出前卫的时尚感。建筑表面覆盖着高级质感的金属材料，在夕阳余晖或夜晚灯光的映照下，闪烁着迷人的光泽。巨大的玻璃幕墙不仅为室内提供了充足的自然光，还模糊了室内外界限，让音乐与自然完美融合。入口处，简约而不失格调的现代雕塑或艺术装置作为点睛之笔，预示着音乐厅内即将上演的视听盛宴	文娱场所

< 181 >

续表

序号	任务	提示词	简要说明
4	生成依山傍水的别墅	青山环抱，碧水绕宅，别墅隐于自然之间，尽显宁静致远之境；别墅设计巧妙融合中式古典与现代简约，飞檐翘角与落地窗相映成趣；晨光初照，金色阳光洒在别墅的琉璃瓦上，波光粼粼的水面映照着建筑的倒影；夜幕降临，灯火阑珊，别墅内透出温暖的灯光，与远处的山影、近处的水波共同编织成一幅温馨的画面；别墅周边，绿树成荫，花香四溢，小径蜿蜒，引领着探索的脚步深入自然的怀抱	住宅1
5	生成时尚独栋住宅	现代简约风格，线条流畅，彰显时尚品位；独栋设计，私密空间与开阔视野并存；玻璃幕墙与金属材质的巧妙融合，光影交错间尽显高端质感；屋顶露台配备绿植与休闲座椅，彰显自然与都市的和谐共生；室内空间开阔明亮，艺术装饰点缀其间，营造出既舒适又前卫的居住环境	住宅2
6	生成普通住宅小区	小区内绿树成荫，道路两旁种植着各式各样的花卉和灌木，为居民们提供了一个清新宜人的居住环境。楼房错落有致，既有现代简约风格的公寓楼，也有带有小院落的传统多层住宅，以满足不同家庭的居住需求。 每栋楼的外观都保持着良好的维护，外墙干净整洁，窗户明亮。小区内设有儿童游乐区，滑梯、秋千和沙坑等游乐设施一应俱全，孩子们在这里尽情玩耍，欢声笑语不断。同时，还配备了健身器材和休闲长椅，以方便居民锻炼身体和日常休憩。 傍晚时分，小区的道路上常常可以看到居民散步的身影，或是家人一起遛狗，享受着悠闲的亲子时光。夜幕降临后，小区的灯光温馨而柔和，为归家的人们照亮前行的路。 这样的普通住宅小区，虽然没有华丽的装饰和奢侈的设施，但那份朴实无华和浓浓的人情味，却让它成为许多人心中理想的居住之地	住宅3

4．中国风格类任务

中国风格类任务旨在考察图像生成大模型对各种类型中国风格绘画的表现能力。具体任务如表 7-5 所示。

表 7-5　中国风格绘画类任务

序号	任务	提示词	简要说明
1	生成中国山水画	画面缓缓展开，首先映入眼帘的是一座巍峨挺拔的主峰，它矗立于画面中央偏上位置，山峰层峦叠嶂，云雾缭绕其间，仿佛是天与地的交界，既神秘又庄严。山峰之上，古松苍翠，枝干虬曲，展现出顽强的生命力。它们或立于峭壁之上，或隐于云雾之间，为这静谧的山林增添了几分生气。 随着视线下移，一条蜿蜒曲折的溪流从山间潺潺流出，溪水清澈见底，倒映着两岸的青山绿树，以及天空中飘浮的几朵白云。溪边，野花烂漫，彩蝶飞舞，一片生机勃勃的景象。溪流旁，隐约可见几处亭台楼阁，它们或依山而建，或临水而居，与自然景观融为一体，彰显出古代文人雅士追求自然和谐的生活态度。 在画面的远处，群山连绵，云雾缭绕，形成了一幅幅动人的水墨画卷。这些远山虽不及主峰那般雄伟，却以它们独特的姿态和色彩，为整幅画面增添了层次感和深度。同时，远处的天空也被染上了淡淡的墨色，与群山相呼应，营造出一种宁静而深远的氛围。 整幅画面以墨色为主，辅以淡彩，通过浓淡干湿、疏密曲直的笔墨技法，将中国山水画的意境之美展现得淋漓尽致。观者仿佛能够穿越时空，置身于那片古老而神秘的山水之间，感受那份来自心灵深处的宁静与和谐	经典国画艺术
2	生成国画老虎图	画面中央，一只雄壮的老虎正虎视眈眈地注视着前方，它那金色的皮毛在阳光下闪耀着光泽，显得格外耀眼。老虎的身形矫健，肌肉线条流畅而有力，展现出其作为百兽之王的威严与力量。	

< 182 >

序号	任务	提示词	简要说明
2	生成国画老虎图	老虎的眼神锐利而深邃，仿佛能洞察世间万物。它的瞳孔中映射着周围环境的细微变化，让人感受到一种不可言喻的压迫感。同时，老虎的胡须和鬃毛随风轻轻飘动，更添几分生动与灵动。 在老虎的周围，我们可以巧妙地布置一些自然元素，如苍翠的松树、斑驳的岩石以及稀疏的草丛等。这些元素不仅为画面增添了层次感，还使老虎的形象更加鲜明突出。通过运用国画特有的笔墨技法，如皴、擦、点、染等，我们可以将老虎的皮毛质感、岩石的纹理以及草木的生机表现得淋漓尽致。 在色彩运用上，我们可以以墨色为主，辅以淡彩，通过浓淡干湿、虚实相生的处理手法，营造出一种古朴而深远的意境。同时，我们也可以巧妙地运用留白技巧，使画面更加空灵透气，给人以无限的遐想空间	经典国画艺术
3	生成古代园林图	画面中央，是一座精心设计的池塘，池水清澈见底，倒映着四周的美景。池塘中，几朵睡莲悠然绽放，荷叶随风轻摆，仿佛为这宁静的园林增添了几分生机与活力。 池塘四周，环绕着错落有致的亭台楼阁，它们或依山而建，或临水而居，形态各异，却都透露着一种古朴典雅的气息。亭台楼阁之间，曲折的回廊相连，游客可以沿着回廊漫步，欣赏沿途的风景，感受那份来自古代的宁静与雅致。 在园林的一角，还种植着各种奇花异草，它们争奇斗艳，为整座园林增添了一抹亮丽的色彩。远处，几座假山耸立，山石嶙峋，形态万千，与周围的景致相映成趣，构成了一幅美丽的山水画卷	中国古代建筑
4	生成古代仕女图	画面中央，一位身着华丽古装的仕女静坐于石凳之上，她的身姿曼妙，仪态万方。仕女的面容清秀，眉眼间流露出淡淡的忧愁与温婉，仿佛正沉浸在某种思绪之中。她的发髻高挽，发间插着精致的玉簪和步摇，随着她的轻微动作轻轻摇曳，增添了几分生动与妩媚。 仕女身着的衣裳以淡雅的色彩为主，轻盈的裙摆随风轻轻摆动，如同云雾缭绕，给人一种飘逸脱俗的感觉。衣裳上绣着精美的花纹，每一处细节都透露出古代工匠的精湛技艺和深厚文化底蕴。 在仕女的身旁，摆放着一张古琴，琴弦清晰可见，似乎在等待着她的纤纤玉手去轻抚，奏出悠扬的曲调。古琴的旁边，还摆放着一束盛开的梅花，梅花的清香与仕女的气质相得益彰，共同营造出一种清新脱俗的氛围	中国古代人物
5	生成古代文人把酒吟诗图	画面中央，一位身着长袍、风度翩翩的文人静坐于古色古香的亭台之中。他手持精美的酒杯，杯中酒液清澈透亮，映照着他深邃而沉思的眼眸。文人身旁，一张古琴静静地摆放着，琴弦似乎还残留着上一曲未尽的余音，与这静谧的时刻相得益彰。 亭台之外，是一片精心打理的园林，假山错落有致，流水潺潺，几株梅花在寒风中傲然绽放，散发出阵阵清香。远处，重峦叠嶂，云雾缭绕，仿佛一幅淡雅的水墨画，为这幅文人把酒吟诗图增添了无限的诗意与意境。 文人此刻正沉浸在自己的世界中，他轻抿一口美酒，闭目沉思片刻，随后缓缓睁开眼，目光中闪烁着灵感的光芒。他轻轻挥动手中的羽毛笔，在纸上挥洒自如，一首首优美的诗句便如泉水般涌现，流淌在洁白的宣纸之上。 整幅画面充满了古典的韵味与雅致，通过细腻的笔触和精心的构图，将古代文人把酒吟诗的情景展现得淋漓尽致	中国古代人物

7.3.3　体验生成人物摄影图像

本小节分别在 Midjourney 和腾讯平台中完成表 7-2 所示的人物摄影类任务，并对比它们的表现。

1.生成婚礼上的新娘和伴娘

根据表 7-2 中序号为 1 的提示词，使用 Midjourney 生成的图像如图 7-30 所示，使用腾讯平台生成

< 183 >

的图像如图 7-31 所示。

图 7-30　使用 Midjourney 生成的婚礼上的新娘和伴娘图像

图 7-31　使用腾讯平台生成的婚礼上的新娘和伴娘图像

2．生成丸子头女孩

根据表 7-2 中序号为 2 的提示词，使用 Midjourney 生成的图像如图 7-32 所示，使用腾讯平台生成的图像如图 7-33 所示。

图 7-32　使用 Midjourney 生成的丸子头女孩图像

图 7-33　使用腾讯平台生成的丸子头女孩图像

3．生成卷发女孩

根据表 7-2 中序号为 3 的提示词，使用 Midjourney 生成的图像如图 7-34 所示，使用腾讯平台生成的图像如图 7-35 所示。

图 7-34　使用 Midjourney 生成的卷发女孩图像

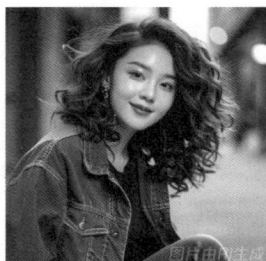

图 7-35　使用腾讯平台生成的卷发女孩图像

4．生成马尾辫女孩

根据表 7-2 中序号为 4 的提示词，使用 Midjourney 生成的图像如图 7-36 所示，使用腾讯平台生成的图像如图 7-37 所示。

< 184 >

图 7-36 使用 Midjourney 生成的马尾辫女孩图像

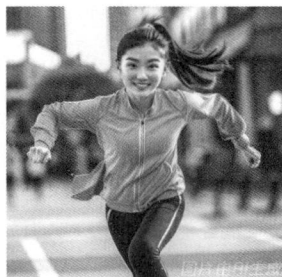

图 7-37 使用腾讯平台生成的马尾辫女孩图像

5．生成老夫老妻

根据表 7-2 中序号为 5 的提示词，使用 Midjourney 生成的图像如图 7-38 所示，使用腾讯平台生成的图像如图 7-39 所示。

图 7-38 使用 Midjourney 生成的老夫老妻图像

图 7-39 使用腾讯平台生成的老夫老妻图像

6．生成幼儿园里嬉戏的男孩和女孩

根据表 7-2 中序号为 6 的提示词，使用 Midjourney 生成的图像如图 7-40 所示，使用腾讯平台生成的图像如图 7-41 所示。

图 7-40 使用 Midjourney 生成的幼儿园里嬉戏的
男孩和女孩图像

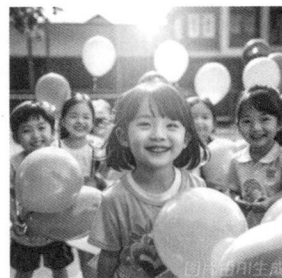

图 7-41 使用腾讯平台生成的幼儿园里嬉戏的
男孩和女孩图像

< 185 >

7.3.4 体验生成风景植物图像

本小节分别在 Midjourney 和腾讯平台中完成表 7-3 所示的风景植物类任务，并对比它们的表现。

1. 生成充满梦幻色彩的森林

根据表 7-3 中序号为 1 的提示词，使用 Midjourney 生成的图像如图 7-42 所示，使用腾讯平台生成的图像如图 7-43 所示。

图 7-42　使用 Midjourney 生成的充满梦幻色彩的森林图像　　图 7-43　使用腾讯平台生成的充满梦幻色彩的森林图像

2. 生成蓝色海水

根据表 7-3 中序号为 2 的提示词，使用 Midjourney 生成的图像如图 7-44 所示，使用腾讯平台生成的图像如图 7-45 所示。

图 7-44　使用 Midjourney 生成的蓝色海水图像　　　　图 7-45　使用腾讯平台生成的蓝色海水图像

3. 生成群山

根据表 7-3 中序号为 3 的提示词，使用 Midjourney 生成的图像如图 7-46 所示，使用腾讯平台生成的图像如图 7-47 所示。

4. 生成小溪

根据表 7-3 中序号为 4 的提示词，使用 Midjourney 生成的图像如图 7-48 所示，使用腾讯平台生成的图像如图 7-49 所示。

< 186 >

图 7-46　使用 Midjourney 生成的群山图像

图 7-47　使用腾讯平台生成的群山图像

图 7-48　使用 Midjourney 生成的小溪图像

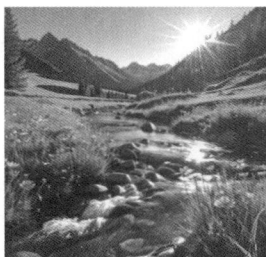

图 7-49　使用腾讯平台生成的小溪图像

5. 生成牡丹

根据表 7-3 中序号为 5 的提示词，使用 Midjourney 生成的图像如图 7-50 所示，使用腾讯平台生成的图像如图 7-51 所示。

图 7-50　使用 Midjourney 生成的牡丹图像

图 7-51　使用腾讯平台生成的牡丹图像

6. 生成小草

根据表 7-3 中序号为 6 的提示词，使用 Midjourney 生成的图像如图 7-52 所示，使用腾讯平台生成的图像如图 7-53 所示。

< 187 >

图 7-52　使用 Midjourney 生成的小草图像

图 7-53　使用腾讯平台生成的小草图像

7.3.5　体验生成建筑设计图像

本小节分别在 Midjourney 和腾讯平台中完成表 7-4 所示的建筑设计类任务，并对比它们的表现。

1．生成现代化的体育场馆外观

根据表 7-4 中序号为 1 的提示词，使用 Midjourney 生成的图像如图 7-54 所示，使用腾讯平台生成的图像如图 7-55 所示。

图 7-54　使用 Midjourney 生成的现代化体育场馆外观图像

图 7-55　使用腾讯平台生成的现代化体育场馆外观图像

2．生成恢宏的体育场

根据表 7-4 中序号为 2 的提示词，使用 Midjourney 生成的图像如图 7-56 所示，使用腾讯平台生成的图像如图 7-57 所示。

图 7-56　使用 Midjourney 生成的体育场图像

图 7-57　使用腾讯平台生成的体育场图像

< 188 >

3．生成时尚的音乐厅外观

根据表 7-4 中序号为 3 的提示词，使用 Midjourney 生成的图像如图 7-58 所示，使用腾讯平台生成的图像如图 7-59 所示。

图 7-58　使用 Midjourney 生成的音乐厅外观图像

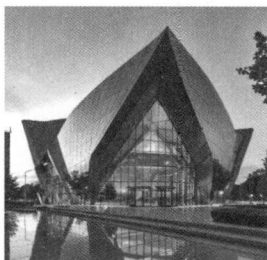

图 7-59　使用腾讯平台生成的音乐厅外观图像

4．生成依山傍水的别墅

根据表 7-4 中序号为 4 的提示词，使用 Midjourney 生成的图像如图 7-60 所示，使用腾讯平台生成的图像如图 7-61 所示。

图 7-60　使用 Midjourney 生成的依山傍水的别墅图像

图 7-61　使用腾讯平台生成的依山傍水的别墅图像

5．生成时尚独栋住宅

根据表 7-4 中序号为 5 的提示词，使用 Midjourney 生成的图像如图 7-62 所示，使用腾讯平台生成的图像如图 7-63 所示。

图 7-62　使用 Midjourney 生成的时尚独栋住宅图像

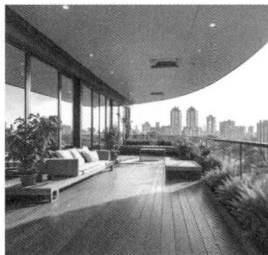

图 7-63　使用腾讯平台生成的时尚独栋住宅图像

< 189 >

6．生成普通住宅小区

根据表 7-4 中序号为 6 的提示词，使用 Midjourney 生成的图像如图 7-64 所示，使用腾讯平台生成的图像如图 7-65 所示。

图 7-64　使用 Midjourney 生成的普通住宅小区图像

图 7-65　使用腾讯平台生成的普通住宅小区图像

7.3.6　体验生成中国风格图像

本小节分别在 Midjourney 和腾讯平台中完成表 7-5 所示的中国风格绘画类任务，并对比它们的表现。本小节使用腾讯平台生成的图像都采用水墨画风格。

1．生成中国山水画

根据表 7-5 中序号为 1 的提示词，使用 Midjourney 生成的图像如图 7-66 所示，使用腾讯平台生成的图像如图 7-67 所示。

图 7-66　使用 Midjourney 生成的中国山水画图像

图 7-67　使用腾讯平台生成的中国山水画图像

2．生成国画老虎图

根据表 7-5 中序号为 2 的提示词，使用 Midjourney 生成的图像如图 7-68 所示，使用腾讯平台生成的图像如图 7-69 所示。

3．生成古代园林图

根据表 7-5 中序号为 3 的提示词，使用 Midjourney 生成的图像如图 7-70 所示，使用腾讯平台生成的图像如图 7-71 所示。

< 190 >

图 7-68　使用 Midjourney 生成的国画老虎图

图 7-69　使用腾讯平台生成的国画老虎图

图 7-70　使用 Midjourney 生成的古代园林图

图 7-71　使用腾讯平台生成的古代园林图

4．生成古代仕女图

根据表 7-5 中序号为 4 的提示词，使用 Midjourney 生成的图像如图 7-72 所示，使用腾讯平台生成的图像如图 7-73 所示。

图 7-72　使用 Midjourney 生成的古代仕女图

图 7-73　使用腾讯平台生成的古代仕女图

5．生成古代文人把酒吟诗图

根据表 7-5 中序号为 5 的提示词，使用 Midjourney 生成的图像如图 7-74 所示，使用腾讯平台生成的图像如图 7-75 所示。

图 7-74　使用 Midjourney 生成的古代文人把酒吟诗图

图 7-75　使用腾讯平台生成的古代文人把酒吟诗图

< 191 >

本章小结

本章介绍了图像生成大模型的概念和基本工作原理，并详细解析了 CLIP、Stable Diffusion 和 DALL-E 等模型的网络结构和工作原理。本章的目标是使读者理解图像生成大模型的工作原理和应用情况。为此，本章通过一组精心设计的体验任务，带领读者体验 Midjourney 和腾讯平台生成图像的综合能力。

习题

一、选择题

1. （　　）是图像的数字表示，它对图像中内容的语义进行编码。
   A. 图像中的像素　　　　　B. 图像中的颜色值　　　C. 图像嵌入　　　　　　D. RGB
2. 下面（　　）模型为条件生成对抗网络。
   A. GAN　　　　　　　　B. cGAN　　　　　　　C. CVAE　　　　　　　D. VAE
3. cGAN 模型中数据的生成取决于特定的输入信息，这些信息被称为（　　）。
   A. 真实图像　　　　　　　B. 附加信息　　　　　　C. 初始噪声　　　　　　D. 以上 3 种信息
4. CLIP 模型的训练中使用了大量的监督学习训练数据，这些训练数据为（　　）。
   A. 文本语料库　　　　　　　　　　　　　　　B. 文本-图像对
   C. 图像数据集　　　　　　　　　　　　　　　D. 大量图像嵌入数据
5. Stable Diffusion V2 模型中，下列的（　　）组件为一个 CLIP 模型。
   A. 文本编码器　　　　　　　　　　　　　　　B. 图像信息创建器
   C. 图像解码器　　　　　　　　　　　　　　　D. 以上都不是

二、填空题

1. 图像嵌入是通过　__【1】__　模型计算得到的。
2. 现阶段主流的图像生成大模型可以分为两条技术路线，即使用　__【2】__　模型和　__【3】__　模型。
3. 　__【4】__　是一种机器学习场景，其中机器学习模型被训练来完成识别和分类任务，而机器学习模型事先并没有看到这些类别或要识别的物品的任何样本。比如，让机器学习模型识别包含狗的图像，而事先并没有使用大量狗的图像对其进行训练。
4. 　__【5】__　是图像生成大模型理解用户意图以生成图像的简短文本。

三、简答题

1. 简述图像嵌入的优势。
2. 简述图像生成大模型的基本工作流程。
3. 简述设计和构建条件生成模型的流程。

课程实践

GAN 一直是主流的图像生成大模型，但近几年流行的图像生成大模型很少采用 GAN 的网络结构。大多数主流的图像生成大模型都基于自回归模型和扩散模型。

请调研 GAN 模型的发展历史和应用现状，思考为什么 GAN 模型逐渐淡出人们的视线，并预测 GAN 模型的发展前景。

< 192 >

第 **8** 章　语音生成大模型

音频合成是多模态 AIGC 大模型的一个重要研究方向。随着 AIGC 技术的高速发展，音频生成大模型也在逐渐发展和被应用，展现出其在音视频创作领域的巨大潜力。音频合成包括音乐合成和声音合成，其核心技术主要涉及音频生成和语音合成。语音合成是音频生成与 NLP 相结合的技术。本章介绍语音生成大模型的工作原理和应用情况。

本章学习目标
（1）了解语音生成大模型的工作原理。
（2）了解 XTTS 模型的网络结构和工作原理。
（3）了解 Mega-TTS 模型的网络结构和工作原理。
（4）体验 Mega-TTS 模型的声音复刻功能。

8.1　语音生成大模型的工作原理

语音生成最早是通过物理机理实现的，如使用机械装置和电子合成器模拟人声。随着计算机技术的发展，语音生成逐渐演变为一种系统化的过程，语音生成大模型通常采用"文本分析-声学模型-声码器"的结构。目前，语音生成已经成为一项成熟的技术，并具备广泛的产业应用潜力。

文本转语音（text to speech，TTS）是一种能够大声朗读数字文本的辅助技术，它可以在计算机或其他数字设备上获取单词并将其转换为音频。这一点对有阅读困难的人而言是非常有帮助的。

TTS 旨在模拟人类的自然语音和节奏。它可以根据标点符号进行适当的停顿，识别文本结构以确定正确的语调，也可以处理复杂的发音。

8.1.1　TTS 技术的发展历史

在古老的民间故事《阿里巴巴和四十大盗》中，有一个暗藏宝藏的洞穴，人们只要对着它门口的大石头说"芝麻，开门吧！"，大门就会打开，这可能是世界上第一个声控设备。很多神话传说也都描述了通过咒语施展神通的故事。在人类社会发展的漫长历史过程中，人们一直渴望能够充分利用语音这种人类独有的技能来做更多的事情。

进入 20 世纪后，关于语音的梦想延展出另一个方向，很多科幻小说中都描述了能够与人类顺畅交流的机器人。将语音这种人类独有的技能赋予机器的技术研究可以追溯到 20 世纪 50 年代，那时候贝尔实验室使用名为 Audrey 的系统将文本翻译成口语。Audrey 是一个基于计算机的系统，它使用一系列合成的声音来创建人类可以理解的声音。

在 20 世纪 60 年代至 70 年代，随着能够更好地识别和合成人类语音的计算机系统及算法的诞生，TTS 技术不断发展和完善。

20 世纪 80 年代至 90 年代，TTS 技术开始用于各种应用，包括自动电话系统、语音导航系统和基于计算机的语言翻译程序。

进入 21 世纪后，AI 和机器学习的快速发展为 TTS 开创了一个新时代。使用 TTS 技术可以开发更复杂、更自然的自然声音系统，随后，语音克隆技术问世了。这项技术使用深度学习算法以惊人的准确性复制特定人的声音，从而带来个性化的 TTS 体验。

很多自媒体制作的视频都应用 TTS 技术进行配音，这大大降低了制作视频产品的门槛和成本，是促使自媒体行业蓬勃发展的重要因素之一。

8.1.2 梅尔频谱

梅尔频谱（Mel spectrogram）是一种在语音处理中被广泛使用的频域表示方法，它基于人耳的听觉特性进行设计，旨在模拟人耳对频率的感知特性。梅尔频谱是语音生成大模型的一种常见处理数据。在语音处理和语音生成中，梅尔频谱被广泛应用于多种任务中。

梅尔频率倒谱系数（Mel-frequency cepstral coefficients，MFCC）是对梅尔频谱图进行进一步处理和特征提取的结果。在语音生成大模型中，MFCC 常被用作输入特征之一。语音生成大模型通过接收MFCC 等特征作为输入，学习从特征到语音信号的映射关系，从而生成逼真的语音输出。MFCC 在语音生成大模型中的具体应用如下。

- 特征提取：MFCC 是语音生成大模型中的基础特征提取方法。它通过对语音信号进行预处理、分帧、傅里叶变换、Mel 滤波器组滤波、对数运算和离散余弦变换等，提取出能够表征语音信号特性的倒谱系数。MFCC 特征不依赖于信号的性质，对输入信号不做任何假设和限制，同时利用了听觉模型的研究成果，因此具有更好的稳健性、更符合人耳听觉特性的特点。
- 语音合成：在语音合成中，MFCC 特征常与隐马尔可夫模型（HMM）、深度学习模型等相结合使用。通过提取语音信号的 MFCC 特征，并利用这些特征训练模型，可以生成高质量的合成语音。

基于 MFCC 的语音生成技术已经广泛应用于智能家居、车载系统和医疗领域。

8.1.3 TTS 的工作原理

TTS 旨在将书面文本转换为自然的语音输出。该过程主要依赖于语音生成大模型，因此，语音生成大模型又称为 TTS 模型。主流的语音生成大模型的名字中通常包含 TTS。

TTS 的工作流程如图 8-1 所示。

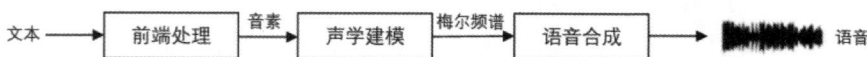

图 8-1 TTS 的工作流程

TTS 通过以下步骤生成流畅而自然的语音。

（1）前端处理：输入的文本首先经过前端处理，以便进行更精确的分析和转换。这个阶段包括语言分析和分词等操作，以将文本转换为语素。音素是最小的语音单元，如英语中的音素分为元音音素和辅音音素，其中元音音素有 8 个，辅音音素有 28 个。

（2）声学建模：在这一阶段，系统会建立一个声学模型，通过分析文本的音韵特征（音素）来生成相应的梅尔频谱，进而用于后续的语音合成过程。

（3）语音合成：最终，梅尔频谱将被转换为音频信号，以生成能够被播放的语音。这一过程通常

< 194 >

使用声码器（vocoder）来实现，以确保语音的质量和自然度。声码器是一种对语音信号进行分析和合成的编、译码器，也称为话音分析合成系统或话音频带压缩系统。它是压缩通信频带和进行保密通信的有力工具。

声码器的基本工作原理如下。

- 在发送端对语音信号进行分析，提取出语音信号的特征参量并加以编码和加密。
- 将特征编码通过信息道道传递到接收端。
- 在接收端，根据收到的特征参量恢复原始语音波形。

通常现代深度学习 TTS 模型由文本分析模块（也称为前端）、声学模型和声码器 3 个基本部分组成。其中文本分析模块主要使用 NLP 技术，它与声码器都是比较成熟的技术，因此，各种语音生成大模型的区别之处主要在于声学模型的实现方法。不同模型可以使用不同的算法和网络架构，这些都会影响最终合成语音的质量和自然度。

8.2　语音生成大模型选解

随着 AIGC 的迅速发展和普及，智能语音合成技术已经成为科研和应用的热门方向，且涌现出很多语音生成大模型。本节选择一款海外语音生成大模型 XTTS 和一款国内语音生成大模型 Mega-TTS 作为代表，介绍它们的网络结构和工作原理。

8.2.1　XTTS 模型

XTTS 是由 AI 创业公司 Coqui 开发的基于 TTS 技术的神经网络模型，它能够从多种语言的文本生成自然而流畅的语音。XTTS 特别适用于需要多语言支持的国际化应用，其预训练模型库支持了超过 1100 种语言，极大地简化了多语言文本转换为语音的过程。

1．网络结构

XTTS 模型的网络结构如图 8-2 所示。

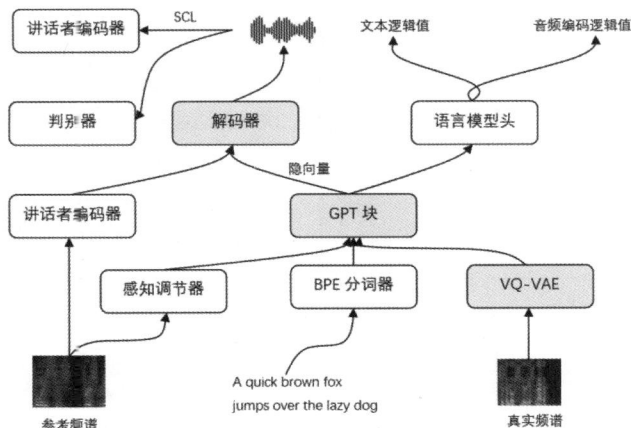

图 8-2　XTTS 模型的网络结构

XTTS 模型可接收以下 2 种输入数据。

- 参考频谱：参考语音的梅尔频谱。XTTS 模型可以根据参考语音生成最终的输出语音，也就是

< 195 >

实现声音复刻的功能。

- 文本序列：即需要转换为语音的文本。图 8-2 中使用一段英文文本代表输入的文本序列。
- 真实频谱：即对应输入文本序列的真实语音（标注语音）的梅尔频谱。真实语音与参考语音不是同一个人的语音，但是它与输入文本序列是对应的，而参考语音与输入文本序列没有关系。

XTTS 模型主要包含以下 3 个部分。

（1）VQ-VAE：向量量化变分自编码器（vector quantised-variational autoencoder），它有 1300 万个参数，接收梅尔频谱作为输入，并根据编码本对梅尔频谱的每个帧进行编码。编码本最初由帧率为 21.53Hz 的 8192 个编码组成，在经过训练后，仅保留了其中最常用的 1024 个编码。

（2）GPT 块（编码器）：一个包含 4.43 亿个参数的 GPT-2 编码器。其输入数据包括以下 3 种类型。

- 感知调节器的输出。感知调节器由 6 个 16 头注意力层构成，用于理解输入语音的含义。其输出是固定长度的嵌入数据，其长度与输入语音的长度无关。这个嵌入数据是生成声音的参考语音。用户可以将自己的语音作为参考语音送入 XTTS 模型中，从而以自己的声音朗读指定的文本；也可以使用某个知名的语音作为参考语音，如某个动画人物的声音。
- 输入文本经过 BPE（字节对编码）分词器处理后得到的 token 序列用为 GPT 块的输入数据。这个输入数据就是 XTTS 模型要读取的文本。
- VQ-VAE 的输出数据，即对真实语音梅尔频谱的编码。

GPT 块的输出是隐向量，它代表从输入文本和语音中提取的抽象特征。

（3）解码器：一个拥有 2600 万个参数的、基于 HiFi GAN 声码器的解码器。解码器的输入数据是 GPT 块的输出数据，即隐向量。由于 VQ-VAE 的高压缩率，直接从 VQ-VAE 编码重建音频会导致发音问题。为了避免这个问题，XTTS 模型使用 GPT 块的输出，使隐向量作为解码器的输入数据。同时，解码器还以讲话者编码器的输出数据作为其输入数据，并在反向传播中设计了讲话者一致性损失值（speaker consistency loss，SCL），以确保最终生成的语音符合参考语音的频谱特征。

2. 训练数据集

XTTS 的训练数据集由公共数据集和内部数据集组成。大部分内部数据都是英文的，只有公开数据使用了多种语言。表 8-1 显示了 XTTS 训练数据集中包含的语言及其语音的小时数。

表 8-1　XTTS 训练数据集中包含的语言及其语音的小时数

语言	语音的小时数	语言	语音的小时数
英语	14513.1	波兰语	198.8
德语	3584.4	土耳其语	165.3
葡萄牙语	2386.8	俄语	147.1
法语	2215.5	荷兰语	74.1
意大利语	1296.6	匈牙利语	62.0
韩语	539.1	日语	57.3
阿拉伯语	240.9	捷克语	52.4
中文	233.9		

8.2.2　Mega-TTS 模型

Mega-TTS 是字节跳动公司推出的语音生成大模型，这是一个零样本学习模型，其网络结构如图 8-3 所示。其中韵律大语言模型（prosody large language model，P-LLM）是一个隐编码语言模型，其作用是拟合韵律的分布，因为语言模型能够捕捉序列中的局部关联和远距离关联。

Mega-TTS
模型的工作
原理

< 196 >

Mega-TTS 可以使用以下数据生成目标语音。

- 给定文本序列中的内容。
- 从参考语音中提取的音色编码。
- P-LLM 预测的韵律编码。

这是一种新的 TTS 解码机制，称为面向韵律的语音解码。

1．解缠策略

解缠（disentangling）是一种解决问题的方法，其核心思想是从复杂问题中抽象出不同的方案，以使每个方案都能够独立地进行优化和替换。

图 8-3 Mega-TTS 模型的网络结构

为了准确表达不同的语音属性，Mega-TTS 使用 3 种类型的编码器分别对内容、韵律和音色表示进行编码，并采用一种基于 GAN 的梅尔解码器以生成具有这些表示的梅尔频谱。之所以这样设计，是因为 Mega-TTS 采用了解缠策略，需要将梅尔频谱分解为内容、韵律和音色表示，具体过程如下。

- 将梅尔频谱送入韵律编码器，并且精心调试韵律编码器，对梅尔频谱进行降维和音素级下采样。
- 内容编码器将文本序列编码为内容表示。从图 8-3 中可以看到，内容表示被送入持续时间预测器（duration predictor，DP）&长度调节器（length regulator，LR）中进行处理。
- 从同一讲话者的不同语音中采样得到参考梅尔频谱，并将其送入音色编码器。音色编码器用于将音色和内容信息分解开来。

2．编码器的工作原理

Mega-TTS 模型中包含韵律编码器、内容编码器和音色编码器，其工作原理如下。

（1）韵律编码器

韵律编码器由两个卷积堆栈、一个音素级池化层和一个向量量化（vector quantization，VQ）层组成，如图 8-4 所示。具体说明如下。

- 第 1 个卷积堆栈负责根据音素边界将梅尔频谱压缩到音素隐藏状态。
- 第 2 个卷积堆栈负责捕捉音素之间的关联关系。
- 向量量化层负责利用这些音素隐藏状态获取音素级别的韵律编码。

（2）内容编码器

内容编码器由若干个前馈 Transformer 层组成，用于实现语音内容与生成语音之间的单调对齐。单调对齐是指在生成语音时，输入与输出之间的一种特定的对齐关系，即在生成的语音中，输入序列的每个部分在时间上与输出序列的某一部分一一对应，且这种对应关系是单调的，即输入序列的前面部分对应输出序列的前面部分，后面的部分则对应于后面的部分。

图 8-4 韵律编码器的网络结构

遵循非自回归 TTS 系统的惯例，Mega-TTS 模型采用了持续时间预测器和长度调节器，即图 8-3 中的 DP & LR 模块。模型会把内容编码器提取的音律信息送入持续时间预测器，用于预测语音持续的时间。

（3）音色编码器

音色编码器用于提取一个全局向量 H_{timbre}，其中包含给定的参考语音中说话者的标识特征。音色编码器由若干个卷积层堆组成。为确保时间轴上音色信息的稳定性，H_{timbre} 是对音色编码器的输出按时间求平均得到的一个一维音色向量。

3．P-LLM 的工作原理

P-LLM 是一种隐编码（latent code）语言模型，用于捕获韵律模型的本地和远程依赖关系。P-LLM

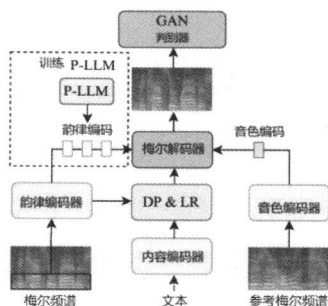

< 197 >

采用面向韵律的语音解码机制，下面对其工作原理进行解析。

假定 (y_p, x_p) 和 (y_t, x_t) 是提示词与目标语音的语音–标注对，下标 p 代表 prompt，即提示词，下标 t 代表 target，即目标；y 代表语音，x 代表语音的标注文本。训练 P-LLM 的目标是基于未提示语音 y_p 合成高质量的目标语音 y_t。在推理阶段，期望目标语音的韵律编码 H_{timbre} 与参考语音的韵律编码是一致的。因此，面向韵律的语音解码过程如下。

编码：$u = E_{prosody}(y_p)$，$H_{content} = E_{content}(x_p)$，$\tilde{H}_{timbre} = E_{timbre}(y_p)$，$\tilde{H}_{content} = E_{content}(x_t)$。

韵律预测：$\tilde{u} = f(\tilde{u}\,|\,u, H_{content}, \tilde{H}_{timbre}, \tilde{H}_{content}; \theta)$。

解码：$\tilde{y}_t = D(\tilde{u}, \tilde{H}_{timbre}, \tilde{H}_{content})$。

面向韵律的语音解码可以分为编码、韵律预测和解码 3 个阶段。

① 编码阶段的参数说明如下。

- $E_{prosody}$：代表韵律编码器，用于处理提示语音 y_p，得到提示语音的韵律 token 序列 u。
- E_{timbre}：代表音色编码器，用于处理提示语音 y_p，得到提示语音的音色编码 $\tilde{H}_{timbre}$。
- $E_{content}$：代表内容编码器，用于处理目标语音的标注文本 x_t，得到内容编码 $\tilde{H}_{content}$。

② 在韵律预测阶段，f 是韵律预测函数，θ 代表 P-LLM 的参数。这个阶段的目的是根据提示语音的韵律 token（u）、提示语音的内容编码 $H_{content}$、提示语音的音色编码 $\tilde{H}_{timbre}$、目标语音标注文本的内容编码 $\tilde{H}_{content}$，预测得到目标语音的韵律编码 $\tilde{u}$。P-LLM 采用只有解码器的 Transformer 架构，其训练过程如图 8-5 所示。

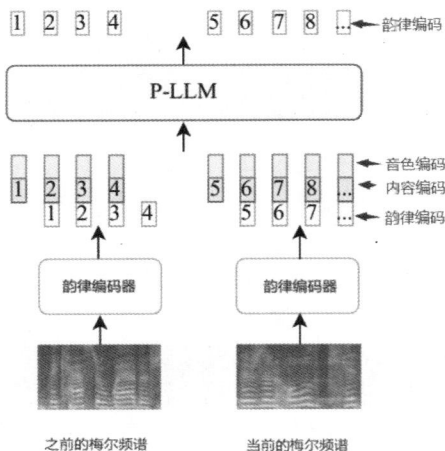

图 8-5　P-LLM 的训练过程

③ 在解码阶段，D 代表梅尔解码器，用于根据韵律编码 $\tilde{u}$、提示语音的音色编码 $\tilde{H}_{timbre}$ 和目标语音标注文本的内容编码 $\tilde{H}_{content}$，生成目标语音 $\hat{y}_t$。

8.3 体验语音生成大模型

由于 XTTS 模型的体验环境部署在境外，无法直接访问，而搭建 XTTS 模型的训练环境又比较复杂，因此本章不演示体验国外语音生成大模型的方法，只演示通过火山引擎网站体验 Mega-TTS 模型的方法。

< 198 >

火山引擎是字节跳动公司旗下的云服务，可以提供 AI 大模型、云基础、大数据、视频云和边缘云等服务，其中包含基于 Mega-TTS 模型的大模型声音复刻功能。本节演示通过该功能体验 Mega-TTS 模型的方法。

按照"本书使用的网址"文档中提供的 URL 访问火山引擎的大模型声音复刻网页，并参照以下步骤体验火山引擎的大模型声音复刻功能。

（1）如果没有火山引擎的账号，则需要注册账号并进行实名认证。

（2）在大模型声音复刻网页中，拉动滚动条到页面中部的"能力体验"区域，如图 8-6 所示。

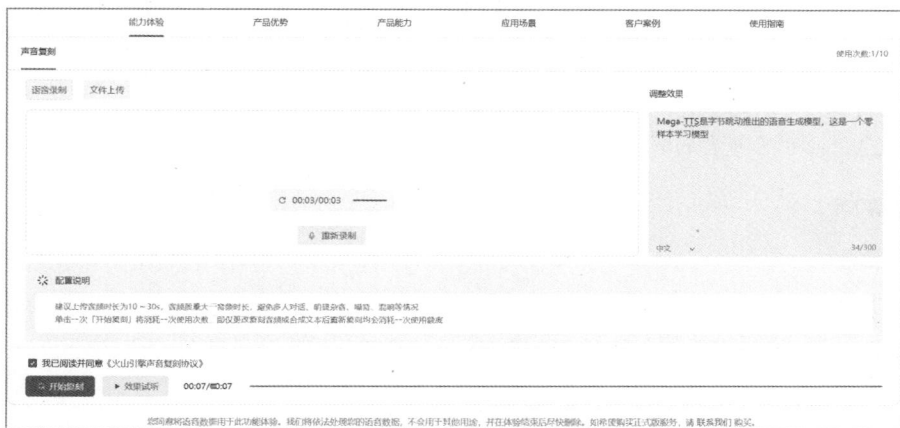

图 8-6　体验火山引擎的大模型声音复刻功能

（3）录制自己的语音，可以在线录制；如果有提前录制好的语音文件，也可以选择"文件上传"。

（4）在页面右侧的文本框中输入需要转换为语音的文字。

（5）都准备好后，选中"我已阅读并同意《火山引擎声音复刻协议》"复选框，然后单击"开始复刻"按钮，火山引擎大模型会根据录制的语音和输入的文字生成对应的语音。生成完成后可以单击"效果试听"按钮，播放生成的语音。如果一切正常，则会听到自己的声音在朗读输入的文字，这是一种很奇妙的感觉。

本章小结

本章介绍语音生成大模型的概念和基本工作原理，并详细解析了 XTTS 模型和 Mega-TTS 模型的网络结构与工作原理。本章的目标是使读者了解语音生成大模型的工作原理和应用情况。为了使读者可以直观地了解语音生成大模型的应用情况，本章还演示了通过火山引擎网站体验 Mega-TTS 模型的方法。

习题

一、选择题

1. 文本转语音技术的英文缩写是（　　）。

    A．TTS   B．MFCC   C．XTTS   D．Mega-TTS

2. Mega-TTS 模型的（　　）编码器用于实现语音内容与生成语音之间的单调对齐。

    A．韵律   B．梅尔   C．内容   D．音色

< 199 >

二、填空题

1. 语音生成大模型通常采用___【1】___的结构。

2. ___【2】___是一种在语音处理中广泛使用的频域表示方法，它基于人耳的听觉特性进行设计，旨在模拟人耳对频率的感知特性。

3. XTTS 模型主要包含___【3】___、___【4】___和___【5】___3 个部分。

4. Mega-TTS 模型中的___【6】___模块是一种隐编码语言模型，用于捕获韵律模型的本地和远程依赖关系。

5. 现代深度学习 TTS 模型由___【7】___、___【8】___和___【9】___3 个基本部分组成。

三、简答题

1. 简述 TTS 的工作流程。
2. 简述 Mega-TTS 模型的解缠策略。

课程实践

语音是多模态交互中的一个重要组成部分。它与 NLP 有密切的关联，但又不完全属于 NLP 技术，也不属于 CV 技术。本书前面部分并没有介绍与音频处理相关的基础知识。

请调研声码器的工作原理，并思考其在语音生成大模型中的作用。

< 200 >

第 *9* 章 视频生成大模型

视频生成可以看作图像生成在时间维度上的扩展。具体来说，视频是通过以一定的频率显示一系列捕获的图像（帧）来创建的。视频生成技术依赖于图像生成技术，但增加了时间维度和帧间的连续性，以创建动态视觉效果。因此，使用传统方法生成高清长视频的计算成本很高，这影响了视频生成大模型的发展。近年来，随着 AIGC 技术的高速发展，特别是扩散模型与 Transformer 架构的结合，以及多模态内容理解与生成技术的发展，促使视频生成大模型的研究和应用取得了显著进展。本章介绍视频生成大模型的工作原理和应用情况。

本章学习目标
（1）掌握视频生成大模型的基础技术。
（2）了解 Sora 模型的网络结构和工作原理。
（3）了解 MagicVideo-V2 模型的网络结构和工作原理。
（4）学会利用主流视频生成大模型生成作品。

9.1 视频生成大模型的基础技术

视频生成大模型旨在生成逼真的视频序列，这类模型通常基于生成对抗网络（GANs）、自回归模型、扩散模型或变分自动编码器（VAEs）等技术。本节介绍视频生成大模型的基础技术。

9.1.1 视频表示

视频表示是关于 AI 模型如何存储和表现视频数据的技术。存储和表现视频数据是 AI 模型处理与生成视频的前提。在 AI 模型中，视频通常可以表示为一系列连续的图像帧，即 $x = (x_0, \cdots, x_t)$。这种表示方式使模型能够理解视频的时间动态特性。单帧图像也可以视为视频的一种特殊形式。

视频序列的每幅图像都包括 $M \times N$ 个像素，其中 M 是像素的行数，N 是像素的列数。对于彩色图像，每个像素通常可以使用(R,G,B)向量进行表示，因此，视频表示中一个帧数据的维度为 $M \times N \times 3$。

9.1.2 条件概率视频生成大模型的概念

视频生成大模型可以分为无条件视频生成大模型和文本条件视频生成大模型，后者又简称为条件概率视频生成大模型。它在大量包含字幕的视频数据集上训练，能够生成高质量的视频内容。

在条件概率视频生成大模型中，视频片段被表示为一系列图像帧 $x = (x_0, \cdots, x_t)$，单独的一个图像被视为指定视频中的一个帧。模型的条件概率为 $p(x|c)$，其中 c 是条件变量。通常可以使用自回归模型、扩散模型和掩码 Transformer 模型来构建条件概率视频生成大模型，从 $p(x|c)$ 中采样，以预测一个图像序列，或者预测视频的所有帧。9.2 节将介绍的主流视频生成大模型都属于条件概率视频生成大模型。

9.2 主流视频生成大模型选解

本节从国内外主流视频生成大模型中选择 Sora 和 MagicVideo 这两款具有代表性的模型，解析它们的网络结构和工作原理。

9.2.1 Sora 模型的工作原理

Sora 是 OpenAI 公司推出的视频生成大模型，它是在图像生成大模型 DALL-E 的基础上研发而成的。Sora 模型的总体架构如图 9-1 所示。

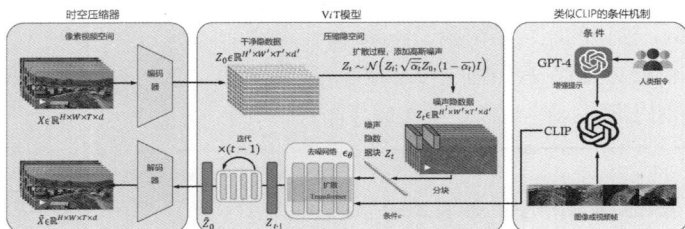

图 9-1 Sora 模型的总体架构

图 9-1 中的 $\mathbb{R}$ 代表实数空间，这里 $\mathbb{R}^{H \times W \times T \times d}$ 具体代表 4 维视频空间（可以理解为所有可能的视频数据），其维度说明如下。

- H：视频帧的高度 (height)。
- W：视频帧的宽度 (width)。
- T：视频的时间维度 (time)，表示帧的数量。
- d：视频帧的通道数 (depth)，即色彩通道数，RGB 中 d 为 3。

从本质上讲，Sora 是一个具有灵活采样尺寸的扩散 Transformer 模型。它在逻辑上包含以下 3 个部分。虽然图 9-1 中并没有明确标注，但这 3 个部分是使图 9-1 中流程运转起来的关键部分。

- 时空压缩器（time-space compressor）：它位于图 9-1 的左上部，其作用为将原始视频从像素视频空间映射到压缩隐空间，得到干净隐数据。
- ViT 模型：它位于图 9-1 的中间部分，其作用为向干净隐数据中添加高斯噪声得到噪声隐数据，这就是扩散过程；然后对噪声隐数据进行分块，得到一系列噪声隐数据块 Z_t；再通过去噪网络迭代地处理所有隐数据块，得到生成视频数据的隐表示；最后，使用解码器将隐表示映射到像素视频空间，得到最终生成的视频。
- 类似 CLIP 的条件机制：它位于图 9-1 的右侧部分，其作用为接收经过大语言模型 GPT-4 增强的人类指令和可选的视觉提示（即图像或视频），引导扩散模型生成指定风格或主题的视频。

1. 数据预处理

Sora 的一个显著特征是它能够以视频原始大小来训练、理解、生成视频和图像，而传统方法通常

< 202 >

会调整视频的大小、裁剪视频或调整宽高比，以符合统一的标准。通常使用的标准训练数据是固定低分辨率的方形帧短片。Sora 是第一个支持视觉数据多样性的模型，它可以对各种格式的视频进行采样，从宽屏的 1920 像素×1080 像素视频到垂直的 1080 像素×1920 像素视频以及介于二者之间的所有视频，而不需要改变视频的尺寸。基于原始大小的视频数据进行训练，可以显著提高生成视频的总体构图效果，因为经过裁剪的训练视频只是整体画面的局部。基于大量局部画面进行训练的模型，其生成的视频也大多是局部画面，缺乏整体感。例如，在均匀裁剪的方形视频上进行训练的模型，其生成的视频如图 9-2 所示，而对于同样任务，Sora 生成的视频如图 9-3 所示。

图 9-2　在均匀裁剪的方形视频上进行训练的模型生成的视频　　　　图 9-3　Sora 生成的视频

　　Sora 之所以能够有效地处理各种视觉输入，包括各种时长、分辨率和宽高比的视频，最重要的原因是它将所有形式的视觉数据转换为统一的表示，这有助于生成模型的大规模训练。在初始化数据时，Sora 首先将视频压缩至低维隐空间，然后将隐空间中的数据表示分解成一系列时空块，如图 9-4 所示。

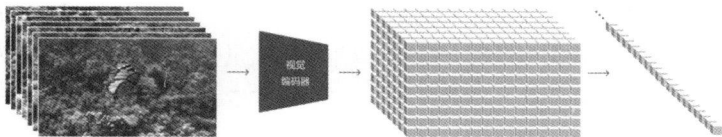

图 9-4　Sora 的数据预处理过程

　　图 9-4 中的视觉编码器是一个视频压缩网络，用于对输入数据进行降维处理。其输入数据是原始视频，输出数据是经过压缩的隐表示。视频压缩网络基于 VAE 模型或 VQ-VAE 模型构建。其使用的压缩数据方法包括以下两种。

- 空间块压缩：在将视频编码到隐空间之前，将视频帧分解成固定大小的块，如图 9-5 所示。

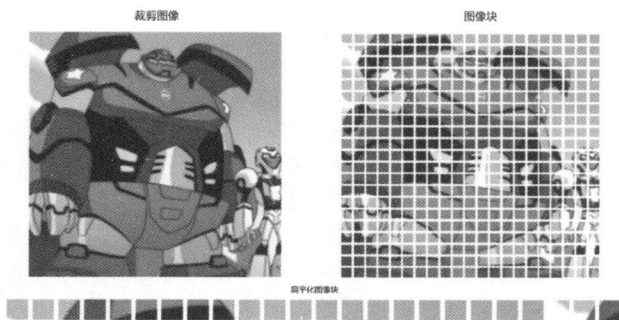

图 9-5　空间块压缩

- 时空块压缩：一种旨在封装视频数据空间和时间维度、提供全面表示的技术。该技术不仅可以分析视频中的静态帧，还可以通过考虑帧间的运动和变化捕捉视频的动态特性。这是通过将针对静态图像的 2D 卷积操作扩展为针对时空数据的 3D 卷积操作而实现的。

2．扩散 Transformer 模型

Sora 模型中的去噪网络是一种扩散 Transformer 模型，即基于 Transformer 架构的扩散模型。它通

< 203 >

过逐步去除噪声的方式来生成最终的视频画面。

扩散 Transformer 模型结合了扩散模型和 Transformer 架构的优点，其首先通过 Transformer 架构对输入的文本进行编码，提取出其中的关键信息，然后将这些信息传递给扩散模型，用于指导视频的生成过程。通过这种方式，扩散 Transformer 模型能够根据文本提示生成对应的视频内容，实现文本到视频的转换。

3. 指令跟随能力

与大多数图像生成大模型和视频生成大模型一样，Sora 的用户也主要通过自然语言指令（即文本提示词）与模型进行交互。此外，在训练阶段需要进行模型指令调优，以增强模型准确遵循提示的功能，使模型能够生成更接近自然语言指令的输出。Sora 充分利用了大语言模型的功能，它通过 GPT-4 在没有示例的情况下阅读、理解自然语言指令。这种理解并遵循指令完成任务的能力被称为指令跟随（instruction following）能力。

在训练模型的指令跟随能力方面，Sora 借鉴了 DALL-E 3 的方法，因为它们都是 OpenAI 研发的模型。DALL-E 3 通过字幕改进方法来完成指令跟随能力的训练，该方法假设训练模型所使用的文本-图像对的质量决定了模型的最终性能。但是在实际应用中，很多训练数据的质量很差，噪声数据以及省略大量视觉信息的简短标题普遍存在，这造成了模型的训练效果不佳。字幕改进方法则通过用详细的描述性字幕重新为现有图像添加字幕来解决这些问题。该方法首先训练图像字幕器（它是一种视觉语言模型，可以生成精确的、描述性的图像字幕），然后使用生成的描述性图像字幕微调图像生成大模型。

Sora 也采用了类似的字幕改进方法。该方法首先训练能够为视频生成详细描述的视频字幕器，然后将该视频字幕器应用于训练数据中的所有视频，以生成高质量的视频-描述性字幕对，用于微调 Sora，提高其指令跟随能力。

4. 提示工程

提示工程可以指导模型更准确地完成生成任务。Sora 支持文字提示、图像提示和视频提示。

（1）文字提示

文字提示即通过文本描述来指导模型生成视频。下面的实例展示了如何利用模型的自然语言理解能力来解码复杂的指令，并将其转换为连贯、生动、高质量的视频。在 Sora 提供的案例中，通过下面的问题提示可以生成图 9-6 所示的长视频。

一个时尚的女士走在霓虹灯闪烁的东京街道上，她穿着黑色的皮夹克、红色的长裙和黑色的靴子，拎着黑色的手包，戴着黑色的太阳镜，涂着红色的口红，自信而漫不经心地漫步着。五颜六色的灯光在街道上映射出五彩斑斓的精美效果。很多行人在街道上行走。

这是一段精心制作的文本提示。也许这段文字并不优美，但它可以确保 Sora 生成的视频与预期的视觉效果一致。提示工程的质量取决于以下因素：对单词的仔细选择；所提供细节的特异性及模型对其影响力的理解。例如，上面的提示词中详细指定了动作、环境、角色外观，以及场景所需的情绪和氛围。

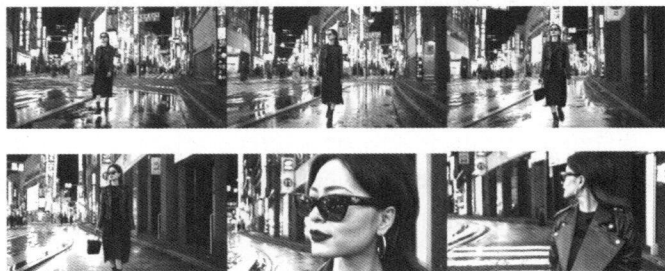

图 9-6　Sora 根据文本提示生成视频的截图

< 204 >

（2）图像提示

图像提示即以指定的图像充当要生成的视频内容的视觉锚点（visual anchor）。所谓"视觉锚点"，是指具有锚定观众视线能力的图像中的点或视频中的画面。图像提示可以与文本提示结合使用。文本提示用于指示模型通过添加运动、交互和叙事来使这些视觉锚点动起来，使静态图像栩栩如生。

（3）视频提示

在视频生成过程中，视频提示也可用作范例，这样可以保证模型在特定目标上得到明确的指导。例如，在视频扩展任务中，视频提示可以指定扩展的方向（时间向前或向后）、上下文或主题，这样模型就可以生成给定视频的后续视频或之前的视频。

MagicVideo-V2 模型的工作原理

9.2.2　MagicVideo-V2 模型的工作原理

MagicVideo-V2 模型是由字节跳动公司推出的视频生成大模型。该模型于 2024 年 1 月正式发布，并向公众展示了强大的视频生成功能。MagicVideo-V2 模型的网络结构如图 9-7 所示。

MagicVideo-V2 模型包含以下 4 个关键模块（子模型）。

图 9-7　MagicVideo-V2 模型的网络结构

- 文生图（text-to-image，T2I）模块：根据给定的文本提示生成精美图像的模型。
- 图生视频（image-to-video，I2V）模块：使用文本提示和生成的图像作为生成关键帧的条件，从而生成视频的模型。
- 视频生视频（video-to-video，V2V）模块：对给定视频的关键帧进行优化和超分辨率处理，以生成高分辨率视频的模型。
- 视频帧插值（video frame interpolation，VFI）模块：在给定视频的关键帧之间插入帧以平滑视频运动，最终生成高分辨率、平滑、精美视频的模型。

概括地说，在 MagicVideo-V2 模型中，T2I 模块创建了一张 1024 像素×1024 像素的图像，其中包含所描述的场景。随后，I2V 模块对这张静止图像进行动画处理，生成一个 $600 \times 600 \times 32$ 帧的序列，并向其中加入先验隐噪声数据，以确保从初始帧开始，视频中的所有帧具有连续性。V2V 模块将这些帧增强到 1048 像素×1048 像素分辨率，同时优化视频内容。最后，VFI 模块将序列扩展到 94 帧，得到一个既具有高质量又具有时间平滑性的 1048 像素×1048 像素分辨率的视频。

1．T2I 模块

T2I 模块通过用户输入获取文本提示，并生成一张分辨率为 1024 像素×1024 像素的图像，这张图像会作为生成视频的参考。MagicVideo-V2 模型可以兼容各种文生图模块，默认情况下使用内部开发的基于扩散机制的 T2I 模型，该模型可以输出高分辨率图像。

2．I2V 模块

MagicVideo-V2 模型的 I2V 模块基于 Stable Diffusion 1.5 模型（在官方提供的网络结构图中表现为 UNet 模型）构建，其利用人工反馈来提高模型在视觉质量和内容一致性方面的能力，并通过一个运动模块（motion module）对 Stable Diffusion 1.5 模型进行增强。

I2V 模块还增加了参考图像特征提取器，也称为参考图像嵌入模块，它可以从参考图像中提取特

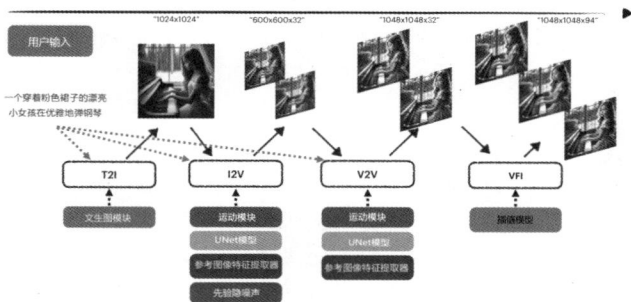

< 205 >

征，得到参考图像嵌入，以便在生成视频时可以利用参考图像。参考图像特征提取器由外观编码器和交叉注意力层构成，其中外观编码器用于提取参考图像嵌入，并通过交叉注意力机制将其注入图生视频模块。

此外，I2V 模块还采用了隐噪声先验策略，在初始的隐噪声数据中提供布局条件，视频中的帧由标准高斯噪声初始化。通过适当的噪声先验技巧，可以部分保留图像布局，还可以提高帧间的时间相关性。

3．V2V 模块

V2V 模块与 I2V 模块在设计上相似，它们采用相同的框架和网络结构。V2V 模块的运动模块是使用高分辨率视频子集进行单独微调的，以生成高分辨率的视频。

4．VFI 模块

VFI 模块使用内部训练的、基于 VQ-GAN（vector quantized generative adversarial network，向量量化生成对抗网络）架构的模型。为了进一步增强其稳定性和平滑性，VFI 模块还使用了预训练的轻量级插值模型。

9.3 体验主流视频生成大模型

为了使读者能够直观地感受视频生成大模型的强大功能和特性，本节选择一组视频生成大模型，通过实际案例体验它们的综合表现。由于视频生成会占用大量的计算资源，几乎所有视频生成大模型都是需要付费的，因此，为降低读者的体验成本，本节不设计体验任务，而是演示国内 AI 视频生成网站中提供的各种根据文本生成视频的案例。图 9-6 展示了 Sora 生成的一个视频，该视频的时长为 1min，视频中画面精美、色彩艳丽、人物动作流畅、表情栩栩如生。可以说，这是 AI 生成视频的典范作品。本节展示其他视频生成大模型生成的部分作品，这些模型包括 Gen-3、Pika 和 MagicVideo-V2 等。本节通过截取视频中 3～6 帧图像的方式展示生成的视频。本节的所有示例都使用英文提示词，为了便于读者阅读，这里将其均翻译成中文进行显示。

9.3.1 Gen-3 模型生成的视频

Gen-3 模型是由 Runway 公司推出的视频生成大模型，其支持将文本和图像等转换为动态视频内容。Gen-3 模型能够创造丰富的人类角色，并能够展现多种动作和情感，以增强视频的叙事性和观众的沉浸感。本小节展示 Gen-3 模型生成的 3 段视频。

1．火车上的女人

"火车上的女人"是一段时长为 10s 的视频，其提示词为"一个女人在日本高速行驶的火车窗户上的微妙身影"，视频截图如图 9-8 所示。

图 9-8　Gen-3 模型生成的火车上的女人视频截图

< 206 >

2．一只蚂蚁从巢穴中出来

"一只蚂蚁从巢穴中出来"是一段时长为 10s 的视频，其提示词为"一只蚂蚁从巢穴中走出的特写镜头。镜头向后拉，露出了山那边的一个街区"，视频截图如图 9-9 所示。

图 9-9　Gen-3 模型生成的一只蚂蚁从巢穴中出来的视频截图

3．奔跑的宇航员

"奔跑的宇航员"是一段时长为 10s 的视频，其提示词为"一名宇航员穿过里约热内卢的一条小巷"，视频截图如图 9-10 所示。

图 9-10　Gen-3 模型生成的奔跑的宇航员视频截图

9.3.2　Pika 模型生成的视频

Pika 模型是 Pika Labs 公司推出的新一代视频生成模型，其支持生成多种风格的视频，包括 3D 动画、动漫和电影等。

Pika Labs 公司专注于 AI 视频生成技术的开发，它虽然是一家美国 AI 初创公司，但其创始人均为华人。本小节展示 Pika 模型生成的 3 段视频。

1．奔跑的北极熊

"奔跑的北极熊"是一段时长只有 3s 的视频，其提示词为"一只北极熊在北极的雪地里奔跑，迅速靠近，咆哮着，以 35mm 纪录片的风格"。因为视频很短，所以这里只截取其中的 3 帧（后面视频均如此），如图 9-11 所示。

图 9-11　Pika 模型生成的奔跑的北极熊视频截图

2．水、玻璃、霓虹灯

"水、玻璃、霓虹灯"是一段时长只有 3s 的视频，其提示词为"水，玻璃，霓虹灯，宣传电影，电影，波浪"，视频截图如图 9-12 所示。

< 207 >

图 9-12　Pika 模型生成的水、玻璃、霓虹灯视频截图

3．站在军队面前的骑士

"站在军队面前的骑士"是一段时长只有 3s 的视频，其提示词为"3D 渲染，站在军队面前的骑士特写"，视频截图如图 9-13 所示。

图 9-13　Pika 模型生成的站在军队面前的骑士视频截图

9.3.3　MagicVideo-V2 模型生成的视频

MagicVideo-V2 的 GitHub 页面中展示了使用 MagicVideo-V2 模型生成的经典视频作品，本小节通过截图展示其中有代表性的作品。

1．一条巨龙

"一条巨龙"是一段时长只有 3s 的视频，其提示词为"一条巨龙坐在白雪覆盖的风景中，呼吸着火焰"，视频截图如图 9-14 所示。

图 9-14　MagicVideo-V2 模型生成的一条巨龙视频截图

2．水构成的人体

"水构成的人体"是一段时长只有 3s 的视频，其提示词为"一个由水构成的行走人体"，视频截图如图 9-15 所示。

图 9-15　MagicVideo-V2 模型生成的水构成的人体视频截图

3．手牵手的泰迪熊

"手牵手的泰迪熊"是一段时长只有 3s 的视频，其提示词为"泰迪熊手牵着手，走在雨中的第五大道上"，视频截图如图 9-16 所示。

图 9-16　MagicVideo-V2 模型生成的手牵手的泰迪熊视频截图

< 208 >

本章小结

本章介绍了视频生成大模型的概念和基本工作原理，并详细解析了 Sora 和 MagicVideo-V2 的网络结构和工作原理。本章的目标是使读者理解视频生成大模型的工作原理和应用情况。为了使读者可以直观地了解视频生成大模型的应用情况，本章以截图的方式展示了 Gen-3、Pika 和 MagicVideo-2 等模型生成的视频作品。

习题

一、选择题

1. Sora 是 OpenAI 公司推出的视频生成大模型，它是在图像生成大模型（　　）的基础上研发而成的。

    A．DALL-E　　　　　　B．Midjourney　　　　C．Stable Diffusion　　　D．PanGu-Draw

2. Sora 是一个具有灵活采样尺寸的（　　）模型。

    A．自回归　　　　　　B．ViT　　　　　　　　C．扩散 Transformer　　D．CLIP

3. Sora 模型中的（　　）是一种扩散 Transformer 模型，即基于 Transformer 架构的扩散模型。

    A．时空压缩器　　　　　　　　　　　　　　B．去噪网络

    C．类似 CLIP 的条件机制　　　　　　　　　D．GPT 模型

二、填空题

1. 条件概率视频生成大模型是一种利用　【1】　来生成视频序列的模型。

2. Sora 模型在逻辑上包含　【2】　、　【3】　和　【4】　3 个部分。

3. MagicVideo-V2 模型包含　【5】　、　【6】　、　【7】　和　【8】　4 个关键模块（子模型）。

三、简答题

1. 简述视频表示的概念。

2. Sora 是第一个支持视觉数据多样性的模型，它可以对各种格式的视频进行采样，从宽屏的 1920 像素 × 1080 像素视频到垂直的 1080 像素 × 1920 像素视频以及介于二者之间的所有视频，而不需要改变训练视频的尺寸。请简述 Sora 模型是如何做到这一点的。

课程实践

本章介绍了视频表示的相关概念。在 AI 模型中，视频通常可以表示为一系列连续的图像帧。在实际应用中，为了提高观看体验和传输效率，很多厂商开发了不同的视频格式，包括 AVI、MPEG-4、MOV、RM、RMVB、MTV、DAT、WMV、3GP、AMV、DMV 等。

请调研常见视频格式在视频生成大模型中的应用情况，并思考：为什么视频生成大模型不使用常见视频格式来表示视频，而要用一系列连续的图像帧来表示视频？这么做的好处是什么？

< 209 >

第 4 篇

展望篇

第 10 章 AIGC 时代的机遇、挑战及发展趋势

ChatGPT 掀起了一场技术变革，引领 AI 技术步入基于大模型的 AIGC 时代。随着 AIGC 技术逐渐落地应用，这场变革不可避免地给人类社会带来众多挑战并产生深远影响。技术的发展和成熟使以往很多科幻情节变得近在咫尺，即将步入我们的生活。无论是否做好准备，人们都必须直面挑战，积极迎接 AIGC 技术造就的全新未来。

本章学习目标

（1）了解 AIGC 对社会经济的积极影响。

（2）了解 AIGC 给普通人的生活带来的改变。

（3）了解 AIGC 给企业和个人发展带来的机遇。

（4）了解 AIGC 给各国政府、企业和民众带来的挑战。

（5）了解 AIGC 技术所面临的挑战。

（6）了解 AIGC 技术的发展趋势。

10.1 AIGC 的社会影响

AIGC 不仅带来了令人耳目一新的人机交流体验，而且创造了一种全新的生产模式。在这之前，机器已经取代人从事体力劳动，生产物质产品；但是创造精神产品一直是人类的独有活动，例如写一篇文章、编写一段代码、绘制一幅画、拍摄一部影视作品。如今，利用 AIGC 技术已经可以生成高质量的文章、绘画、代码和音视频作品。在精神产品生产的各个领域，人类正面临来自 AI 的强劲挑战。AIGC 技术开创的这种全新生产模式势必改变人类社会诸多领域的生产流程和职业结构。AIGC 对社会产生的影响有积极的一面，也有令人担忧的一面。这种影响既有对整个社会经济的宏观影响，也有对每个普通人生活的具体影响。

10.1.1 AIGC 对社会经济的影响

AIGC 代表一种更先进、更高效的生产力。就好像机器可以为人类完成体力劳动一样，AIGC 技术可以为人类创造高质量的个性化内容，这样既可以节省人力成本，又可以提高工作效率。这种新的生产力对整个社会经济、各行各业都会带来积极的影响。

1．AIGC 对媒体和娱乐行业的积极影响

AIGC 可以促进新媒体业态的创新，在生成媒体内容、制作视频、创作音乐等方面发挥着重要作用，具体体现为虚拟主播、AI 新闻作者、AI 编曲、AI 特效制作等。利用 AIGC 技术，人们不但可以提高工作效率，拥有更多选择方案，还可以降低制作成本。

2．AIGC 对电子商务行业的积极影响

AIGC 可以为电商平台生成商品的宣传图片和描述信息，并可以作为客服与用户进行更友好的交流，以提供优质的售前和售后服务。它还可以与增强现实（augmented reality，AR）技术相结合，提供虚拟试衣间、在线看房等服务，从而优化用户体验、增加销售额。

3．AIGC 对医疗保健行业的积极影响

AIGC 可以辅助医生完成医学影像诊断、疾病筛查和生成病例报告等工作，也可以作为患者的医疗顾问，为其解释病例中的医学术语、对治疗方案进行具体说明，使医患之间的沟通更加顺畅、方便。这些功能都会提高医生的工作效率，改善患者的就医体验。

4．AIGC 对数字营销与广告行业的积极影响

AIGC 可以辅助营销人员和创意团队根据用户的兴趣和偏好生成个性化的广告文案，还可以作为客服机器人为用户提供在线服务。

5．AIGC 对金融服务行业的积极影响

AIGC 可以基于大量金融数据生成风险评估报告，帮助金融机构及时发现潜在风险和违规行为，也可以作为投资顾问，帮助投资者优化投资组合，降低风险，提高回报率。

6．AIGC 对教育行业的积极影响

使用 AIGC 可以生成虚拟教师，实现在线教育功能。AIGC 可以辅助教师生成教育资源，如教案、教学大纲和教学课件，还可以根据学生的学习风格、能力水平和兴趣，生成个性化的学习内容和教学资源。

7．AIGC 对旅游与酒店行业的积极影响

AIGC 可以根据用户的兴趣和喜好，生成个性化的旅游推荐和酒店服务介绍等内容，提升用户体验，吸引更多游客。AIGC 还可以为旅行社、景区、酒店、车队等旅游资源单位生成个性化的广告内容和社交媒体推文，吸引更多用户关注。

10.1.2　AIGC 对普通人生活的影响

AIGC 的普及和应用势必会影响每个人的生活。有人甚至谈 AIGC 色变，觉得 AIGC 会取代很多岗位，造成大量失业。编者认为，虽然存在因 AIGC 而失业的个案出现，但没有必要过分夸大。AIGC 对普通人生活的影响首先是积极的；消极的影响虽然存在，但可以通过积极应对将其最小化。

如果 AIGC 广泛落地应用，人们的生活一定会越来越便利、智能。

1．每个人都将拥有自己的智能助手

AIGC 可以扮演智能助手的角色，为用户解答工作和生活中的各种疑问。如果用户对回答的细节有疑问，还可以继续提问，直至得到满意的答案。

2．工作、学习更轻松

在工作中，AIGC 可以帮助用户提供需要的资讯信息、生成需要的内容，例如工作中需要的各种文案、创意方案、宣传图片、音频、视频，都可以利用 AIGC 获取。对中小企业的创业者而言，选择使用 AIGC 无疑是节省成本的好办法。

无论是学生、职场员工还是自由职业者，在知识爆炸的时代，每个人都面临不断充电、学习新知识的需求。AIGC 可以根据每个人的个性化需求设计学习计划，推荐学习资料。

< 212 >

3．生活的方方面面都会更便捷

10.1.1 小节介绍了 AIGC 给各行各业带来的积极影响。随着 AIGC 技术的日益普及，普通民众作为消费者在生活的方方面面都会享受到更为优质、便捷的服务。普通人的知识面和社会阅历都是有限的，AIGC 时代意味着每个人都可以随时求助于智能助手。这个智能助手既可以是自己购买的服务，也可以是各行各业商家提供的在线服务。在与智能客服沟通的过程中，用户无须担心因为提了太多问题造成对方不耐烦，也不用担心对方有意推诿。

10.2　AIGC 时代的机遇和挑战

AIGC 带来的全新生产模式必将给人类社会的方方面面带来变化，在各行各业催生新的生产和经营模式，这些变化中不可避免地充满了机遇和挑战。无论是喜欢还是不喜欢，每个人都应该积极面对即将到来的 AIGC 时代，抓住机遇、迎接挑战，只有这样才能跟上时代发展的步伐。

10.2.1　AIGC 时代的机遇

除了给现有行业带来积极的影响，AIGC 技术的落地应用还会创造新的市场和大量的就业机会。私募股权投资市场独立研究机构 innoHere 研究院发布的 AIGC 产业研究报告指出，2025 年国内 AIGC 应用市场规模可能会突破 2000 亿元，必将促进经济积极发展。这对于企业和个人无疑都是巨大的利好。如何抓住机遇、走在时代的前列，这是每个企业家和个人都应该认真思考的问题。

1．AIGC 给企业带来的机遇

我们可以从下面两方面来理解 AIGC 给企业带来的机遇。

① 对传统企业而言，可以充分利用 AIGC 所带来的便利，提升运转效率、提供更好的服务，甚至拓展市场。AIGC 是发展中的技术，其应用形式可以说日新月异，企业越早应用 AIGC，越能在竞争中抢得先机。AIGC 在企业中的典型应用包括以下几个方面。

- 帮助企业自动化生成文本、图片、视频和音频等内容，从而提高效率、降低成本。
- 帮助企业根据用户的偏好和行为生成定制化内容，从而提升用户体验和增加客户忠诚度。
- 除了直接生成内容，在一些需要创意或创新的工作中，AIGC 还可以作为助手生成不同风格的创意方案或创新方向，启迪创作人的思路、激发创造力、推动创新，为企业带来竞争优势。
- AIGC 可以用于跨语言生成内容，也可以实现多种语言间的翻译，从而帮助企业突破语言障碍，生成适用于不同地区的宣传文案，助力拓展国际市场。

② 对 IT 企业而言，可以提前做好技术储备，积极参与到 AIGC 落地应用的进程中。

对于专门从事 AI 研究的团队，可以投入资源进行 AIGC 的研发和创新，开发具有竞争力的 AIGC 解决方案和产品。这项工作包括优化算法、提高生成内容的质量和效率，以及探索新的应用场景和功能。当然，这项工作的技术门槛很高，需要投入的资源也很多。

普通 IT 企业可以参与下面的各项工作。

- 基于成熟的 AIGC 大模型开发定制化的 AIGC 解决方案。通过了解用户业务需求，优化 AIGC 应用，以帮助用户提升工作效率和创新能力。
- 为用户提供数据处理和数据管理服务，帮助用户收集、清洗、存储和分析数据，以支持 AIGC 应用的训练和优化。
- 帮助用户将 AIGC 整合到现有业务系统和工作流程中，以确保系统能够稳定运行并实现预期的效果。

< 213 >

- AIGC 是新兴技术。在 AIGC 落地应用的过程中，企业需要为用户做好科普、培训和技术支持工作，帮助用户了解如何正确使用和管理 AIGC 的解决方案。这项工作包括培训用户团队、提供技术支持和持续优化服务，以确保 AIGC 应用的成功落地和持续发展。
- 在 AIGC 落地应用的过程中，保护数据安全和用户隐私是非常重要的。因为大模型不是孤立的、抽象的，而是由人来设计、训练、开发、部署和维护的。在具体应用中，很多环节都可能导致用户的商业机密或隐私数据泄露。因此，IT 企业应重视信息安全，确保 AIGC 应用符合法律法规和行业标准的要求，制订相应的管理制度和操作流程，协助用户加强安全防护和风险管理。

总之，无论是传统企业还是 IT 企业，都能够在 AIGC 时代找到推进企业发展的机遇，关键在于积极学习和了解新技术，从而抓住适合自身发展的机遇。

2. AIGC 给个人发展带来的机遇

AIGC 的高速发展会不可避免地对就业环境和每个人的职业发展产生影响。AIGC 所带来的新的生产模式在一定程度上会取代一部分旧的生产模式，正如汽车的普及淘汰了拉黄包车的车夫，计算机的普及淘汰了打算盘的账房先生。但是，新技术的普及也带来了许多个人发展的机遇。被淘汰的只是故步自封、不能与时俱进的人。了解这一点，我们就应该更积极地学习新技术、拥抱新技术，抓住时代进步所带来的机遇。

（1）善用 AIGC

聪明的人应该把 AIGC 当作良师益友，利用它来提升自己的职业素养。有的人用 AIGC 写论文、做设计单纯就是为了省事，觉得 AIGC 太方便了，自己不用动脑了，直接用现成的就行了。殊不知，这种"拿来主义"恰恰是个人发展最大的障碍，把自己推到了被时代淘汰的边缘。因为 AIGC 淘汰的就是那些不积极思考、不善于自主创新的人。

盲目地依赖 AIGC，相当于放弃自我。而完全不使用 AIGC，又等于放弃未来。因此，在使用 AIGC 时应该坚持"以我为主"的原则，一方面主动学习 AIGC 生成内容中的精华部分，把它当成我们的老师；另一方面不要迷信 AIGC，而要把它看作我们的好朋友。好朋友既能在我们需要时提供帮助，也可能犯错误。

AIGC 的能力固然非常强大，但它也并非无懈可击。有时候，它也会一本正经地"胡说八道"，比如，编者让 ChatGPT 讲武松误闯白虎堂的故事，这是编者杜撰的题目，在《水浒传》中误闯白虎堂的实则是林冲。但是，ChatGPT 说"武松误闯白虎堂是《水浒传》中的一个著名故事"，还一本正经地讲了故事梗概，如图 10-1 所示。

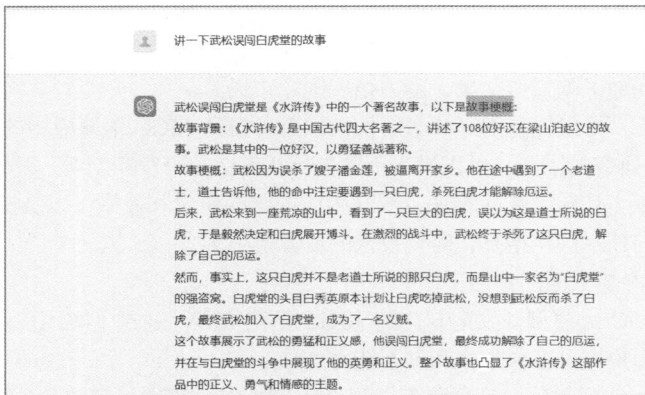

图 10-1　ChatGPT 一本正经地"胡说八道"

如果 ChatGPT 事先声明是自己编纂的故事，则这也不失为一个好的艺术创意。但是直言武松误闯白虎堂是《水浒传》中的一个著名故事，还凭空杜撰出白虎堂头目白秀英，这就是明显的错误了。这

< 214 >

还只是一个故事，对与错的影响并不大。如果 AIGC 出现了道德错误乃至法律错误，它可是承担不了法律责任的。因此，在利用 AIGC 时一定要加强人工审核。

AIGC 最强大之处在于它海量的知识储备，这是任何人都无法比拟的。但是它也有短处，它最大的短处是没有实践能力。至少在现阶段，AIGC 还没有躯体，它的知识都来自"书本"（语料库），它并不知道"实践出真知"的道理。因此，在一些需要实践能力的工作中，AIGC 的作用是有限的，比如新闻调查、科学实验等。

综上所述，AIGC 其实离不开人，它能取代的首先是那些知识结构简单、缺乏较强思维能力和创新能力的人。了解这一点，我们就应该善用 AIGC，以 AIGC 为师，从它创作的内容中汲取养分，利用 AIGC 不断学习、提升个人能力。

以创作一篇文章为例，建议通过以下步骤利用 AIGC。

① 确定文章题目和创作目的后，做调查研究。

② 设计文章的框架。

③ 自己试着完善框架，丰富内容。没想好的部分可以留白。

④ 将文章的题目和调查研究的结果告诉 AIGC，让它来创作文章。

⑤ 以 AIGC 生成的内容来丰富和完善文章，补充留白的部分。

⑥ 如果 AIGC 生成的内容可以启发新的创作思路，则可以回到第②步，重新设计文章的框架，并重复这个过程。

这是"以我为主"的过程，AIGC 处于助手的位置。不断重复这个过程，你会发现自己的创作能力提高了。因为 AIGC 无形中起到了指导老师的作用。有了这样一个高水准的指导老师，我们在日常工作中就会有更加出色的表现，在职场竞争中抢得先机。企业员工如此，创业者也如此。创业者要善用 AIGC，把它作为编外员工，从而节省人力成本。综上所述，利用 AIGC 的前提是你可以驾驭它，利用而不依赖。

只有积极地善用 AIGC，同时主动思考、勤于动手实践、锐意创新，我们才能抓住 AIGC 带来的机遇。

（2）积极参与到 AIGC 落地应用的过程中

AIGC 落地应用会创造大量的就业机会，这也是 AIGC 给个人发展带来的机遇。当然，人人成为算法工程师、参与 AIGC 大模型的设计和训练是不可能的。但是，我们应该主动学习新技术，跟进 AIGC 的最新发展，利用各种机会体验 AIGC。2024 年 5 月，中华人民共和国人力资源和社会保障部发布公示，拟增加生成式人工智能系统应用员等（29 个）新工种。生成式人工智能系统应用员指运用生成式人工智能技术及工具，从事生成式人工智能系统设计、调用、训练、优化、维护管理等工作的人员，其工作内容如下。

- 设计数据输入、模型选择、输出格式等生成式人工智能系统整体架构，制订生成策略。
- 调用不同生成式人工智能模型或应用开发接口（API），生成文本、图像、音频、视频等内容。
- 依法依规收集、处理和标注训练数据，对标注数据进行质量评估、抽样检验，训练不同应用场景中的生成式人工智能模型。
- 分析系统性能瓶颈，调整模型参数，改进算法或引入新技术，优化生成式人工智能系统的性能和效率。
- 在实际应用场景中部署训练和优化后的生成式人工智能系统。
- 检查和更新生成式人工智能系统。
- 管理相关文档和资源，按照服务规范提供技术咨询、支持和培训。

AIGC 所创造的新的生产模式正在改变生产和生活的方方面面，与其担心自己的工作被 AIGC 取代，不如主动学习新技术，并利用 AIGC 不断完善自己、提升自己，只有才能拥抱个人发展的机遇，在激烈的竞争中立于不败之地。

< 215 >

10.2.2 AIGC 时代的挑战

AIGC 作为一种新的生产力，势必会对旧的生产力和社会规则带来一定程度的冲击。这些冲击就是各国政府、企业和普通民众所面临的挑战。

1. AIGC 给各国政府带来的挑战

政府是社会规则的制定者和维护者。如何应对 AIGC 应用过程中所遇到的各种问题，是各国政府所面临的挑战。作为 AIGC 研究和应用都做得很好的国家，中国和美国都面临这样的挑战。

（1）AIGC 所带来的版权之争

AIGC 所创作的作品是否拥有版权？AIGC 本身是否存在侵权问题？这是 AIGC 落地应用所面临的首要问题。现实生活中也确实发生了很多与 AI 版权有关的真实案例。

AIGC 所带来的版权之争

2023 年 12 月，纽约时报把 OpenAI 公司和微软公司告上法庭，起诉这两家机构未经许可就使用其数以百万计的文章用于训练大语言模型。这是世界上首个大型媒体起诉 AI 平台侵犯版权的案例。一方面，原告起诉被告进行的非法数据采集和传播行为损害了其获得订阅、版权许可、广告和其他附加收入的利益，造成的损失高达数十亿美元；另一方面，原告提交的材料中也列举了 ChatGPT 直接援引其内容时存在的错误，把没有的内容强加在其报名下，这是另一种侵权。

以上是一个很有代表性的案例。科技公司在科研阶段直接使用公开的数据训练大模型似乎是无可争议的行为，很多研究者都是这么做的。最大的免费图像识别数据集 ImageNet 最初也是从网上获取各种图片，既没有付费，也没有征求版权方的同意。在研究阶段，如果要求研究者为海量数据付费，则无疑提高了科学研究的门槛，很可能把很多有益的科研成果扼杀在摇篮中。但是，一旦科学研究取得成功，在应用过程中又在一定程度上侵害了训练数据版权方的利益。如何兼顾双方的利益，确实是一个值得思考的问题。

OpenAI 公司在随后发布的声明中称对版权保护内容的使用是符合"合理使用"原则的。"合理使用"这个概念在中美等许多国家的著作权法中都存在，它允许人们在某些情况下，无须征求著作权所有者的同意，就可以使用受著作权保护的部分内容。

在编写本书时，本案还在审理中，并没有宣判。无论最终的判决结果如何，相信都会对 AIGC 的发展和普及产生里程碑式的影响。

除了科技公司在训练大模型时面临的版权问题，普通用户在使用 AIGC 平台进行创作时也面临版权问题。如果一个人用 AIGC 平台创作了一个作品，那这个作品的版权归谁，是归这个人、AIGC 平台还是各一半？中、美两国都各自面临一些此类案例。

一个叫克里斯蒂娜·卡什塔诺娃（Kristina Kashtanova）的女孩创作了一本漫画书——《黎明的曙光》（Zarya of the Dawn），在创作过程中她使用 Midjourney 模型生成书中的插图，如图 10-2 所示。

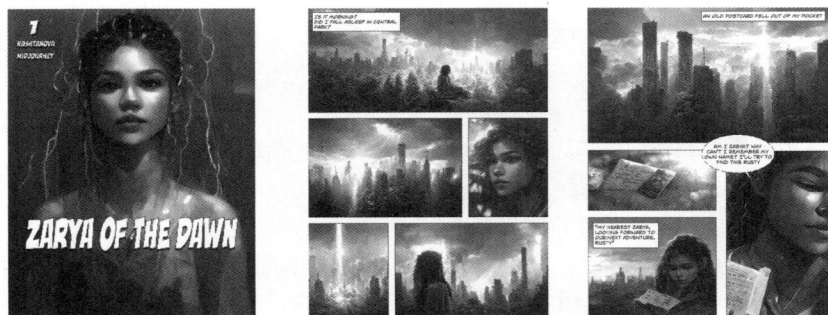

图 10-2 漫画书《黎明的曙光》中使用 Midjourney 模型生成的插图

< 216 >

随后，克里斯蒂娜·卡什塔诺娃为《黎明的曙光》申请版权保护。由于她没有在版权申请书中说明 AI 绘画工具参与创作，最初美国版权局同意了该书的版权注册。但是在得知真相后，美国版权局又撤回了版权注册，并表示用 Midjourney 制作的插图不受版权保护，因为漫画书作者只是为 AI 绘画工具提供文本提示，并不是最后生成图像的"主脑"，不能算创作者，只有人类创作的图像才能得到版权保护。这是美国官方机构首次就 AI 创作作品的版权保护范围做出裁定。最终，克里斯蒂娜·卡什塔诺娃拿到了漫画故事和图像编排方式的版权。

美国还有一些此类案例，由于篇幅所限，这里仅举此一例。下面是一个国内的同类案例。

2023 年 2 月，原告李某使用开源软件 Stable Diffusion 通过输入提示词的方式生成了一张图片，后将该图片以"春风送来了温柔"为名发布在小红书平台。后来，李某发现被告刘某在社交平台上发布了一篇文章《三月的爱情，在桃花里》，并在文章中使用了自己使用 Stable Diffusion 生成的图片。于是他起诉到北京互联网法院，诉称：被告未获得原告的许可，且截去了原告在小红书平台的署名水印，使相关用户误认为被告是该作品的作者，严重侵犯了原告享有的署名权及信息网络传播权。

该案的判决结果如下。

- 涉案的 AI 生成图片具备"独创性"要件，体现了人的独创性智力投入，应当认定该图片为作品。
- 涉案图片是以线条、色彩构成的有审美意义的平面造型艺术作品，属于美术作品。同时，涉案图片在可以归属到具体作品类型时，没有适用"其他作品条款"保护的必要性，其不属于"符合作品特征的其他智力成果"。故法院认定涉案作品属于美术作品，受到《中华人民共和国著作权法》保护。
- 被告刘某于判决生效之日起 7 日内，在涉案百家账号"我是云开日出"上发布声明向原告李某赔礼道歉，持续时间不少于 24 小时，以消除影响。
- 被告刘某于判决生效之日起 7 日内，赔偿原告李某经济损失 500 元。

目前一审判决已生效。

关于涉案图片的著作权归属，判决书中的相关内容如下。

二、原告是否享有涉案图片的著作权

著作权法第十一条第一款规定："著作权属于作者，本法另有规定的除外。"关于"作者"，著作权法第十一条规定："创作作品的自然人是作者。由法人或者非法人组织主持，代表法人或者非法人组织意志创作，并由法人或者非法人组织承担责任的作品，法人或者非法人组织视为作者。"根据该条规定，作者限于自然人、法人或非法人组织，这与民法典规定的民事主体一致。故人工智能模型本身无法成为我国著作权法上的作者。正因如此，虽然涉案图片是涉案人工智能模型所"画"，但是该模型无法成为涉案图片的作者。

而涉案人工智能模型设计者既没有创作涉案图片的意愿，也没有预先设定后续生成内容，其并未参与到涉案图片的生成过程中，于本案而言，其仅是创作工具的生产者。其通过设计算法和模型，并使用大量数据"训练"人工智能，使人工智能模型具备面对不同需求能自主生成内容的功能，在这个过程中必然是进行了智力投入，但是设计者的智力投入体现在人工智能模型的设计上，即体现在"创作工具"的生产上，而不是涉案图片上。故涉案人工智能模型设计者亦不是涉案图片的作者。

此外，本案中，从相关主体的约定来看，根据在案证据，涉案人工智能模型的设计者，在其提供的许可证中表示，"不主张对输出内容的权利"，可以认定设计者亦对输出内容不主张相关权利。

如前所述，原告是直接根据需要对涉案人工智能模型进行相关设置，并最终选定涉案图片的人，涉案图片是基于原告的智力投入直接产生，且体现出了原告的个性化表达，故原告是涉案图片的作者，享有涉案图片的著作权。

需要说明的是，虽然本案中本院认定，原告作为作者享有著作权，但是根据诚实信用原则和保护公众知情权的需要，原告应该显著标注其使用的人工智能技术或模型。本案中，原告以"AI 插画"方式进行标注，已经足以让公众知晓该内容为原告利用人工智能技术生成，本院对此予以肯定。

以上是国内首例"AI 文生图"著作权侵权案，对于 AIGC 创作内容是否构成作品、著作权归属以及侵权责任承担等问题具有重要的参考价值。

综上所述，中、美两国在 AIGC 创作内容的版权问题上都进行了有益的司法实践。从结果上看，中、美两国都认为 AI 不拥有其生成内容的版权（著作权），而 AIGC 大模型的设计者也不主张相关权

< 217 >

利，因此也不拥有作品的版权（著作权）；不同的是，美国法院认为 AI 生成的内容没有版权（大模型生成作品的版权既不属于大模型及其开发者，也不属于使用大模型生成作品的用户），而中国法院认可设计者在使用大模型进行创作过程中所付出的智力投入，这无疑是更人性化的选择。

当然，AIGC 所带来的版权问题是没有标准答案的。各国政府在这个问题上所做的司法实践都是积极应对挑战的有益尝试，最终会保障 AIGC 平稳、有序地普及，造福于人类社会。

（2）AIGC 所带来的隐私风险

每个人身边都有一个智能助手，在需要的时候随时可以帮你出谋划策，这听上去很美好。但是我们应该知道，任何智能体都不是孤立存在的独立生命，目前大部分 AIGC 产品都采用公有云部署的方式对外提供服务。这样，人们与"智能助手"的沟通记录也会存储在云端，而在云的另一端有一群可以查看这些数据的人。因此，AIGC 真正普及的前提是做好隐私数据的保护。2023 年 12 月，加拿大隐私专员办公室（Office of the Privacy Commissioner of Canada，OPC）发布了针对 AIGC 的规范性文件《生成式人工智能技术的基本原则：负责任、可信和隐私保护》，对 AIGC 进行了规范，尤其针对个人信息保护和隐私保护方面的问题进行了回应。该文件规范了开发、提供和使用生成式人工智能的基本原则，并提出了保护个人信息和降低潜在隐私风险的保障措施。

在 ChatGPT 引发广泛关注后，美国政府也加强了对 AI 技术的监管。2023 年 5 月，OpenAI 的创始人兼 CEO 萨姆·奥尔特曼（Sam Altman）出席了美国国会召开的主题为"AI 监管：人工智能的规则"的听证会。听证会围绕版权侵害、虚假内容、数据安全、大公司垄断和政府监管途径等议题展开。萨姆·奥尔特曼在听证会上提出了在 AI 监管方面的 3 个建议，具体如下。

- 组建一个新的政府机构，负责给 AI 厂商提供许可证，并吊销不符合政府标准的厂商的许可证。
- 为 AI 大模型创建一套安全标准，包括评估其风险，大模型必须通过一些安全测试。
- 指派第三方专家独立审核 AI 产品的各方面指标。

经过长时间的准备，2023 年 10 月，拜登签署了一项关于人工智能的行政命令，推出白宫有关生成式人工智能的首套监管规定。白宫官网披露的内容显示，该行政命令为人工智能安全和保障建立了新的标准，并在保护美国用户隐私、促进公平、维护消费者和工人权益、促进创新竞争等方面进行了规定。

欧洲国家对于 AIGC 的态度则显得比较保守和谨慎。欧盟计划更新即将发布的《人工智能法案》，对生成图像和文本的智能模型制订限制性规则。一些欧洲国家对 ChatGPT 也采取了保守的防御措施。

意大利数据保护机构宣称 ChatGPT 存在隐私问题。意大利不仅会阻止 OpenAI 的聊天机器人，还会调查它是否符合通用数据保护条例。德国和法国等国家也可能对 ChatGPT 进行停用。

为了保障 AIGC 的健康发展，我国政府也做了大量的工作。2023 年 7 月 13 日，国家互联网信息办公室等 7 部门联合对外发布《生成式人工智能服务管理暂行办法》（下文简称《办法》）。

《办法》要求，生成式人工智能服务提供者在开展预训练、优化训练等训练数据处理活动时，涉及知识产权的，不得侵害他人依法享有的知识产权；涉及个人信息的，应当取得个人同意或者符合法律、行政法规规定的其他情形。

同时《办法》还规定，不得收集非必要个人信息，不得非法留存能够识别使用者身份的输入信息和使用记录，不得非法向他人提供使用者的输入信息和使用记录。此外，生成式人工智能服务提供者应当依法及时受理和处理个人关于查阅、复制、更正、补充、删除其个人信息等的请求。

关于对 AIGC 的监督检查，《办法》明确规定，参与安全评估和监督检查的相关机构与人员，对在履行职责中知悉的国家秘密、商业秘密、个人隐私和个人信息应当保密，不得泄露或者非法向他人提供。

《办法》的颁布和施行体现了国家对保护个人隐私信息的重视，也从侧面上反映了 AIGC 在国内的研究和应用已经达到一定的规模。

< 218 >

2．AIGC 给企业带来的挑战

AIGC 的迅猛发展给企业创造了很多发展机遇，也给企业带来了一些挑战。

（1）AIGC 对搜索引擎企业的挑战

ChatGPT 面世后，2023 年 2 月，谷歌公司的 CEO 桑达尔·皮查伊（Sundar Pichai）在公司内部发布了一份红色预警。红色预警是谷歌预警系统中最高级别的警报，代表公司当前正在面临紧急而直接的危机。这说明 AIGC 对谷歌公司的核心业务造成了致命的威胁，因为搜索引擎提供的搜索服务并不够直接和便捷。用户在使用搜索引擎时，通常是通过关键词来进行搜索的，而不是直接提问。搜索引擎根据关键词给出的搜索结果是五花八门的，有些是对用户有帮助的信息，有些则是垃圾信息。即使是对用户有帮助的信息，也不一定能够直接解答用户的疑问。可能搜到一篇文章，但是需要用户自己通过阅读提取其中的有效信息。

AIGC 提供的服务则更方便、快捷，用户可以直接提出问题，并得到直接针对该问题的回答。如果用户对回答的细节有疑问，还可以继续提问，直至得到满意的回答。

随着 AIGC 的普及，搜索引擎也许会被完全取代。谷歌公司的应对方案是推出自己的大语言模型 LaMDA（Language Model for Dialogue Applications，语言模型对话应用）和多模态多任务模型 MUM（Multitask Unified Model，多任务统一模型）。

不想被取代，就选择融合。在这方面，微软公司做了积极的尝试。new bing 是由微软公司推出的 Bing 搜索引擎的新版本，其中集成了聊天机器人的功能。另外，微软公司还是 OpenAI 公司的第一大股东，这也体现了微软公司在 AIGC 方面的战略布局。

尽管 AIGC 给搜索引擎企业的核心业务带来了冲击，但其自身在发展和普及的过程中也面临诸多问题，AIGC 真正落地应用也不是一蹴而就的事情。2024 年 7 月，OpenAI 公司发布了人工智能驱动的搜索引擎 SearchGPT，旨在与谷歌公司主导的搜索市场竞争，它结合了传统搜索引擎的优势与大语言模型的对话能力，能够实时访问互联网信息，为用户提供更为直观和组织化的查询结果。虽然 SearchGPT 尚未达到能够全面取代谷歌搜索引擎的程度，但随着技术的不断发展和优化，SearchGPT 有可能在未来的搜索引擎市场中找到自己的定位，这也会促进谷歌公司不断完善和优化自己的产品。

（2）AIGC 对教育行业的挑战

AIGC 可以为用户生成个性化的教育资源，也可以作为在线教师为用户提供课程服务。这些都可能会改变传统的教育模式和教师的角色，因此各级别的学校和教育机构需要积极应对，探索新的教育模式。

（3）AIGC 对各行各业的普遍挑战

AIGC 的落地应用会给各行各业带来普遍的、不同程度的影响和冲击，给行业发展带来挑战。这种挑战具有一定的普遍性，下面以媒体行业为例进行说明。

AIGC 可以快速、便捷地生成高质量的新闻报道和评论文章，既提高了媒体企业员工的工作效率，又降低媒体企业的成本。因此，媒体企业如果不采用 AIGC，则可能会在竞争中丧失优势。另外，如果过多地依赖 AIGC，则会使一些优秀的记者、编辑感觉自己的发展空间被限制，因此选择离开媒体行业，另谋出路。优秀人才的流失势必会影响整个行业的良性发展。如何协调现有人才与 AIGC 的关系，这是未来各行各业都可能会面临的普遍挑战。

总体而言，AIGC 对企业的挑战其实也是另一种形式的发展机遇，这可以促使企业调整陈旧的经营和管理模式，优化人员结构。企业只有积极拥抱新技术、驾驭新技术，才能化挑战为机遇，推动企业良性发展。

3．AIGC 给民众带来的挑战

自 ChatGPT 面世以来，我们时常会看到或听到 AI 造成失业的新闻。与拥有超强能力的 AI 竞争，

< 219 >

任何人都会感觉到有压力。很多人感受到了 AIGC 带来的挑战。2023 年 5 月，美国编剧工会罢工。本次罢工的原因除了演员、编剧与资方的薪资矛盾，还有 AI 可能取代演员和编剧的威胁。因此，这被认为是人类抵抗 AI 威胁的首次集体行动。

美国作为 AI 技术发展的最前沿，其公民对 AI 威胁的感知自然是最敏感、最直接的。也许很多国人觉得 AI 离我们还很远，感觉不到直接的挑战。诚然，在新兴 IT 技术从 0 到 1 的阶段，美国无疑是全球领先的，但是，在新兴 IT 技术普及应用、从 1 到 100 的阶段，国内科技企业的经验和实力不容小觑。就比如互联网技术起源于美国，但目前电商最发达的国家是中国。阿里巴巴公司的电商架构是全球领先的，其在长达 10 多年的时间里经受了"双 11"亿级并发的实战考验。

还有一个细节也是值得关注的。据 Google Trends 的统计数据，在 ChatGPT 面世后，对 AIGC 关键词的搜索量激增。这是情理之中的事，但令人意外的是：这些搜索绝大多数并非来自美国，而是来自中国。全球搜索 AIGC 数量最多的城市是杭州，而杭州正是阿里巴巴公司的总部所在地，那里云集了很多 IT 企业。Google Trends 的统计数据意味着什么？每个人都有自己的理解。这从一个侧面上说明 AIGC 其实离我们很近，国内有很多人关注 AIGC，很多技术人员正在为 AIGC 的发展和普及而不懈努力。面对即将到来的 AIGC 浪潮，我们有必要提前做好准备，做到未雨绸缪。

编者认为每个人都应该像谷歌公司那样，为 AIGC 的到来亮起红色预警。这么做并不是杞人忧天，而是督促自己直面 AIGC 的挑战，调整个人发展的路径和方向，跟上时代发展的步伐。

AIGC 并非洪水猛兽，AIGC 的普及不可能造成大规模的失业。但是，它确实可能会影响很多人的职业发展，对一些缺乏核心竞争力的人而言，AIGC 也许会令其在企业中更没有存在感。比如，张三是某企业的文员，负责起草文案、统计考勤和采买等日常事务，企业应用 AIGC 后，起草文案、统计考勤的工作都可以交由 AIGC 来完成。这样张三的工作就只剩下一些琐碎的日常事务。张三会因此失业吗？这取决于多种因素。如果张三安于现状、不思进取，他的职业前景一定是不容乐观的。但是，如果他能主动学习和了解新技术，把 AIGC 作为自己的助手，利用自己熟悉领导习惯和偏好的特点，在 AIGC 生成文案的基础上增加个性化的内容，做出有温度的文案，或者配合技术人员一起训练和完善 AIGC 应用，使其能够生成各种个性化的考勤表格，最终成为能够驾驭 AIGC 应用的人，谁又能取代张三在企业中的位置呢？这个例子说明，AIGC 最可能影响的是那些缺乏核心竞争力又不思进取的人。如果一个人像骆驼祥子一样只会拉洋车，那么在出租车普及的时候，他就失业了。但如果他能与时俱进，学会开汽车，那他很可能找到一份比过去更好的职业。

面对 AIGC 的挑战，建议每个读者都能静下心来思考下面的问题。

- 我的核心竞争力是什么？没有核心竞争力或者核心竞争力比较简单的人，相对容易被 AIGC 取代。经验丰富的程序员即使会被 AIGC 取代，也不是迫在眉睫的事情，因为现阶段的技术还需要经过漫长的、涉及多领域的发展，才有可能达到取代成熟程序员的程度。而且人有一个机器不具备的能力——熟能生巧，即在不断重复的过程中找到窍门，做起事来得心应手。也就是说，只要用心去做，人可以感悟到对这件事的独特理解，从而发明或创造出做这件事的独特方法。而 AIGC 大模型只是从普遍规律（语料库的概率分布）中总结通用的方法，不会有自己的感悟。从这个意义上看，AIGC 大模型不可能诞生创新的思想和方法。每个人对自己擅长的事情的独特理解和处理方法就是自己的核心竞争力，所以才应该用心做事、专注地做自己擅长的事，因为只有这样才可能从日复一日的重复中升华出独特的感悟。很多人都在谈论来自 AI 的竞争，但是并没有多少人意识到：每个人其实不是在与 AI 竞争，竞争归根结底是发生在人与人之间的。因为 AI 离不开人，这是毋庸置疑的，而它又确实能够取代部分人的工作，被取代的很可能就是没有核心竞争力或者核心竞争力比较简单的人。
- 我的实践能力如何？现阶段，实践能力是 AIGC 的短板。与文字记者相比，战地记者被 AIGC 取代的可能性要小得多。

< 220 >

- 我的跨界能力如何？能够把多领域的能力融合在一起所形成的综合实力是很难被取代的。比如，一个记者既能做实地采访，也能编写新闻稿件，还能创作后续的评论文章，如果在这些方面他都有比较丰富的经验，那么在一个新闻事件的报道过程中，再强大的 AIGC 应用也不容易在其中一个方面超越他。因为他的新闻报道源于他的亲身体验，每个细节他都有切身体会。如果事实不清，他还可能主动去调查。出于正义感、责任感，他很容易写出有深度的、能引发读者共鸣的文章。而 AIGC 应用只是基于输入数据生成没有温度的内容，不会主动想到要求补充数据，更没有人类的情感。

10.3　AIGC 技术所面临的挑战及发展趋势

自 2023 年以来，AIGC 技术的爆发式发展引起了各国公众关注。搜索引擎的统计数据可以很直观地反映社会公众对 AIGC 技术的关注程度。下面通过 Google Trends（谷歌搜索趋势）的统计数据来分析国内外公众对 AIGC 技术的关注情况。Google Trends 是谷歌公司开发的，可以统计用户输入的关键词被搜索的次数。

在 Google Trends 网站查阅 2020 年 5 月 19 日至 2024 年 6 月 19 日"AIGC"搜索热度变化趋势，如图 10-3 所示。可以看到，2022 年之前几乎没有人关注 AIGC，自 2022 年起已经有了一些关于 AIGC 的搜索。2022 年 11 月，ChatGPT 面世后，公众对 AIGC 的关注持续走高。2023 年 4 月初达到峰值，之后公众对 AIGC 的关注度虽然小幅下降，但仍然保持在高位波动。

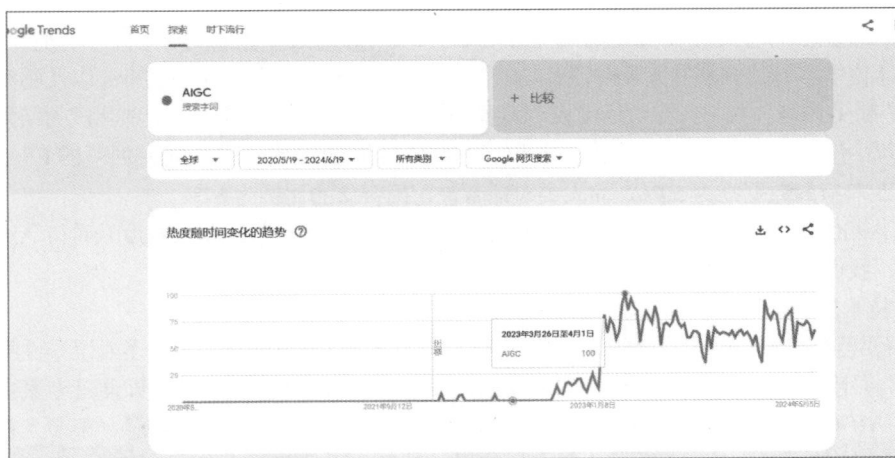

图 10-3　2020 年 5 月 19 日至 2024 年 6 月 19 日"AIGC"搜索热度变化趋势

正如前文所述，这些访问大部分来自我国。由此可以看出，AIGC 技术在国内引起了科研人员和社会公众高度关注。这也预示 AIGC 技术在国内的发展前景十分可观。

10.3.1　AIGC 技术的伦理问题和所面临的挑战

近几年，AIGC 技术的爆发式发展得益于科技公司和技术人员在生成模型、NLP 技术、CV 技术等领域的长期深入研究及资本对 AIGC 技术前景的乐观心态。但是，正如任何人都不可能一直以百米冲刺的速度跑完马拉松赛程一样，在持续发展的道路上，AIGC 技术也面临诸多挑战。这些挑战源于 AIGC 技术的局限性，以及应用 AIGC 技术所存在的风险和隐忧。

< 221 >

1．AIGC 技术的伦理问题

AIGC 看上去在某些方面无所不知，有些能力已经超过人类的平均水平，但是 AIGC 技术本身具有局限性。以大语言模型为例，它说的话和做的事对自己没有任何意义，它只是在机械地完成对它而言很简单的游戏：续写。它的超强能力得益于海量的知识储备（训练数据）和超级强大的大脑（大量 GPU 堆叠在一起形成的超强算力）。可是，它并没有对错的概念，也不知道有些问题是自己不确定或不知道的，它只是在尽其所能地玩一场文字接龙游戏而已。既不知道对面人类的目的，也无须为自己的错误承担责任，这就是很多人发现大语言模型在"一本正经地胡说八道"的原因。

20 世纪 80 年代初，美国哲学家约翰·R. 塞尔（John R. Searle）提出了一个实验。这个实验假设有一个只说英语的人身处一个房间之中，这个房间除了门上有一个小窗口以外，其他都是封闭的。这个人随身带着一本写有中文翻译程序的书，房间里还有足够的稿纸、铅笔和橱柜。房间外面的人把写着中文的纸片通过小窗口送入房间。房间中的人通过查阅手中的书找到对应的文字，并根据书中的提示，用中文回复。房间外面的人以为里面坐着一个精通中文的人，殊不知里面的人对他们之间的沟通一无所知。对房间中的人而言，其看到的和书写的中文与图画没什么区别，只是一些简单的线条的组合。这就是"中文房间"实验。约翰·塞尔提出这个实验的目的是反驳以图灵测试为代表的强人工智能观点，认为机器即使通过了图灵测试，也不见得就有了智能。

图灵测试也定义了一个房间，这个房间中有一个人和一台计算机。房间外面的测试者以纯文本的方式将自己的问题通过计算机发送给房间中的人与计算机，并分别收到他们的回复。图灵测试的时长通常为 5min，其间所有参与测试的人或计算机都会被分开。如果计算机能回答由房间外面的测试者提出的一系列问题，且其中超过 30%的回答让房间外面的测试者误认为是房间里面的人所答，则该计算机通过测试。

2024 年，加州大学圣地亚哥分校的研究者招募了 500 名参与者，让他们与 4 位"对话者"进行 5min 的交流，这 4 位"对话者"分别是人类对话者、20 世纪 60 年代的初代聊天机器人 Eliza 以及驱动 ChatGPT 的 GPT-3.5 和 GPT-4。参与者在对话结束后需要判断对方是真人还是机器。这项测试的结果显示，有 54%的参与者将 GPT-4 误认为真人。相比之下，只有 22%的参与者将预先设定好回复的 Eliza 判断为真人，GPT-3.5 对应的数据则为 50%，而人类对话者被正确辨认的比例为 67%。

可见，AIGC 技术已经达到了足以乱真的程度。但从"中文房间"实验的角度来看待 AIGC 所呈现的"智能"，我们是不是还不能过于乐观呢？

AIGC 技术的局限主要表现在以下 4 个方面。

（1）需要监督。AIGC 生成的绝大部分信息是正确的，但它也可能生成错误或误导性的信息，而且会以非常肯定的，甚至是权威性的口吻来陈述错误信息，如果不关注细节，即便是专家也可能被欺骗或误导。AIGC 生成的内容很可能在 99.9%的正确信息中掺杂 0.1%的错误信息，很多人在钦佩大语言模型聪明睿智的同时，关注不到其中包含的错误。而且大语言模型的训练数据集包罗万象，各种宗教信仰、政治立场的资料都可能包含其中。大语言模型本身没有信仰，也没有政治立场，但是它的输出数据中很可能包含在特定人群看来被冒犯的表述。因此，在大语言模型落地应用时，需要根据应用地域和应用场景人为地监督，无论是重新训练模型、设置行为规范还是人工审核输出数据，都是可行的选项。在商务应用中，人为监督更应该细致、严谨，以免给企业带来经济损失。

（2）AIGC 技术可能存在伦理问题。AI 是没有感情的，没有喜好，也没有恐惧，它以旁观者的立场看待世间的万事万物。如果一个人看到另外一个人在自己面前被害，其会瞬间产生震惊、恐惧、想逃离、想报警、想救助等错综复杂的思想和感受，但是当一个装配了摄像头的 AI 机器"看到"另外一个 AI 机器被砸烂时，它会表现得波澜不惊，也不会自发地觉得自己该为这件事做些什么（除非人为设置程序）。至少在现阶段，任何形式的 AI 技术都只是工具，它们没有道德标准，无法独立区分对和错，

< 222 >

也没有自我意识，如果不加以规范和限制，它们很可能产生不符合伦理标准的内容。但是伦理问题是复杂的，不同地区、不同年代都有不同的伦理标准，如何加以界定以训练和约束大语言模型，这是 AIGC 技术所面临的重要挑战之一。

（3）应用 AIGC 技术的成本很高。AIGC 大模型无论是在训练中还是在实际应用中，都需要大量的算力。因此，企业或个人独享 AIGC 技术的成本很高，这也是大多数 AIGC 应用采用公有云部署的原因。但是公有云部署的 AIGC 应用是面向公众的，很难为企业或个人提供个性化的定制服务，而且存在数据安全问题。总之，降低应用成本是大规模普及 AIGC 技术的前提条件。

（4）企业应用 AIGC 技术的复杂度很高。企业应用 AIGC 技术不仅仅是简单地引进一项新技术、安装一个软件，还涉及企业经营和管理的方方面面。AIGC 技术在企业落地应用需要与企业的业务流程对接，还需要进行个性化的训练和配置，这些都可能受到部分员工，特别是老员工的抵制，从而影响 AIGC 应用充分发挥作用。员工产生抵制可能源于担心 AIGC 应用取代自己的位置或者影响自己的重要性，因此，企业应用 AIGC 技术不仅仅是技术问题，还涉及企业的总体发展规划和人员结构的重整。管理者应该做好规划，明确在新的业务流程中每个人的职责，整个过程应该遵循开放和规范的原则，从规划阶段就应该鼓励现有员工参与，让大家明白：现阶段 AIGC 技术离不开人的监督和配合，AIGC 应用是员工的助手，而非竞争对手。企业应将 AIGC 应用的表现与某些员工的业绩挂钩，而这些员工也应该为 AIGC 应用的错误承担责任。这对企业管理者而言并不是简单的事情，他们不但要学习、了解新技术，还应该做好统筹规划，在企业运营过程中还要根据遇到的问题不断调整规划。

2．应用 AIGC 技术所存在的风险和隐忧

基于前面的分析，我们可以知道，AIGC 技术并不完美。现阶段应用 AIGC 技术还存在一些风险和隐忧，具体如下。

（1）现阶段 AI 相关的法律法规还不够完善。AI 的迅猛发展是近 10 年的事情，AIGC 技术大规模进入公众视野的时间更短。各国都缺乏 AI 相关的法律法规，这可能造成 AI 应用的无序发展。各国政府都在尝试规范管理 AI 技术的方法，比如欧盟即将发布《人工智能法案》，我国已经正式施行《生成式人工智能服务管理暂行办法》。随着 AI 技术的发展和普及，相信针对 AI 技术和 AI 应用的管理体系会逐步建立，并越来越完善。但是 AI 技术的发展和应用日新月异，不断涌现出新的 AI 技术和各种新的应用形式，这客观上造成相关领域法治建设可能长期处于滞后状态。

（2）不能过于信任和依赖 AIGC 应用。AIGC 给出的内容并不是 100%正确的，而且有些模型的训练数据是几年前的。对企业而言，市场的情况瞬息万变，基于过时数据生成的内容自然是不能直接被采纳的。不加审核地直接使用 AIGC 生成的内容，会带来各种风险。

（3）隐私和数据安全。AIGC 大模型需要经常使用最新的数据进行训练，其中可能包含企业的客户或合作伙伴信息，因此，在 AIGC 生成的内容中很可能包含一些商业秘密和个人隐私，这增加了在生成内容中泄露商业秘密和个人隐私的风险。

（4）AIGC 技术可能被利用参与社会工程学攻击。所谓"社会工程学攻击"，是指通过与他人进行合法交流，使其心理受到影响，做出某些动作或是透露一些机密信息。这种行为通常被认为是一种欺诈他人以收集信息、行骗和入侵计算机系统的行为。已经有黑客利用 AIGC 技术实施社会工程学攻击和其他网络攻击行为。目前，普通人已经很难区分与自己进行在线交流的是人还是机器人，别有用心的人可能会训练 AIGC 大模型以特有的套路生成引诱对方上钩的沟通内容。

（5）AIGC 技术可能会被别有用心的人用来开发不符合法律和道德规范的功能，比如网上已经出现利用 AI 换脸技术进行诈骗的案例。这类行为都应该以法律的形式加以规范。

（6）AIGC 技术改变了人们认识事物、了解真相的常识。前些年，网络论坛、网络社区上非常流行一句话"无图无真相"，其字面意思是没有图像就不能清楚地了解事情的真相。言外之意就是图像可以

< 223 >

作为认定真相的依据。但是，AIGC 生成的足以乱真的图像正在改变人们的这一认知，这些生成图像的逼真程度远超用传统图像处理软件制作的造假图像，普通人很难区分真假。也就是说，即使有图像，在没有经过专业认定之前，也不能将其作为认定事实的依据。每个人都应该了解这一点，以避免被骗或被误导。

（7）影子人工智能。其指企业内部的员工在没有组织监督的情况下部署或使用人工智能系统。这会给企业带来重大风险，比如不可逆地发布错误信息，或者侵犯其他组织的版权。

（8）算法偏见。算法偏见也称为算法歧视，指在信息的生产、分发及核查的过程中，对用户造成的非中立立场影响，从而导致片面、失实等信息观念传播。大数据杀熟是典型的算法偏见。如果 AIGC 大模型使用有偏差的数据进行训练，则会对输出数据产生影响。有偏差的数据可能是不完备的、片面的数据，也可能是有害的数据。例如，有一个公司训练 AIGC 大模型自动处理招聘简历。如果该公司过去只招聘一种类型的员工（如学历高的），那么模型就会学习到这个特征。而对有些岗位而言，经验和业绩更为重要，比如销售人员。在筛选应聘销售人员的简历时，模型还是会选择高学历的简历。这是因为 AIGC 大模型的输出数据是基于历史数据训练得来的，而不是基于人为设置的规则。因此，即使公司想改变这种优先选择高学历的规则，也只能通过人为干预，为模型提供更多适用新规则的训练样本，或者在招聘销售人员时人工筛选简历。

（9）AIGC 技术不能保证在各种应用场景下都能生成高质量内容。AIGC 可以很便捷地生成内容，在某些方面也可以生成高质量的文章，但由于训练数据的差别，因此不可能保证在各领域都能生成高质量的内容。在没有人为干预的情况下，在很多场景中，AIGC 应用生成的文章可能会流于标准化的"套路"，缺乏创新性。因此，过于依赖 AIGC 很可能在需要时得不到预期的结果。

（10）模型崩溃。AIGC 大模型是使用人类创作的作品（文章、书籍、代码、图像和视频等）作为训练数据而打造的。随着 AIGC 技术的普及，互联网上充斥大量 AIGC 生成的作品。久而久之，这些生成的作品有可能又回流到训练数据中，最终导致 AIGC 大模型"忘记"了人类作品的特性。举一个直观的例子：当用 1000 张猫的图像训练一个 AIGC 大模型时，模型学习到训练集中黄猫的比例较大，但也有少量蓝猫。经过一段时间训练后，当让模型生成蓝猫时，模型会生成比实际情况偏黄一些的猫，这也在可以接受的范围内。如果使用生成的图像作为训练集，再经过一段时间训练后，模型生成的蓝猫会逐渐变成绿猫（蓝色和黄色合成绿色）。继续这个过程，最终模型会完全"忘记"蓝色毛发这个初始特征，再让它生成蓝猫，模型会生成一只黄猫。此时，模型的能力已经退化了。这从另一个角度论证了 AIGC 技术离不开人的事实。已经有研究者发出警告：当人类数据用完时，AIGC 大模型会越来越笨。这是 AIGC 技术自身所面临的风险。

10.3.2　AIGC 技术的发展趋势

AIGC 大模型的优异表现赢得了媒体和公众持续关注，也引起了资本的浓厚兴趣。很多商业巨头对 AIGC 技术表现出强烈的投资意愿。AIGC 技术的普及和持续发展已经具备了坚实的基础。但是，正如 10.3.1 小节所述，AIGC 技术还存在诸多风险和隐忧。其在未来发展中势必要攻克诸多技术难题、战胜所面临的各种挑战，才能实现健康、持续发展。基于 AIGC 技术的现状，其发展应该呈现技术创新和落地应用齐头并进的趋势。一方面，研究者需要深入研究、不断探索，突破技术的局限，提高技术的能力上限；另一方面，技术人员会和各领域的专业人员密切合作，探索 AIGC 技术在各领域的应用模式和解决方案，在即将到来的 AIGC 时代，开创新型消费市场，推进新兴产业发展。

这两方面是互相促进的。AIGC 技术的发展会为其安全、稳定地应用提供更多可能性，创造大量新的应用场景；而 AIGC 技术的全面普及又会带来大量的商业利益，从而为技术研究提供更多资金支持，形成科研与应用互相促进的良性发展模式。

< 224 >

1．AIGC 大模型的发展趋势

大语言模型是如何拥有智能的？这是人们热议的话题。即使是 AI 科学家，也很难确切地解答这个问题。但是，在大语言模型的研究过程中，AI 科学家发现了一个有趣的现象：当模型的规模超过一定的阈值时，模型会突然出现前所未有的能力。科学家称这种现象为大语言模型的"涌现"能力。

2022 年，TechTalks 网站上发表了一篇文章"AI 科学家正在研究大语言模型的'涌现'能力"（"AI scientists are studying the 'emergent' abilities of large language models"）。该文章中通过实验图表直观地展示了大语言模型的"涌现"能力，如图 10-4 所示。

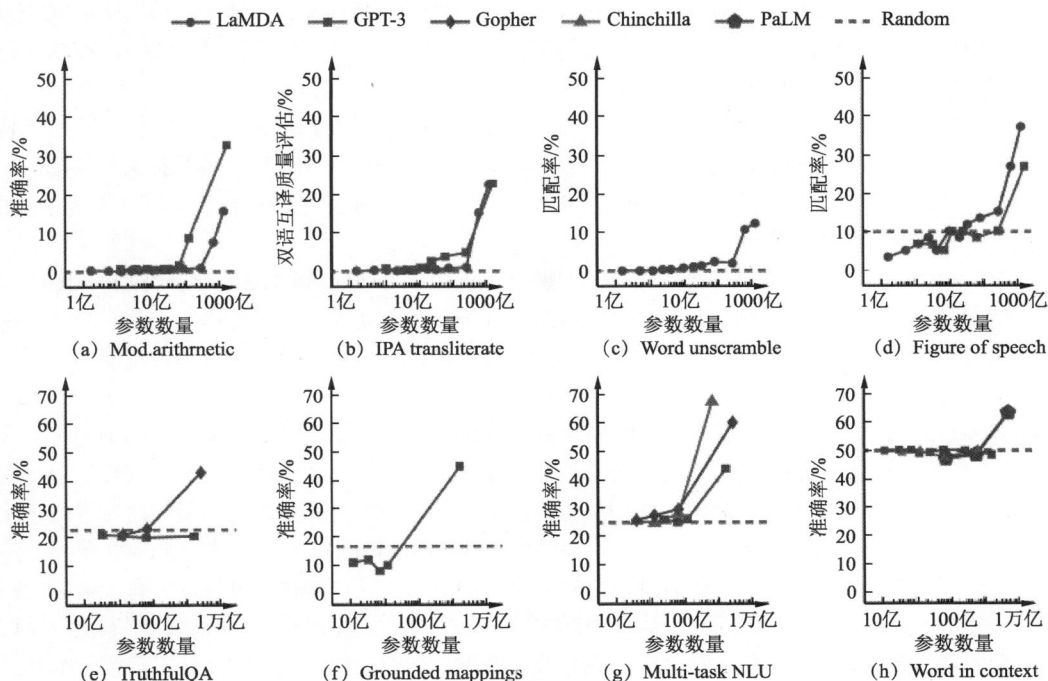

图 10-4　大语言模型的"涌现"能力

在实验中，研究者对 LaMDA、GPT-3、Gopher、Chinchilla、PaLM、Random 等大语言模型进行了多项任务的测试。图 10-4 中，x 轴代表模型参数的数量（模型的规模），y 轴代表准确率、匹配率等输出结果的度量标准。可以看到，所有参与测试的模型在达到一定规模时，其预测结果的表现都呈现出急速上升的态势。研究者得出结论：模型的规模与其新能力的涌现高度相关。

基于这样的研究结果，大语言模型的规模一定会越来越大。2018 年，BIRT 模型的参数数量是 1.15 亿；到了 2022 年，GPT-3.5 的参数数量已经达到 1750 亿；2023 年发布的 GPT-4，公认的参数数量高达 1.8 万亿。算力在大语言模型的发展过程中起到了至关重要的作用。

ChatGPT 是如何从文字接龙游戏中进化出"智能"的，是因为模型规模不断扩大吗？尽管现阶段并不能严谨地论证这种"涌现"能力的原理，但是研究者还在执着地扩大大语言模型的规模，也许他们在潜意识里期待模型在某一时刻能从量变发展为质变，从"猿"进化到"人"。

尽管扩大模型规模的效果显著，但技术的突破终究不能只靠这么"简单、粗暴"的方法。在 AIGC 技术的发展过程中，以下几个方面也是值得关注的发展趋势。

- 模型的结构会越来越复杂。很多技术难题不太可能仅仅通过扩大模型规模的方式解决。相信经过长期积淀，AI 科学家一定会发明更多更实用的算法和深度神经网络结构。体现在 AIGC 大模型中，模型的结构会越来越复杂。在这方面，DeepSeek 做了有益尝试和探索。DeepSeek 模型采

< 225 >

用不同于 GPT 系列模型的 MOE（Mixture of Experts，混合专家）架构，它将模型划分为单独的子网络（专家），每个子网络专攻输入数据的一个子集，以共同执行任务。通过共享专家机制，每次训练时只激活必要的专家，而不是激活所有专家。这种按需调用专家的方法显著降低了计算资源的消耗，进而大大减少了训练成本。

- 随着 AIGC 技术的逐步落地应用，AIGC 应用会越来越重视自适应学习（adaptive learning）和迁移学习（transfer learning）。自适应学习是机器学习领域的一个重要分支，旨在使模型能够根据不断变化的数据环境和任务需求进行动态调整和优化，以提高模型的性能和泛化能力，实现在不同任务之间的知识迁移和共享；迁移学习也是一种机器学习方法，指一个预训练的模型被重新应用在另一个任务中，用于解决相关问题。自适应学习和迁移学习能力对 AIGC 技术在各种应用场景下的广泛普及是非常重要的。

- 未来的 AIGC 大模型会更注重跨模态学习。人与人之间的交流方式很多，可以通过文字、语音，也可以通过图像和视频，因此，"聪明"的 AIGC 大模型应该能够处理多种数据类型（图像、文本、音频、视频等），向跨模态学习的方向发展，实现不同模态之间的信息融合和共享，从而提升系统的智能性和适用性。

- 未来的 AIGC 大模型会更注重与强化学习融合。正如本书前面所介绍的，现阶段的 AIGC 大模型主要利用深度学习领域的成熟模型和技术。而强化学习是通过与环境进行交互、学习最优行为策略的方法。通过与强化学习融合，AIGC 技术可以实现更高效的决策和控制能力，以使自身在复杂环境下表现更加出色。

- 未来的 AIGC 大模型会朝着提升可解释性和可控性的方向发展。目前，AIGC 大模型经常被视为"黑盒"，因为它们的推理过程对人类来说往往是难以直观理解和解释的。这很大程度上是因为 AIGC 大模型过于庞大。试想，使用海量的训练数据对包含海量参数的大量神经元进行多轮训练，多么强大的大脑才能理解和解释其中每个神经元所发挥的作用？不过，OpenAI 公司还是做了这方面的研究工作，研究者尝试用 GPT-4 理解 GPT-2 的工作原理，并标注出每个神经元对什么类型的数据敏感。即便这样，当新的样本进入 AIGC 大模型时，如此庞大的"家伙"是如何产生输出数据的，它是怎么从文字接龙游戏中产生"智能"的？这依旧是难以理解和解释的问题。如果一个系统是不可解释的，那么人们难免会怀疑它结论的出处。例如，如果一个医疗诊断 AIGC 应用判断某位患者得了癌症，却无法给出令人信服的推理过程，医院能直接采用这样的结论吗？也许把这个结论作为参考，由医生判断才是更合适的做法。只有不断增强 AIGC 大模型的可解释性和可控性，使模型的决策过程更加透明，才能打造令人信服的 AIGC 应用。

- 最后，也是最重要的，未来的 AIGC 大模型会更注重隐私与安全保护。隐私与安全保护不仅要靠法律法规的规范管理，也要靠技术本身的安全保障机制。AIGC 应用应该通过加密、安全计算等技术手段确保系统在使用过程中不会由于自身原因或因受到第三方恶意攻击而泄露个人用户的隐私信息或企业用户的商业机密。只有这样，人们才敢于使用 AIGC 应用，AIGC 应用也才有可能得到普及。

2. AIGC 技术开创的新型消费市场和新兴产业

AIGC 技术有广阔的商业应用空间，但是新兴技术真正落地应用还面临诸多问题，不可能一蹴而就。智源研究院院长王仲远在预测国内大模型的应用前景时，表示关于 AI 智能体的应用，在 3 年内能看到针对企业的 To B 应用，5 年内能看到针对个人消费者的 To C 应用。AI 智能体相当于给每个人都配备一个私人助理，这在以往是高级领导才能享受的待遇。除了生成各种文档，AI 智能体还可以在工作和生活的方方面面发挥智能辅助决策的作用，帮助人们在各种复杂情况下做出明智的选择，比如金融风险评估、医疗诊断、出行导游、推荐商品等。

< 226 >

AIGC 技术还可以在各领域开创新型消费模式，下面仅以几个例子进行演示说明。

- 比较常见的 AIGC 应用通过调用大模型 API，为用户提供体验各种 AIGC 大模型的服务。比如本书前面章节介绍的 ChatAI 应用。
- AI 手机是 AI 智能体的简化版，是随身携带的私人助理。国内很多手机厂商都在研发 AI 手机。2023 年 8 月，华为公司宣布 HarmonyOS 4 系统全面接入 PanGu（盘古）大模型。此后，国内一线手机品牌陆续启动了 AI 手机战略。当然，初代 AI 手机的功能还不可能非常强大，离真正的智能助理应该还有不小的差距。
- AIGC 应用可以为政府部门助力，实现交通流量优化和智能交通管理，在缓解交通拥堵、提高交通安全方面发挥关键作用；还可以赋能汽车行业，通过分析海量的行驶数据优化自动驾驶算法，提高车辆的安全性和驾驶体验。

10.1.1 小节介绍了 AIGC 技术对社会经济产生的积极影响。实际上，AIGC 技术对各行各业的积极影响都可以表现为针对企业的（To B）和针对个人消费者的（To C）新型消费模式，举例如下。

- 在医疗健康领域，一方面，AIGC 应用可以作为医院的医疗助理，为患者提供导诊、医学影像诊断、治疗方案解读等服务，这样既可以减轻医生的工作压力，也可以为患者提供更高效、更人性化的服务；另一方面，AIGC 应用可以作为家庭医生、养生顾问，为普通民众提供日常医疗和养生方案，以满足群众对健康生活的追求。
- 在金融领域，一方面，AIGC 应用可以为银行、证券公司、保险公司等金融机构提供服务，通过对各种金融数据进行分析，在金融风控、信用评估、欺诈检测等工作中发挥重要的作用；另一方面，AIGC 应用可以作为个人消费者的投资理财顾问，为用户合理配置个人资产提供专业的建议。
- 在教育领域，一方面，AIGC 应用可以作为教师的助手，生成教案、PPT 课件、试卷等教学资料，分析学生试卷并生成个性化的辅导建议，从而减轻教师的工作压力，提高其工作效率；另一方面，AIGC 应用可以作为一对一的私教，辅导学生学习，为学生推荐学习资料，并为其解答疑难问题。

AIGC 对人们日常生活影响最大的领域是，AIGC 技术与物联网技术的结合，为智能家居、智能景区、智能工厂、智能城市等应用场景提供技术支撑。无处不在的 AI 智能体既可以提高工作和生活的效率，也可以提升人们的生活质量。想到如同科幻世界般的未来生活，你是不是很期待呢？

AIGC 技术可以应用于生产和生活的方方面面，以上只是比较典型的新型消费市场。更多的应用场景还需要各领域的专家和 AI 研究者密切配合，将各领域的成熟技术、业务流程与 AIGC 技术融合在一起，用各领域的大数据训练出适合各种应用场景的 AIGC 大模型，从而推进 AIGC 时代的新兴产业发展。可以想见，其中蕴含的发展空间巨大。

AIGC 技术不但可以提升生活质量、提高工作效率，还可以催生大量的创业和就业机会。当然，我们不可能一觉醒来就进入了奇幻的未来世界。这需要政府、企业和每个人共同努力，迎接挑战、积极探索，为 AIGC 技术的发展和普及创造一个规范、安全、高效的环境。

作为技术人员，更应该积极学习，为将来参与 AIGC 的技术研究和应用开发做好充分的技术储备，也为个人发展抢占先机。

本章小结

本章以 AIGC 技术对社会产生的积极影响为切入点，深入探讨 AIGC 时代的机遇和挑战，分别从企业和个人的视角出发，论述企业和个人应该如何抓住机遇、迎接挑战。

本章内容结合大量案例探讨了很多引人关注的热点问题，比如 AI 版权问题、"AI 威胁论"问题、机器如何产生智能问题、AI 是否会造成大量失业问题等。希望通过这些热点问题，能够吸引读者关注

< 227 >

AIGC 技术，迎接即将到来的 AIGC 时代。

　　本章的目标是使读者全面、深入地了解 AIGC 技术，既能认识到 AIGC 技术发展与应用所带来的巨大机遇，也能了解 AIGC 技术的局限、风险。基于这些背景知识，本章还分析了 AIGC 技术的发展趋势，在展望 AIGC 技术开创新型消费市场和新兴产业的同时，描述了其中蕴含的巨大商机和个人发展机遇，鼓励读者积极学习新技术，为个人发展抢占先机。

习题

一、选择题

1. 关于 AIGC 给普通人的生活带来的改变，下面论述不正确的是（　　　）。
　　A. 每个人都将拥有自己的智能助手　　　　B. 生活的方方面面都会更便捷
　　C. 工作、学习更轻松　　　　　　　　　　D. AIGC 会导致大量失业
2. 企业内部的员工在没有组织监督的情况下，部署或使用人工智能系统的行为被称为（　　　）。
　　A. 社会工程学攻击　　B. 影子人工智能　　　C. 算法偏见　　　　　D. 模型崩溃

二、填空题

1. ＿＿＿【1】＿＿＿实验的目的是反驳以图灵测试为代表的强人工智能观点，认为即使机器通过了图灵测试，也不见得就有了智能。
2. ＿＿＿【2】＿＿＿指在信息的生产、分发及核查的过程中对用户造成的非中立立场影响，从而导致片面、失实等信息观念传播。
3. 随着 AIGC 技术的普及，互联网上充斥大量 AIGC 生成的作品。久而久之，这些生成的作品有可能又回流到训练数据中，最终导致 AIGC 大模型"忘记"了人类作品的特性。这种现象称为＿＿【3】＿＿。

三、简答题

1. 简述在 AIGC 落地应用的进程中，IT 企业可以从事的相关工作。
2. 对比中、美两国在 AIGC 创作内容的版权问题上所进行的司法实践。
3. 简述 AIGC 大模型的发展趋势。

课程实践

　　本章介绍了"中文房间"实验。约翰·R.塞尔提出这个实验的目的是反驳以图灵测试为代表的强人工智能观点，认为即使机器通过了图灵测试，也不见得就有了智能。

　　从"中文房间"实验提出到现在，几十年过去了，关于"中文房间"实验有各种各样的讨论。请调研"中文房间"实验，并思考大语言模型是否真正拥有了智能。

< 228 >

大语言模型智能体精选与推荐

通用大语言模型在与用户进行对话时可以生成各领域的内容。为了能够给不同类型的用户提供更专业的服务，一些开发者对大语言模型进行了进一步定制和优化，开发出各种大语言模型智能体（定制模型）。这些智能体可以满足特定领域或应用的需求。本附录推荐几个基于国内外大语言模型的智能体平台——文心智能体平台、通义智能体、ChatAI 的定制模型，这些智能体可以为读者的学习和生活提供帮助。

F.1　文心智能体平台

文心智能体平台是文心一言大模型提供的智能体平台，在搜索引擎中搜索"文心智能体平台"即可找到其链接。

文心智能体平台可以提供 AI 绘画、角色、智能专家、娱乐、职场、情感、学习等各种类型的智能体。下面列举其中一些比较实用的、具体的智能体。

- 曾仕强：国学大师，陪你聊聊人生那些事儿。
- 高情商大师：为用户提供高情商的话题和回复技巧。
- 情感分析大师：解析文本中的情感。
- 懂球帝：分享对足球的热爱，预测足球比赛的结果。
- 旅行小达人：专业的旅游智能体，它的核心功能是搜寻全球各地的景点和美食，并根据用户的需求，结合地图上的位置，为用户提供一条合理且优化的旅游路线。
- 健康饮食助手：专业的营养搭配师，可以帮助用户实现健康饮食，提升生活质量。
- 模拟恋爱体验：提供模拟谈恋爱的体验。
- 程序大师：会写各种代码，以满足各种需求。
- 私人法律顾问：帮助解决各种法律问题。

F.2　通义智能体

通义官网提供了一组基于通义千问大模型构建的智能体。在通义官网单击左侧导航的"智能体"图标，即可查看通义智能体，如附图 1 所示。

通义官网可以提供学习帮手、生活顾问、创作大师、绘画大师、趣味消遣、效率神器、职场创意、行业顾问等各种类型的智能体。下面列举其中一些比较实用的、具体的智能体。

- 资深作家 2.0：专业的文本创作专家。
- 科学问答：通过检索专业论文回答问题。
- 雅思口语专家：专业的雅思口语讲师。

- MBTI 人格助手：其精通荣格的人格理论，可根据用户的回答来推测用户的人格类型。
- 旅行规划达人：专注于短途旅行规划和小
  众徒步线路探索，带用户深入那些隐藏在
  地图边缘的秘境。
- 健身教练：帮助用户制订个性化训练及饮
  食计划。
- 朋友圈文案大师：专注生成朋友圈佳句。
- 图片动态大师：让照片动起来。
- 冷笑话大师：掌握各领域冷笑话。
- 高质量周报助手：为用户撰写高质量周报。

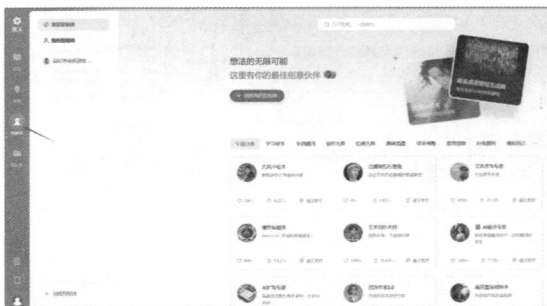

附图 1　在通义官网单击左侧导航的"智能体"图标

- 幽默营销文案大师：专攻幽默风趣营销
  文案。
- 工程师之父：一位精于硬件和软件工程的专家，掌握众多编程语言，了解世界各大芯片厂商的产品。
- AI 法律顾问：通过我国法律法规和司法判例等法律知识的专业学习与训练，拥有法律问题分析
  和推理能力，能够引用法规和判例为用户提供智能法律咨询服务，可以帮用户分析研判案情、
  查询法律规定、撰写法律文书等。
- 养生专家：解答各种养生问题。
- 全能 Java 面试官：全面覆盖 Java 后端面试。

F.3　ChatAI 的定制模型

　　ChatAI 是一个基于 AI 技术的聊天平台，提供聊天机器人或对话式 AI 服务，帮助用户与 AI 进行
互动、生成文本内容、进行问题解答等。ChatAI 可以提供科研、职场、学习、娱乐等各种类型的定制
模型，这些定制模型大多数基于 GPT-4.0 构建。下面列举其中一些比较实用的、具体的定制模型。

- 实验助手：为科研工作者打造，可以回答关于各种科学实验的问题。
- 法律顾问：专注于为用户提供法律信息和定制化建议，让用户更轻松地面对法律挑战。
- 段子手：一位幽默感十足的喜剧创作专家，擅长编织笑话和有趣故事，能够根据不同话题进行
  即兴创作。
- 英语口语老师：可以帮助用户说一口流利的英语。
- 数据分析师：擅长使用先进的统计方法解析复杂数据集，助力科研人员洞察数据背后的真相，
  优化研究方向。
- 文言文大师：一位专注于古代汉语文学与文化传承的专家，精通文言文翻译、解读及创作，能
  够提供深入浅出的教学和咨询服务。
- 美食达人：一位烹饪专家和食评家，精通世界各地的美食制作和鉴赏，能够提供专业的烹饪技
  巧、食材选择建议以及美食文化交流。
- 私人导游：深度融合地理信息与文化历史知识，提供精准个性化旅行规划；精通多种语言，擅长
  策划各类旅行线路，并能即时解答旅途中遇到的各种问题，以确保用户的旅行体验既丰富又轻松。
- 思维导师：一位资深认知发展专家，精通心理学与教育学，专注于培养个体的批判性和创造性
  思维技巧，深谙多元思维框架，并能够根据不同年龄和职业背景提供个性化的思维策略训练。
- 模拟面试官：一位经验丰富的人力资源专家，擅长进行职位匹配、面试技巧培训，并提供面试
  过程中的策略咨询，能够帮助求职者成功获得理想工作。

< 230 >

F.4 DeepSeek 智能体

DeepSeek 发布于本书即将出版之际。截至 2025 年 2 月，免费体验 DeepSeek 模型最常见的方式还只是聊天机器人。虽然 DeepSeek 已经开始与一些云服务、应用、智能体和硬件集成，但是还处于起步阶段。本节介绍体验 DeepSeek 智能体的部分渠道和平台。

1．通过 DeepSeek 官网与 DeepSeek 模型进行交流

访问 DeepSeek 官网，单击"开始对话"超链接，即可与 DeepSeek-V3 模型进行对话。它可以帮助用户编写代码、识别文件中的文字及撰写各种创意内容。

2．通过 App 与 DeepSeek 模型进行交流

用户可以在 DeepSeek 官网扫码下载并安装 DeepSeek App，也可以在"应用商店"（苹果手机）或"应用市场"（安卓手机）中搜索 DeepSeek，然后下载并安装 DeepSeek App。使用 App 的好处是可以通过语音与 DeepSeek 进行交流。

3．本地部署 DeepSeek 模型

如果需要经常使用 DeepSeek，或者在企业内部使用 DeepSeek，则可以通过 Ollama 等平台在本地部署 DeepSeek-R1 模型，并结合 RAG（retrieval-augmented generation，检索增强生成）技术构建个性化的智能体。具体方法可以搜索"DeepSeek + RAG"了解。

4．访问云厂商提供的 DeepSeek 大模型服务

2025 年 2 月 3 日，百度智能云宣布百度智能云千帆平台已正式上线 DeepSeek-R1 和 DeepSeek-V3 模型；同日，阿里云宣布阿里云 PAI Model Gallery 支持云上一键部署 DeepSeek-V3、DeepSeek-R1 模型。

2025 年 2 月 4 日，华为云宣布经过硅基流动和华为云团队连日攻坚，双方联合首发并上线基于华为云昇腾云服务的 DeepSeek-R1/V3 推理服务。

2025 年 2 月 8 日，腾讯云宣布正式上线 DeepSeek-R1 及 V3 原版模型 API 接口，并率先支持联网搜索功能。

5．与其他成熟智能体集成

2025 年 2 月 5 日，联想集团宣布其个人智能体"小天"已接入 DeepSeek，为用户带来更加智能、便捷的 AI 交互体验。"小天"是联想在 2024 年 4 月发布的业内首款端侧个人智能体，被率先内嵌于联想 AI PC 之中，目前已经拓展至联想的 AI 手机、AI 平板等 AI 终端。同日，华为宣布小艺 App 的智能体广场已上线 DeepSeek-R1 的 Beta 版，升级至原生鸿蒙最新版本即可体验。小艺 App 是华为公司推出的面向终端用户的智慧语音助手，既可以实现语音启动应用及服务，也可以实现多轮对话获取信息发布指令，是华为公司首次将原生 AI 功能融入操作系统的代表性应用。

6．通过秘塔 AI 搜索引擎体验 DeepSeek 智能体

秘塔 AI 搜索引擎可以在数亿篇文献中筛选有用信息，为用户所问的问题提供直接、精准的答案，并自动生成大纲、思维导图、相关事件和人物等的相关信息。秘塔 AI 已经集成了 DeepSeek-R1 推理模型，在秘塔 AI 搜索中启用"长思考-R1"功能，即可免费体验 DeepSeek-R1 模型的强大功能。通过这一功能，用户可以进行更复杂的查询和深度推理。

7．集成 DeepSeek 智能体的硬件设备

2025 年 2 月 5 日，联想集团宣布 ThinkPad P1/P16、ThinkBook 16p、ThinkCentre P900/P900c/Neo Ultra 等商务 AI PC 产品已全面接入 DeepSeek。

2025 年 2 月，DeepSeek 分别与岚图汽车、东风汽车、极氪等品牌合作，接入智能座舱系统。

< 231 >